전기·전자·통신공학도를 위한

기 초 실 험

김원배, 윤석암, 조명현, 조경재, 차인수 공저

동일출판사

머리말

전기·전자 공학은 20세기의 새로운 과학기술의 급속한 발달로 21세기에 그 관련 공업기술은 실로 눈부시게 발전하여 우리들의 생활 깊숙이 자리 잡을 것이라 생각된다.

특히 첨단 기술 산업으로 각광을 받는 전자 기술은 모든 산업의 초석이 되며 이의 성장은 우리 가정의 가전제품과 산업용 기계, 조명기구, 교통기관, 정보통신 분야, 의료기, 해양개발, 우주개발 등 그 응용분야도 대단히 광범위하다.

이 즈음에 전기 전자 기술 분야의 산업체에서는 실제의 산업 응용에 적응할 수 있는 고도의 기술 기능 수준을 요구하고 있다.

이러한 사항을 감안하여 강단에서 오랜 세월동안 실험 실습을 지도하면서 얻은 경험을 토대로 시대적 요구에 부응하여 실험 실습은 물론 이론 부분도 간단하면서도 쉽게 설명하였다.

그렇지만 실험 실습은 적극적이고 능동적인 자세를 요구하는 과목이기 때문에 자기가 이론에 대한 배경을 많이 알고 있다고 하여 손수 실험 실습을 하지 않으면 절대로 잘할 수가 없는 것이다.

그러므로 실험 실습을 보다 적극적인 자세로 실험 실습에 임해주기 바라며 졸업 후 현장에서도 능력을 인정받을 수 있는 사람이 되었으면 한다.

실험 실습을 하는 동안 필요한 부분은 부록에 별도 개재하였으므로 참고하여 주시고 기초 실험 실습을 공부하는 공학도 여러분에게 조금이나마 보탬이 되었으면 하는 바람이다. 짧은 기간동안 집필하느라 미숙하고 오류가 있으리라 생각되며 앞으로 더욱 노력하여 차츰 보완하도록 할 계획이니 여러분의 많은 조언을 부탁드립니다.

본 실험 실습책을 내면서 국내외 여러 교재를 참고하였기에 이들 저자분들께 깊은 사의와 양해를 구하는 바입니다.

끝으로 이 책의 편집을 위해 자료제공과 교정 등에 참여하여 주신 분들과 편집 제작을 도와주신 출판사 사장님께 깊은 감사의 뜻을 드리는 바입니다.

저자 씀

차 례

제1장 실험·실습에 필요한 기초지식

제2장 기초전기전자실험

부록

1장 실험 · 실습에 필요한 기초지식

1 실험·실습의 목적과 기본자세

1.1 실험·실습의 목적

실험 · 실습은 자연 과학이나 공업 교육에서 대단히 중요하게 여겨지고 있으므로, 상호 관련 지식을 전수하는 데 상당한 시간을 소요하게 된다. 여기서, 우리는 실험과 실습의 의미를 알아보기로 한다.

실험은 과학적 연구 방법의 하나로서 어떤 대상에 입력 신호를 가한 후 인위적인 조건에 따라서 변화되는 현상을 관찰하는 방법이라고 정의한다.

따라서, 실험은 목적에 따라 다음과 같이 구분할 수 있다.

(1) 연구, 개발을 위하여 미지의 분야에 속하는 문제의 해결을 위한 연구

(2) 기존 지식을 적용함으로써 현재의 관례나 사례를 개선하기 위한 것

(3) 어떤 사실이나 원리를 완전히 이해할 수 있도록 하기 위해서 이미 알고 있는 원리는 실험을 통하여 확실히 하는 것이다.

이 중에서, 특히 학교에서 학습하면서 행하는 실험은 (3)항에 해당하는 것으로, 그 목적은 학생들이 직접적인 경험을 통하여 어떤 원리, 원칙이나 기술의 과학적 근거를 잘 이해하고, 실험을 통해서 기술을 습득하고, 문제를 실험적인 방법에 의하여 해결하려는 태도를 기르는데 있다.

따라서, 실습(practice)은 학생들이 어떤 기능을 의식적인 노력을 하지 않아도 자동적으로 어느 수준까지는 숙달할 수 있도록 하고, 이에 대한 올바른 태도와 습관을 가지도록 하기 위하여 계속적이고 반복적으로 실행하는 육체적, 정신적인 학습 활동이라고 정의할 수 있다.

그리고 학교 교육에 있어서의 실습의 목적은 다음과 같이 요약할 수 있다.

(1) 자연 현상의 이론과 원리를 탐구하고,

(2) 실습을 통하여 지식과 기능, 기술을 습득하게 하며,

(3) 진리를 추구하는 과학적인 사고를 기르도록 한다.

특히, 전자 분야를 전공하는 데 있어서의 실습은 학문의 원리나 현상, 구조 및 특성 등을 학습하고, 기능을 습득하는 것이 주목적이라 할 수 있다.
또, 중요한 목적 중의 하나는 일에 대한 올바른 가치관, 태도 및 습관 등을 함양하는 것이다. 이러한 일에 관한 능력은 특정 기능을 함양하는 것 못지않게 중요하다고 할 수 있다.

1.2 실습에 필요한 기본자세

실습은 자연 현상의 이론과 원리를 실제로 증명하는 것이며, 또 새로운 이론을 만들어내기 위한 과정에서 거쳐야 하는 중요한 단계이다.
따라서, 실습하는 학생들은 실습에 의하여 진리를 추구하겠다는 과학자의 자세로 임해야 할 것이며, 또 기기와 기구를 잘 사용하고 보존할 수 있는 기술자의 양심을 가지고 실습을 행해야 할 것이다. 이와 같은 실습을 하기 위하여 다음과 같은 기본자세를 갖추어야 한다.

(1) 실습을 시작하기 전에 그 실습의 목표가 무엇이며, 관련지식, 안전 및 유의사항 등을 습득하고 있어야 한다.
(2) 여러 명이 한 조가 되어 실습을 행하는 경우는 서로 협동하여 진행하여야 하며, 방관자가 되어서는 안 된다.
(3) 실습 기기 및 기구의 사용법은 미리 설명서나 담당자를 통하여 충분히 알고 있어야 한다.
(4) 실습 기기 및 부품 등의 성능은 실습하기 전에 잘 살펴보도록 해야 하며, 실습 중에는 항상 성능과 동작 상태에 대하여 관찰하는 자세로 실습에 임해야 한다.
(5) 실습 중에 나타나는 여러 가지 현상들을 주의 깊게 관찰하여 기록하여야 하며 사용기기의 형명과 조건을 상세히 기록한다. 이것은 실습이 끝난 다음에 실습 결과를 분석, 검토할 때 중요한 자료가 된다.
(6) 실습이 끝난 다음에는 보고서와 결과 그래프를 작성하여 실습 결과를 정리하고, 분석하는 습관을 기르도록 한다.

2 안전 및 유의사항

2.1 안전 교육의 중요성

안전 교육은 실험·실습을 안전하게 진행할 수 있고, 안전에 관한 제반 규칙을 지킬 수 있도록 하는 것이라 할 수 있다. 그러나 인간이 안전한 습관과 태도로 임하기는 쉬운 일이 아니다.

따라서, 안전에 대한 지식과 기술, 태도는 다른 기술과 마찬가지로 이해하고 준수하여야 하며, 많은 연습을 통해서만이 행동으로 나타날 수 있다.

안전사고는 방심과 자만에서 일어나는 경우가 많으며, 특히 실험·실습은 전기와 화학물질 등에 의한 위험이 따르고 있으므로, 실험·실습은 계획과 운영을 행하는 데 있어서 안전을 우선적으로 고려해야 한다. 학교의 실험·실습에서는 저전압 소전류 상태에서 실습을 하기 때문에 안전에 소홀히 하는 경우가 많은데, 이는 후일 현장에서의 위험을 초래하게 되는 원인이 될 수도 있기 때문에 학교의 실험실습에 있어서도 안전에 관해서는 몸에 익히도록 철저히 배워야 한다.

(1) 전기의 감전 원인

전기의 감전 원인은 인체의 조건 등에 따라 감전 정도가 정해지는데, 그 이유는

① 전기가 흐르고 있는 전선에 접촉될 경우

② 누전된 기구류에 접촉되는 경우

③ 물기, 습기가 있는 곳에서 감전될 경우에 발생되며, 감전의 정도는 대전체와 대지 사이에 인간이 회로를 구성시키는 조건에 따라 차이가 있으나, 인체 내에 흐르는 전류의 세기에 따라 피해의 정도가 다르다.

(2) 감전 사고의 방지 대책

감전 사고의 원인은 전기 기구 및 기기에서 충전 부분의 노출, 전기 배선의 절연 피복의 손상, 시설 자체의 결함, 작업 방법의 미숙 및 동력선 부분의 부주의에 의한 접촉 등을 들 수 있다.

따라서, 감전 사고를 방지하기 위해서는 다음 사항을 유의해야 한다.

① 전기 설비의 철저한 점검

② 전기 기기 및 장비의 정비

③ 작업자에 대한 안전 교육

④ 전기 기기에 위험 표시

⑤ 절연 보호구의 사용
⑥ 허가자 이외의 전기 기기 및 기구의 사용 금지

(3) 안전 수칙

학생들이 실험·실습실에서 지켜야 할 안전에 관한 일반적 수칙은 다음과 같다.

① 모든 과제를 수행하기 전에 기기 및 장비의 상태를 잘 점검한다.
② 작업은 모든 기기들이 정돈된 상태에서 이루어져야 한다. 그렇지 않을 경우에는 결선의 단락 및 전기 충격사고 등의 원인이 된다.
③ 물이 젖어있는 바닥에서의 전기 작업은 접촉 저항의 감소로 누전 및 감전의 위험이 따르므로 주의하여야 한다.
④ 기기의 안전장치를 함부로 만지지 않는다.
⑤ 작업 중에는 불필요한 말과 행동을 하지 않는다.
⑥ 모든 일은 서두르지 말고 침착하게 해야 한다.
⑦ 모든 사고가 발생하였을 때는 즉시 보고한다.
⑧ 모든 기기 및 장비는 소중히 사용하며 사용한 다음에는 제 위치로 이동하여 정리 정돈하여 보관한다.

2.2 실습시 유의 사항

실험 · 실습실 내에 있는 측정기와 장비 및 공구는 학생이 언제나 사용할 수 있도록 준비되어 있어야 한다. 뿐만 아니라 실험·실습실에서 사용되는 측정기 및 장비 등은 각각 그 특유의 기능을 가지고 있으므로, 그 취급에 있어서 주의를 해야 하며, 실험 · 실습실에서의 측정기 및 장비의 취급 요령은 다음과 같다.

(1) 전원 및 기기의 퓨즈는 규격품을 사용하고, 정격 이상에서 동작하지 않도록 해야 한다.
(2) 실습의 과제마다 지정된 측정기 및 장비를 사용해야 하며, 조작법, 결선 등의 미숙으로 파손시키는 일이 없도록 한다.
(3) 측정기 및 장비는 사용 목적에 따라 바르게 선정한다.
(4) 모든 기기는 사용시 그 규격을 자세히 검토한 후 조심성 있게 다룬다.
(5) 파손 및 고장이 발생했을 때에는 다음 실습에 지장이 없도록 즉시 보고하고, 가능한 범위 안에서 담당자의 지도를 받아 수리한다.
(6) 정전시는 일단 모든 전원을 OFF시켜야 한다.
(7) 측정 계기류는 직류, 교류의 필요한 범위, 정밀도 등을 고려하여 적당한 것을 선택

할 필요가 있다.

(8) 전압계에 있어서는 배율기를, 또 전류계는 분류기를 외부에서 연결하여 사용하는 경우 접속 방법에 주의해야 한다.

(9) 저항기를 선택할 때에는 저항값뿐만 아니라, 허용전력을 고려하여 적당한 것을 선택하지 않으면 저항기는 파손되기 쉽다.

(10) 콘덴서에 인가되는 전압이 높을 경우 내압을 고려해야 한다.

(11) 가감 저항기와 저항 박스는 사용 목적과 정밀도에 따라 적당한 것을 사용해야 한다.

(12) 실험 기구는 유도 장해나 오차의 원인이 되지 않도록 주의하여 배선한다.

(13) 배선은 될 수 있는 한 짧고 간결하게 하고, 전원 스위치를 ON시키기 전에 반드시 잘못이 없는지를 미리 확인해야 한다.

(14) 실습을 중단할 때에는 전원 스위치를 OFF시키고, 실습 도중에 사소한 전선의 변경을 할 때에도 스위치를 반드시 OFF 시키도록 한다.

3 실습 보고서 작성 방법

실습 보고서를 작성하는 목적은, 첫째, 실습실에서 어떤 일이 일어났는지를 문서화하고, 실습에서 적용된 각종 원리와 개념을 잘 이해했는지를 알리는 데 있는 것이고, 둘째, 기술적인 보고서 작성 기법을 향상시키기 위한 좋은 경험을 쌓도록 하는 것이고, 셋째, 이론 학습을 통해서 실질적으로 실습 결과를 확인하면서 기능을 습득하고 실제로 응용할 수 있도록 하는 데 있다.

실험 · 실습이 끝나면 학생들은 그 시간에 설정된 실습 과제의 실습 목표나 관련 지식을 충분히 이해하고, 실험·실습 과정 중에 나타나는 여러 가지 현상 등을 경험을 통하여 주의 깊게 관찰하고, 실습 결과를 보고서로써 작성하는 능력은 매우 중요하다.

일반적으로 보고서를 쓰는 방법은 여러 가지 형식이 있으나, 실험·실습을 담당하는 담당자 및 교수의 지도에 따라 보고서를 작성하여 제출하면 된다.

여기에서는 일반적으로 많이 쓰이고 있는 보고서 작성의 한 예를 들어 설명하기로 하였으며, 특히 실험·실습을 하기 전에 메모지나 데이터 기록지 등을 준비하여 필요한 사항을 일일이 기록, 정리하고 이것을 보고서에 옮긴다.

(1) 실습 과제명 : 학생들이 행한 실습의 주된 의의를 간단하게 표시해야 한다.

(2) 실습 목표 : 학생들이 실습을 통하여 얻을 수 있는 행동의 변화를 학생의 관점에서 기록한다.

(3) 재료와 실습 기기 : 실습에 사용된 재료는 정확히 기록하여야 하고, 실습 기기의 제조 회사, 정격 등을 기록하여 똑같은 실습을 다시 수행할 경우 동일한 결과를 얻을 수 있어야 한다.

(4) 관련 이론 : 해당 실습 과제에 필요한 이론적 근거를 설명해야 하는 한편, 이에 의한 자료를 얻을 수 있도록 해야 한다.

(5) 실습 순서에 따라 측정값이 변화하는 경우에는 측정을 여러 번 되풀이하고, 또한 관측자와 기록자가 교대로 측정함으로써 오차를 줄이는 한편 나아가 가능한 많은 자료를 수집하여 검토, 협의하여 측정의 정확도를 높일 수 있도록 한다.

(6) 실습 결과는 측정된 자료를 실습 지시서에 나타낸 표의 양식에 따라 기록하고, 자료를 토대로 그래프를 그릴 때에는 모눈종이를 이용하여 누구나 쉽게 알아볼 수 있도록 나타낸다.

(7) 평가는 이해를 묻는 문항과 기능의 습득 정도를 묻는 문항이 있으므로, 학생 스스로가 실습 시간을 통하여 배운 관련 지식과 실험·실습의 결과를 토대로 학생 스스로 객관적이고 엄정하게 평가해야 한다.

(8) 고찰 : 학생들이 수행한 실습의 결과를 해석하면서 얻은 일반적인 개념이나 원리를 체계적으로 나타내야 하고, 한편으로 이론값과 비교, 검토가 있어야 한다.

(9) 결론 : 실습 결과에 대한 결론은 실험 목표에 부합되어야 하므로, 실습 중에 깨달은 사항도 기록하여야 한다.

일반적으로, 실습 보고서 작성 요령은 표 1과 같이 나타낸다.

표 1 실습 보고서 작성 요령

실습자명	【관련 이론】
공동 실습자	【실습 결과】
실습 일자 (년 월 일 요일)	① 실습에 필요한 회로도
【실습 과제명】	② 실습 결과를 기록하는 표
【실습 목표】	【평　　가】

4 납땜 작업

4.1 납땜 인두의 취급법

(1) 납땜 준비

① 납땜은 2개 이상의 금속재에 땜납의 용매도를 이용하여 용질의 용융점보다 낮은 온도에서 두 금속을 결합시키는 작업이다.

② 납땜을 하기 위해서는 결합되는 금속 표면이 청결해야 한다.

③ 금속과 금속을 결합시키려면 땜납의 질이 좋아야 한다.

④ 인두 팁(Tip)은 230~280[℃] 정도로 균일하게 가열해야 한다.

⑤ 납땜은 가능한 빠른 시간(2~3초)에 수행해야 한다.

(2) 인두의 관리

① 일반적인 인두의 구조는 그림 1과 같다.

② 인두의 선택은 섀시 납땜에서는 80[W], 일반 가정용 전자 기기는 30~60[W], 반도체 부품 및 인쇄 회로 기판의 납땜은 20[W]정도의 인두를 사용한다.

③ 인두의 관리는 팁(Tip)을 항상 청결하게 유지하고, 필요 이상의 과열과 기계적 충격은 피해야 한다.

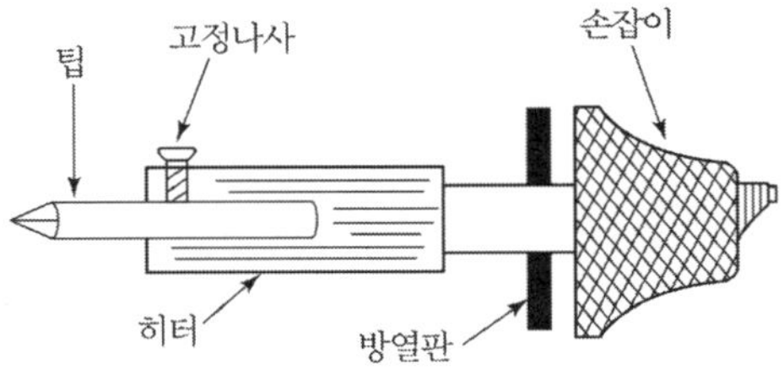

그림 1 인두의 구조

(3) 인두의 종류

인두는 그림 2와 같이 겉모양에 따라 막대형, 도끼형, 권총형 등으로 구분할 수 있다. 막대형 인두와 도끼형 인두는 모양은 다르지만 특성이 비슷하다. 또, 권총형 인두는 권총의 방아쇠와 같은 부분을 손가락으로 당기면 전원이 연결되면서 팁에 열이 전달되어 순간 가열에 의한 납땜에 적합하다.

(4) 인두의 선택

순간 가열 납땜에는 권총형 변압기식 인두를 사용하고, 연속 가열 납땜에는 니크롬식 막대 또는 도끼형 인두를 사용한다. 평면의 납땜에는 막대형을 사용하고, 곡선에는 곡선 팁을 끼우거나 도끼형을 사용한다.

큰 부품이나 새시 등에는 100[W] 이상을 사용하고, 도체부품이나 PCB기판에는 용량이 적은 20[W]~30[W] 정도의 인두를 사용한다.

특히, 니크롬선의 히터를 사용한 막대 인두로 납땜할 때에는 그림 3과 같은 인두 받침대를 사용하여 안전에 유의한다.

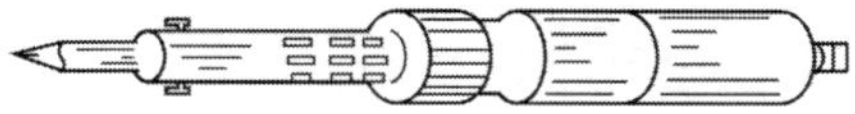

(a) 막대형 인두

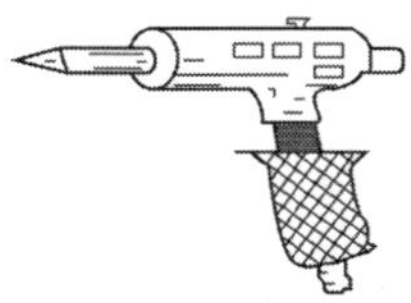

(b) 도끼형 인두

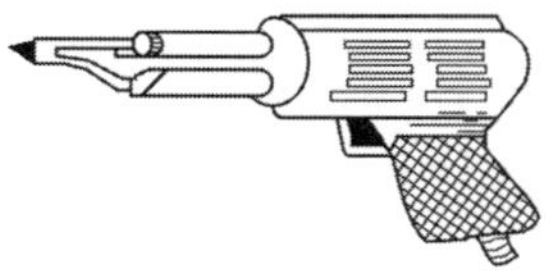

(c) 권총형 인두

그림 2 인두의 종류

그림 3 인두 받침대

4.2 납땜 방법

땜납은 그림 4와 같이 주석(Sn)과 납(Pb)의 합금으로서, 일반 전기·전자기기에는 인장력이 큰 주석 대 납의 혼합비가 60 : 40이다.

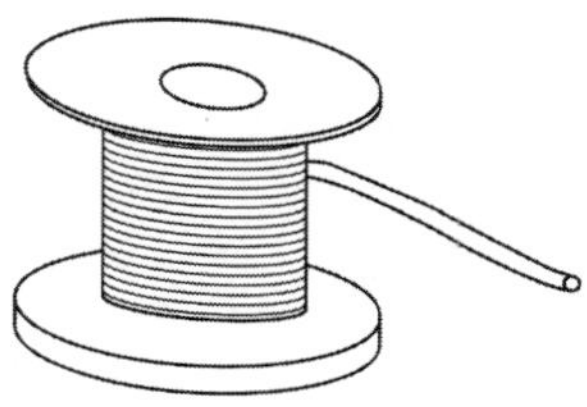

그림 4 실납

(1) 개 요

① 납땜은 2개 이상의 전자 부품에 땜납을 녹여 서로 융착함으로써 전자적인 전도를 결합시키는 작업이다.

② 땜납은 주석 함량이 많을수록 낮은 온도에서 잘 녹으며 광택도 잘 난다. 주로 컴퓨터 부품의 조립에는 내부에 관로를 만들어서 플럭스(flux)로 채운 실납을 사용한다.

③ 플럭스는 모재의 보이지 않는 불순물을 제거하고, 납땜 후 고형(固形)된 납 표면에 얇은 막을 형성하여 산화를 방지하는 용도로 사용된다.

④ 반면에 납땜할 때 플럭스가 모두 타서 납땜이 잘 안 되면 다시 플럭스를 첨가하면 표면의 불순물이 제거되어 납땜이 잘 된다.

(2) 납땜의 순서

납땜 순서는 그림 5와 같이 단계별로 진행한다.

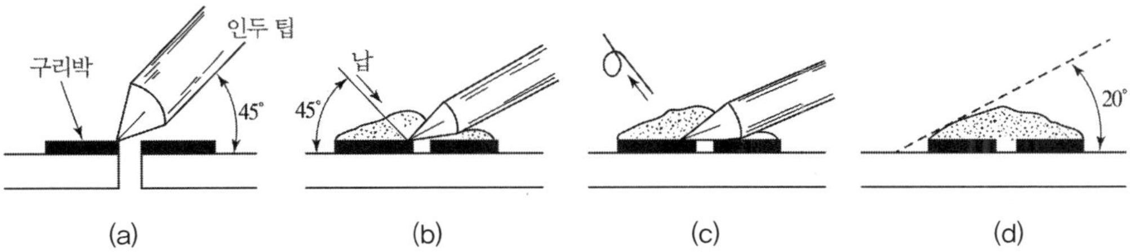

그림 5 납땜의 순서

① 인두 팁의 끝과 납을 가까이하고 납땜 준비를 한다.

② 그림 5(a)와 같이 인두 팁의 끝으로 모재를 가볍게 누르고 모재를 가열한다.

③ 납땜할 위치에 납을 대고 적당량을 녹인다. 이 때, 납이 곧 녹지 않으면 인두의 가열이 부족하므로 잠시 기다린다.

④ 그림 5(b)와 같이 납과 인두를 동시에 모재에 45°의 경사로 접근한다.

⑤ 그림 5(c)와 같이 납이 적당량 녹으면 납을 뗀다. 즉, 납이 적당량 녹은 상태가 약간 펴졌을 때이다.

⑥ 납이 빛나고 약간 펴질 때까지 기다렸다가 인두를 뗀다. 이 때, 인두 끝이 흔들리지 않도록 주의한다.

⑦ 그림 5(d)와 같이 납땜한 곳의 납의 흐름은 모재와 약 20°정도 경사를 이루는 것이 좋다.

(3) 납땜의 양 부 판정

납땜의 양 부 판정은 그림 6과 같이 나타낸다.

그림 6 납땜의 보기

(4) 납땜시 유의 사항

① 납땜 인두의 팁은 작업 전에 잘 조여서 흔들리지 않게 한다.
② 인두의 과열로 인한 화재와 화상에 주의한다.
③ 인두가 적정 온도 이상으로 과열되지 않도록 한다.
④ 적정 전압을 사용하고 납물이 흐르지 않도록 한다.
⑤ 작업 전에 인화성 물질이 있는지 조사하여 제거한다.

5 회로 시험기

5.1 아날로그 멀티미터

회로 시험기(Tester)는 전환 선택 스위치를 돌려서 직류 전압, 직류 전류, 교류 전압 및 저항 등을 측정할 수 있는 기본 계기로서, VOM(Volt Ohm-Milliammeter) 또는 멀티미터(Multi-meter)라고도 한다.

일반적으로 사용되는 회로 시험기의 겉모양은 그림 7과 같으며, 회로 시험기의 내부에는 각 범위(range)의 직류 전압, 교류 전압 및 직류 전류를 측정하기 위해서 가동 코일형인 기본 전류계, 배율기, 분류기 및 정류기 등이 접속되어 있다.

또한, 저항을 측정하기 위해서 내부에 전지(1.5[V] 또는 3[V]), 가변 저항기 등이 장치되어 있다. 계기의 눈금판(scale plate)에는 그림 8과 같이 전압, 전류 및 저항에 대한 여러 가지 눈금이 그려져 있으며, 이 눈금의 선택은 그림 7에서 보는 바와 같이 전환 선택 스위치(rotary selector switch)에 의해 선택된 규격에 대응된다.

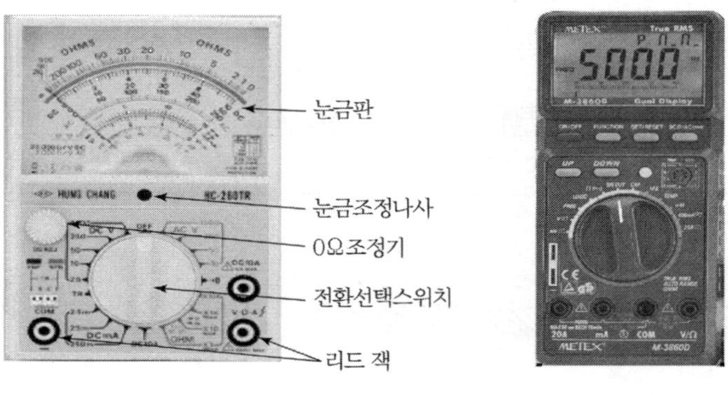

(a) 아날로그형 (b) 디지털형

그림 7 회로 시험기의 겉모양

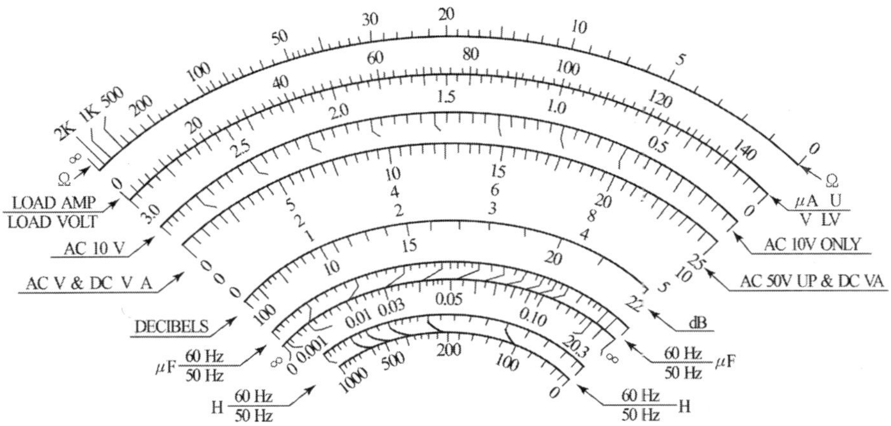

그림 8 회로 시험기의 눈금판

일반적으로, 회로 시험기는 측정값을 지침으로 가리키는 아날로그형과 측정값을 숫자로 표시하는 디지털형이 있다.

디지털 회로 시험기는 아날로그 회로 시험기에 비해 사용법이 편리하고 측정값이 정밀하며, 교류 전류의 측정이 가능하다는 장점 때문에 널리 사용되고 있다.

(1) 직류 전압계

회로 시험기는 그림 9와 같이 나타내고, 그림 9(a)와 같이 전환 선택 스위치를 DCV에 두면 직류 전압계(Direct Current Voltmeter, DCV)가 되고, 그 내부의 원리 회로는 그림 9(b)와 같이 각 배율기의 접속 회로로 구성된다. 그리고 각 전압 측정 범위는 전환 선택 스위치에 의한 각 배율기의 선택에 따라 결정되며, 이에 대응하는 전압의 눈금은 그림 9(c)와 같이 지침이 가리키는 아랫부분의 눈금을 읽어 들이면 된다. 또한, 이 눈금은 직류 전류계의 눈금으로도 같이 사용된다.

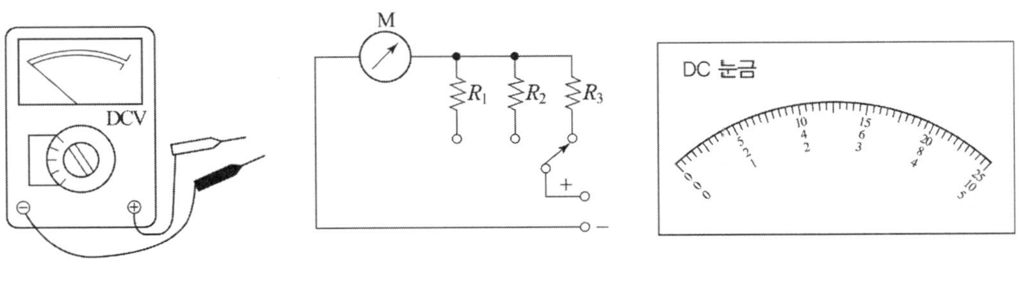

(a) 직류 전압계 (b) 내부 회로 (c) 직류 전압의 눈금

그림 9 직류 전압계와 그 내부 회로

(2) 직류 전류계

회로 시험기는 그림 10과 같이 나타내고, 그림 10(a)와 같이 전환 선택 스위치를 DC mA에 두면 직류 전류계(Direct Current Milliammeter, DC mA)가 되고, 그 내부의 원리 회로는 그림 10(b)와 같이 각 분류기가 접속되어 있다. 그리고 각 분류기의 선택에 따라 전류의 측정 범위가 결정된다. 그런데 그림 10(b)와 같은 분류기의 접속 회로에서는 전환 선택 스위치를 전환하는 도중 한 번은 분류기의 회로가 개방되므로, 전류계(M)에 순간적으로 과대한 전류가 흐르게 된다.

실제로는 그림 10(c)와 같은 직렬형으로 구성되어 있다. 그리고 직류 전류계의 눈금은 직류 전압계(DCV)의 눈금과 같이 사용한다.

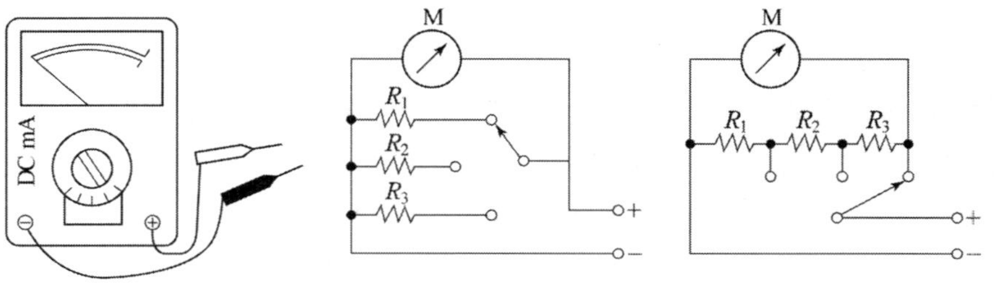

(a) 직류 전류계 (b) 병렬형 (c) 직렬형

그림 10 직류 전류계와 내부 분류기의 접속 회로

(3) 교류 전압계

회로 시험기는 그림 11과 같이 나타내는데, 그림 11(a)와 같이 전환 선택 스위치를 ACV에 두면 교류 전압계(Alternating Current Voltmeter, ACV)로 쓸 수 있으며, 그 내부의 원리 회로는 그림 11 (b)와 같은 회로가 된다. 교류를 직류로 만드는 정류기(반도체 다이오드) D_1 및 D_2에는 산화제일구리 정류기 또는 게르마늄 정류기 등이 쓰인다. 이와 같이, 정류기의 전압–전류 특성으로 인하여 흐르는 전류가 작은 범위에서는 특성이 직선적으로 되지 않기 때문에, 전압이 낮은 교류의 측정 범위에서는 그림 11 (c)와 같이 균일한 눈금이 되지 않는다.(10[V] 이하의 교류 전압에 대해서는 윗줄의 눈금을 사용한다.) 그러나, 10[V] 이상의 교류 전압을 측정할 때에는 직류 전압의 눈금과 같이 사용한다.

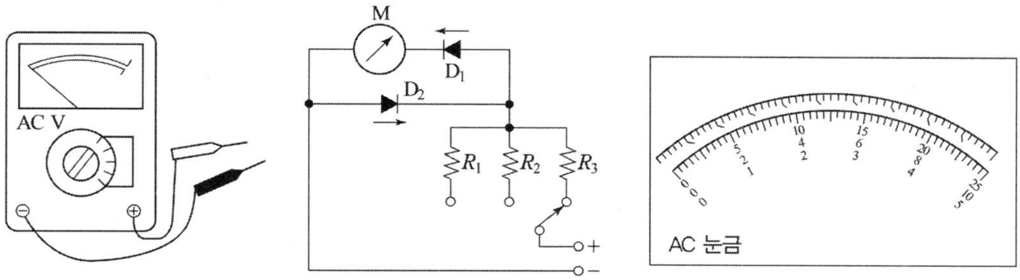

(a) 교류 전압계 (b) 내부 회로 (c) 교류 전압의 눈금

그림 11 교류 전압계와 그 내부 회로

(4) 저항계

회로 시험기는 그림 12와 같이 나타내는데, 그림 12(a)와 같이 전환 선택 스위치를 R[Ω]에 두면 저항계(Ohm-meter, Ω)로 쓸 수 있다. 그 내부 회로는 그림 12(b)와 같이 건전지가 접속된 회로가 된다. 그러므로 저항계는 측정하려는 외부 저항기에 전류를 흘리며, 나머지 일부가 계기 M에 흘러서 저항에 대응하여 지침이 움직인다.

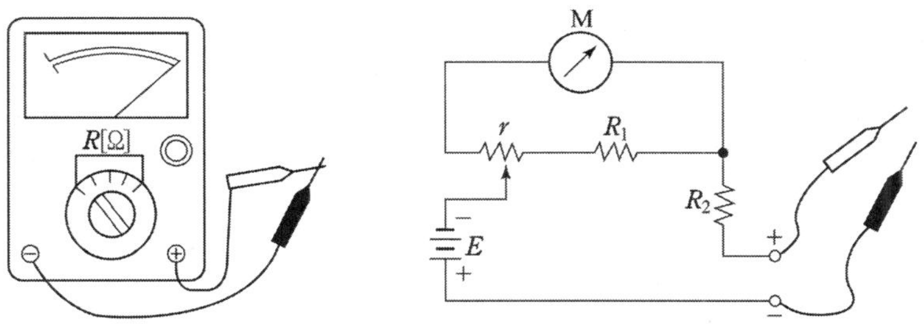

(a) 저항계 (b) 내부 회로

그림 12 저항계와 그 내부 회로

두 시험 막대 사이에 아무것도 접속되지 않았을 때에는 계기 M에 전류가 흐르지 않으므로, 시험 막대 사이에 내부 건전지의 전압이 걸린다. 이 때, 시험 막대의 극성은 그림 12(b)와 같이 리드 잭에 나타내어진 극성과 반대가 된다.

그러므로 정류기 또는 트랜지스터의 순방향 및 역방향 저항을 구별하는 데에는 이 점에 주의하여 측정해야 한다.

저항의 눈금은 그림 8에서의 맨 윗줄의 눈금을 사용하며, 이 눈금의 순서는 전압(또는 전류)의 눈금 순서와 반대로 되어 있다.

저항을 측정할 때에는, 먼저 두 시험 막대의 끝을 단락(접촉)하고, 0[Ω] 조정기를 조정하여 계기의 지침이 0[Ω]의 눈금에 오도록 한 다음 측정한다.

이 0[Ω] 조정은 필요에 따라 전환 스위치를 다른 저항 측정 범위로 옮길 때마다 시행해야 한다.

저항의 측정값을 읽을 때에는, 전환 스위치가 가리키는 측정 범위의 배율과 계기의 지침이 가리키는 저항 눈금값을 곱하면 된다.

예를 들면, 전환 스위치를 $R \times 10$에 놓았을 때 계기의 지침이 50[Ω]을 가리켰다면, 측정된 저항값은 $50 \times 10 = 500$[Ω]이 된다.

5.2 디지털 멀티미터

전기전자공학에서 가장 많이 사용되는 계측기기로는 디지털 멀티미터가 있는데 이는 저항, 전압, 전류 등의 전기적인 물리량을 측정하는 장치가 통합되어 있는 것이다. 디지털 멀티미터는 아날로그 멀티미터의 기능을 개량하고 사용의 편리성을 더한 것이다. 디지털 멀티미터로 전기량을 측정하고자 할 때에는 관측하고자 하는 전기량의 종류를 먼저 선택하고 난 후 측정하고자 하는 회로와 연결한다.

측정회로를 구성할 때 측정모드에 따라서 적절한 연결이 되지 않으면 측정이 되지 않음은 물론이고 계측기에 무리를 주게 되므로 연결법을 그 측정 원리와 같이 이해한 뒤 완전히 익혀 두어야 한다.

그림 13 디지털 멀티미터

(1) 외부명칭 및 기능

① 액정표시기(LCD) : 소수점, 직류극성 자동표시, Low Battery 등을 표시한다.

② 전원 스위치 : 디지털 멀티미터의 전원 장치를 ON/OFF 한다.

③ DC/AC 및 Hi/Lo V 선택 스위치

㉮ DC/AC 선택기능 : 선택 스위치를 누르지 않은 상태에서는 직류 전압, 전류를 측정하고, 누른 상태에서는 교류전압, 전류를 측정한다.

㉯ Hi/Lo V 선택기능 : 선택 스위치를 누르지 않은 상태에서는 일반저항 및 각종 반도체를 측정하고, 누른 상태에서는 저항과 병렬로 연결된 반도체류 등의 합성 저항에 영향을 주지 않고 저항 측정이 가능하다(예: PCB 기판에 부착된 상태에서 저항값을 측정할 수 있다.)

④ 측정 레인지 스위치 : 측정하고자 하는 량에 가장 근접하는 레인지를 선택한다. 미지의 량을 측정할 때는 최대 레인지 스위치를 선택하여 누른다.

⑤ 펑션 스위치 : 누르지 않은 상체에서는 전류, 전압을 측정하고, 누른 상태에서는 저항을 측정한다.

⑥ AC, DC 10A 전용 소켓 : 직류 및 교류 전류를 최대 10[A]까지 측정한다.

⑦ mA 입력 소켓 : 직류 및 교류 전류를 최대 2[A]까지 측정한다.

⑧ COM 소켓 : 전압, 전류 및 저항 측정시 공통으로 접지선으로 사용한다.

⑨ V Ω 입력소켓 : 저항, 전압을 측정시 사용하는 단자로 직류 전압은 최대 1[kV], 교류 전압은 최대 750[V]까지 측정한다. 특히, 고전압 측정시는 인체의 피해를 방지하기 위해서 특수하게 설계된 테스트 봉을 사용한다.

(2) 측정 및 보관시 주의 사항

① 사용 전 취급 설명서를 필히 읽는다.

② 측정 종류에 따라서 선택스위치를 정확하게 설정한다.

③ 피측정량의 크기에 따라서 적당한 측정 레인지를 우선 선택한다.

④ 미지의 측정량을 측정할 때에는 최대의 레인지를 우선 선택한다.

⑤ 적색 테스트 봉은 측정하고자 하는 종류에 따라서 그 기능에 맞는 소켓에 접속하고, 흑색 테스트 봉은 COM 소켓에 접속한다.

⑥ 테스트 봉을 회로에 접속한 상태로 펑션 스위치나 측정 레인지 스위치를 전환하지 말고, 반드시 테스트 봉을 회로에서 분리시킨 후 전환한다.

⑦ 과대한 입력을 인가하지 않는다.

⑧ 디지털 멀티미터를 사용하지 않을 시는 전원 스위치를 반드시 OFF해 둔다.

⑨ 진동이나 충격을 피한다.

⑩ 직사광선이나 고온 다습한 장소에서 보관하지 않는다.

⑪ 정기적인 교정 및 점검을 하여 정확도와 안전을 확보해야 한다.

(3) 측정법

① 저항 측정

일정한 전압을 가한 회로에서 어떤 전류가 감지되었다면 옴의 법칙으로부터 저항이 얼마인지 알 수 있다. 전류계와 정전압원을 통해서 저항을 측정할 수 있는 것이다. 멀티미터의 내부에는 이러한 원리를 다양하게 변하는 저항들에 대하여 정확히 측정할 수 있는 회로로 구성되어 있다. 따라서 계기가 저항으로 흘리는 전류가 다른 회로에 의해 방해되지 않도록 측정하고자 하는 부분만을 분리하여 측정하여야 하며, 외부로부터 연결된 전원이 있으면 안 된다. 또한 콘덴서와 같이 전하를 저장하는 소자는 완전히 방전시킨 뒤 측정하여야 한다.

멀티미터의 단자 연결은 검은 선을 common 단자에, 붉은 선을 W·V·mA·Hz 단자에 연결하고 범위선택 스위치를 W에 둔 뒤 저항을 연결한다. 범위선택은 먼저 큰 범위를 선택하고 차차 낮은 범위로 좁혀가야 한다. 예로 1[kΩ] 저항을 측정한다면 최소한 주어진 멀티미터에서 4[kΩ] 이상의 범위에서 측정을 시작하는 것이 바람직하다.

② 전압 측정

회로의 어떤 두 지점간의 전압을 측정할 때에는 관측하고자 하는 지점에 멀티미터의 단자를 반드시 병렬로 연결하여야 한다. 즉, 측정하고자 하는 회로는 그대로 둔 상태에서 멀티미터의 두 단자를 측정하고자 하는 회로상의 두 점에 붙이기만 하면 된다. 이때 전압계의 내부 저항은 관측하고자 하는 두 지점사이의 저항에 비하여 매우 커야만 측정치가 실제 값보다 작게 표시되는 오차가 발생하지 않는다. 이는 저항의 병렬연결 시 큰 저항과 병렬로 연결하면 저항이 크게 변하지 않으므로 측정 전압에 오차가 적은 원리이다. 이러한 현상을 전압계의 내부 등가저항에 의한 부하 효과라 한다. 내부저항이란 이상적인 계기가 가져야 하는 계기 본연의 기능과 함께 이를 가능하게 해주는 회로나 구성 부품들이 저항성분을 가지게 되는데 이를 등가 내부저항이라고 한다. 부하효과는 시냇물이 올라갈 때 그 유속을 알기 위해 손을 담근다면 그 손 자체가 물의 흐름을 방해하는 요인이 되어 원래 흐르던 것과는 조금 다른 유속으로 바뀌게 되는 것을 감지하게 되는 것과 비슷하다.

멀티미터에 단자를 연결할 때 검은 선을 멀티미터의 common 단자에, 붉은 선을 W·V·mA·Hz 단자에 연결하고 측정선택 스위치를 전압 측정 위치에 놓는다. 저항 측정할 때와 마찬가지로 측정범위는 높은 곳에서부터 낮은 곳으로 순차적으로 바꾸어 가면서 측정한다.

③ 전류 측정

전류를 측정하기 위해서는 전류계와 부하가 항상 직렬 연결되어 있어야 한다. 즉, 회로에서 전류를 측정하기 위한 지점을 절단하고 한 쪽 끝은 전류계의 한 단자와 다른 한 쪽 끝은 전류계의 다른 한 단자와 연결하면 된다. 따라서 전류계는 등가 내부저항이 작을수록 관측오차가 줄어든다. 만약 전류 측정할 때 전류계가 부하와 병렬로 연결되면 계측기기에 치명적인 문제를 가져올 수 있다.

멀티미터에 단자를 연결함에 있어 검은 선을 멀티미터의 common 단자에, 붉은 선을 W·V·mA·Hz 단자에 연결하고 측정선택 스위치를 측정할 전류의 형태에 따라 직류전류 또는 교류전류 위치에 놓는다. 만약 측정할 전류의 크기가 어느 정도인지를 모르는 경우에는 검은 선은 common 단자에, 붉은 선은 가장 왼쪽의 10[A] 단자와 같이 연결하여 계기의 최고범위인 400[mA] 이내에 있으면 그 크기에 따라 범위 스위치를 조정한다. 계기의 측정범위와 오차, 정확도 등은 매뉴얼을 통해 확인하여야 한다.

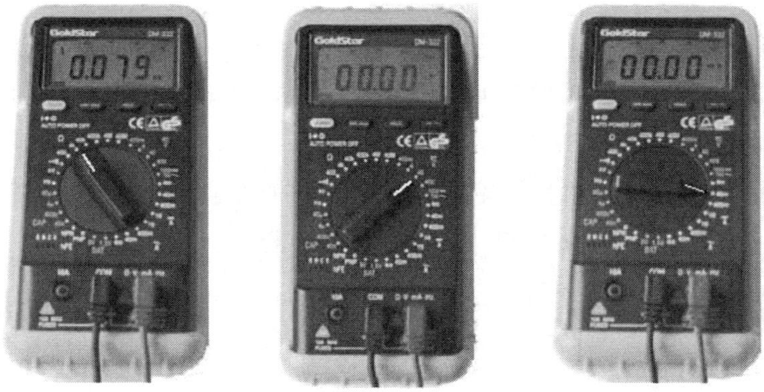

(a) 저항 측정 (b) 전압측정 (c) 전류 측정

그림 14 측정량에 따른 멀티미터의 연결

(4) 전지의 교체

건전지 수명의 약 20%가 소모되면 "Lo-BAT"가 지시된다. 이때 외부 전원 삽입기의 중간 단자에 테스트 봉을 접촉시켰을 때 지시치가 −3.00 이하로 지시되면 건전지를 교체하여 전원의 약화로 인한 오동작 및 측정 오차를 사전에 방지해야 한다.

건전지 교체할 때는 뒷면의 지지대를 분리시키고 건전지함 뚜껑을 아래쪽으로 밀어낸 다음 건전지를 건전지 클립으로부터 떼어낸 후 새 것으로 교환하고, 역순으로 조립한다.

건전지 삽입 또는 교체할 때는 반드시 전원 스위치를 OFF하고, 입력 소켓에 테스트봉이 연결되지 않은 상태에서 실시하며, 멀티미터를 장기간 보관할 때는 건전지 누액으로 인한 부식을 방지하기 위해 건전지를 빼내어야 한다.

(5) 퓨즈 교체

직류, 교류 전류 측정시 2A 이상의 전류를 mA 입력 소켓에 꽂을 때, 2A/250V 퓨즈가 용단되어 전류 측정 기능이 상실된다. 이때 건전지 교체 방식의 순서대로 건전지를 뺀 다음 뒷면의 나사 3개를 풀어 뒤 뚜껑을 분리한 다음 퓨즈를 교체한다. 단, 퓨즈 교체시 어떠한 입력도 멀티미터에 접속되어 있지 않아야 한다.

(6) 교정

① 전원 스위치를 OFF한다.
② 사용 중인 테스트 봉과 외부 전원 등의 입력 선로를 분리한다.
③ 건전지를 전지 연결기로부터 분리한다.
④ 케이스 후면에 있는 3개의 나사를 풀어 뒤 뚜껑을 분리한다.
⑤ 건전지를 전지 연결기에 다시 연결한 후 전원 스위치를 ON 한다.
⑥ 내부 차폐판에 지재된 2개의 조정 구멍에 절연 조정봉으로 다음과 같이 조정한다.
㉮ **DC 200[mV] 조정** : VΩ 및 COM 소켓에 DC Calibrator의 190[mV]를 입력시키고, DC 전압 측정 순서에 의거하여 측정하며 정확히 190.0[mV]의 지시치를 얻을 때까지 "DC ADJ"를 조정한다.
㉯ **AC 200[mV] 조정** : ①의 방법으로 AC Calibrator의 190[mV]를 입력한다. 이때 정밀 교정을 위해 멀티미터의 COM과 Calibrator의 LOW, COM 또는 GND와 연결한다. "AC ADJ"를 조정하여 정확히 190.0[mV]를 지시하도록 한다.

(7) 교정시 주의 사항

① 교정기의 정밀도는 0.1[%]급 이상이어야 정밀 교정을 할 수 있다.
② 차폐판이 노출된 상태에서 AC 전압을 입력시키거나 기판을 손으로 만져서는 안 된다.
③ 교정시 잡음 차폐 시설물이 없는 곳에서 내부 차폐판을 분리시키면 오차를 유발시킬 우려가 있다.

6 오실로스코프(Oscilloscope)

오실로스코프란 높은 주파수의 파형을 측정하는 데 사용하는 장치로, CRO(Cathode Ray Oscilloscope)라고도 부른다. 오실로스코프의 기본원리는 전자를 방출시키고, 이 전자가 전장 혹은 자장에 의해 수직, 수평으로 편향되어 디스플레이에 표시되는 것이다. 디스플레이에 측정하고자 파형이 정확히 나타나게 하기 위해서는 오실로스코프의 내부 신호를 '트리거(trigger)' 혹은 '동기'시킴으로써 가능하게 된다.

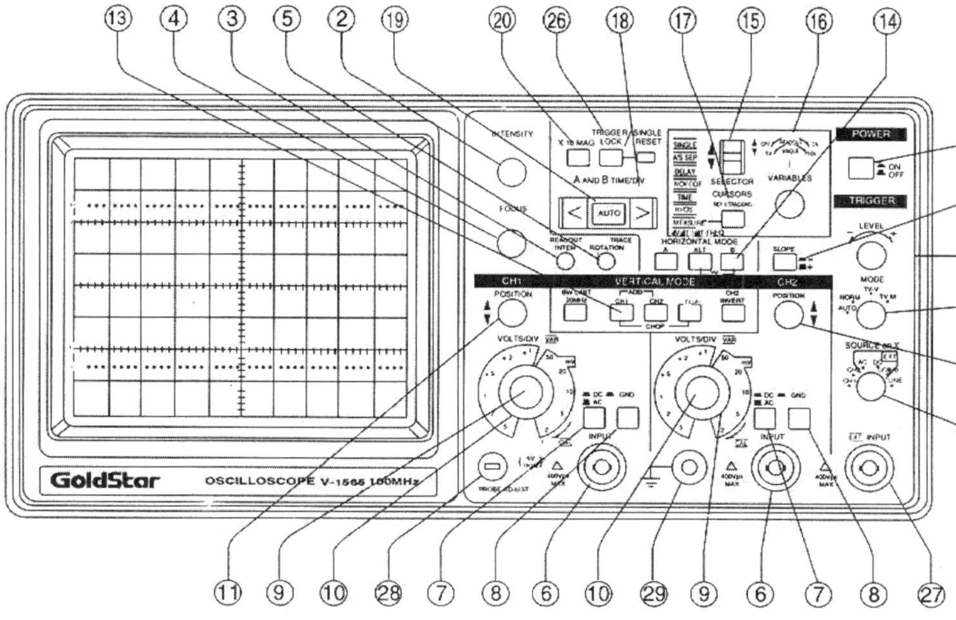

그림 15 오실로스코프 전면 패널

6.1 패널 설명

(1) POWER와 CRT

① POWER : 누른 상태가 ON, 누르지 않은 상태가 OFF

② INTENSITY : 파형의 밝기 조절

③ BEADOUT INTENSITY(드라이버로 조정) : CRT상에 표시된 문자의 밝기를 조절한다.

④ FOCUS : INTENSITY 조절동작에 의하여 적절한 밝기를 선택한 후에 트레이스가 가장 명확한 상태가 될 때까지 FOCUS를 조절한다. INTENSITY 조절시 FOCUS는 자동 조절되지만, 다시 조절이 가능하다.

⑤ TRACE ROTATION(드라이버로 조정) : 외부 자장에 의하여 트레이스가 약간 기울어 있을 때 눈금과 수평이 되도록 조절한다.

(2) 수직편향부

⑥, ㉗ INPUT : CH1, CH2 입력에 대한 BNC 커넥터

⑦ AC-DC : 수직편향부에 입력 신호를 결합(Coupling)하는 방법을 선택한다.

- AC : 입력 신호가 수직 감쇄기에 결합되어 입력 신호의 DC 성분을 차단한다.

최소주파수 응답은 1×Probe시 10[Hz]이며, 10×Probe시 [1Hz]이다.
- DC : 입력 신호에 대한 모든 주파수 성분이 수직감쇄기에 결합된다.

⑧ GND : 이 스위치는 입력 결합 선택 스위치이다. 수직증폭기의 입력이 누른 상태에서 접지(Ground)가 된다.

⑨ VOLTS/div : 감도를 선택하는 단계감쇄기이다. 입력신호 레벨에 따라 적절한 범위에 놓는다.

⑩ VAR : 연속적인 가변 편향 요인(factor)을 설정한다. 반시계 방향으로 돌릴 때 2.5 배까지 감쇄된다. 이러한 조정은 두 파형을 비교하거나 펄스의 상승시간을 측정할 때 유용하다.

⑪ POSITION : 수직 위치를 설정한다. 시계방향으로 돌리면 파형을 위로 이동시키며, 반시계 방향으로 돌리면 파형을 아래로 이동시킨다.
주) CH2 신호는 CH2 INVERT 모드에서 위상이 180° 역전된다.

⑫ 디스플레이 모드 : TIME/DIV 스위치 설정에 의하여 자동으로 선택된다. TIME/DIV 스위치가 5ms/DIV 혹은 그 이상의 느린 범위에 설정시 CHOP 모드가 선택된다. ALTERNATE 모드의 경우 채널 1과 채널 2 신호가 교대로 디스플레이 된다.
- CHOP : CH1과 DUAL 스위치를 동시에 누른 경우 소인 속도에 무관하게 CHOP 모드가 선택된다. 채널 1과 채널 2 신호가 소인에 무관하게 약 240 [kHz]에서 전환되며, CRT 상에는 동시에 디스플레이 된다. 이 모드는 빠른 소인 범위에서 파형을 관찰하는 데 유용하다.
- ADD : CH1과 CH2 키를 동시에 누르면 채널 1과 채널 2의 대수적 합이 화면에 표시하게 된다.
- CH2 INVERT : 채널 2 신호의 극성을 반전시켜 준다. 새로 다른 극성의 파형을 비교하거나 채널 2를 기준으로 하여 기준점을 대상으로 측정하기에 적합한 신호차를 관찰시 유용한 기능이다.
- BW LIMIT : 스위치를 누르면 대역폭이 약 10[MHz]로 감소되며 고주파 신호의 간섭을 제거한 상태에서 관찰할 수 있다.

⑬ VERTICAL MODE : 수직증폭기의 동작모드를 선택한다.
- CH1 : 채널 1 신호를 디스플레이
- CH2 : 채널 2 신호를 디스플레이
- DUAL : 채널 1과 채널 2 신호를 디스플레이

(3) 수평편향부

⑭ HORIZONTAL MODE 스위치 : 수평편향의 동작모드를 선택

- A : 주소인(A)이 CRT 상에 나타난다(정상상태에서 주로 사용).
- ALT : 주소인(A)과 지연소인(B)가 동시에 나타난다(이 모드에서 커서 측정은 불가능).
- B : 지연소인이 CRT상에 나타나게 된다. 소인시간은 B TIME축에 의하여 조절된다.
- X-Y : ALT 와 B 스위치를 동시에 누르면 X-Y 동작이 가능하다.

⑮ SELECTOR : 수평증폭기와 커서의 다양한 기능을 선택한다. SELECTOR 레버를 상하로 움직이면 요구되는 기능의 램프가 깜빡이게 된다. 그리고 나서 VARIABLES 조절기(⑯)를 조정한다.

- SINGLE : 주소인(A)이 한 번 나타난다.
- A/B SEP : 주소인(A) 시작점에 따른 지연소인(B) 시작점의 지연시간을 설정하는 데 사용한다. 지연시간의 CRT의 좌측 상단에 나타나며, (B) 소인 부분은 커서에 의하여 표시된다.
- HOLD OFF : 트리거에 대한 HOLD OFF 시간을 증가시키며, 고주파 신호, 불규칙한 신호 등과 같은 복잡한 파형에 대한 트리거를 설정하는 데 필요하다. 안정된 동기가 되기 위하여 HOLD OFF 조절을 한다. HOLD OFF 값은 전원을 ON하거나 A TIME/DIV 스위치(⑰)가 동작시 최소로 된다. 이 기능은 복잡한 파형에서 독립적인 안정한 동기가 된 소인을 얻을 수 있도록 TRIGGER LOCK 기능과 같이 접속하여 사용할 때 유용하다.
- TIME : 주소인(A)의 소인속도를 연속적으로 조절합니다. 시계방향(CAL 위치)으로 완전히 돌리면 소인 속도는 규정된 값으로 교정된다. 정상적으로 사용할 때 완전히 시계방향으로 돌려 놓는다. 전원을 ON하거나 A TIME/DIV 스위치가 동작시 가변시간은 CAL 상태로 설정되어 있다.
- H POSITION : 수평방향으로 이동하는 데 사용한다. 조절기를 시계방향으로 돌리면 파형이 오른쪽으로 이동되며, 반시계방향으로 돌리면 왼쪽으로 이동된다.
- MEASURE : 이 모드에서 ΔV, ΔT, 1/ΔT가 선택되며, SELECTOR 레버를 아래로 움직이면 CRT 상에 표시된다.
- ΔV : 두 개의 수평커서가 나타난다. 두 커서 사이의 전압이 CRT 위쪽에 ΔV로 표시된다. VOLTS/DIV의 설정에 따라 다르게 나타난다.
- ΔT : 두 개의 수직커서가 나타난다. 두 커서 사이의 시간이 CRT 상단에 ΔT로 표시되며, TIME/DIV의 설정에 따라 다르게 나타난다.
- 1/ΔT : 두 개의 수직커서가 나타난다. 두 커서 사이의 시간의 역수(주파수)로

CRT 상단에 1/ΔT로 표시된다.

- FREQ : 주파수 카운터가 동기 되면서 동기점부터 측정된다.

⑯ VARIABLES : SELECTOR(⑮)에 의하여 선택된 기능이 설정된다. 시계 방향으로 돌리면 트레이스가 위로 혹은 오른쪽으로 이동하며, 반시계 방향으로 돌리면 트레이스가 아래 혹은 왼쪽으로 이동한다. SELECTOR를 사용하여 CRT 상에 문자가 표시될 수 있으며, PROBE의 1배, 10배의 값을 계산할 수 있다.

⑰ CURSOR REF. △. TRACKING

- REF : CRT 상에 기준 커서를 이동시킨다(▽ 혹은 △가 하나의 커서에 표시된다.)
- △ : CRT 상에 측정커서를 이동시킨다(▽ 혹은 △가 하나의 커서에 표시된다.)
- TRACKING : 두 커서 사이의 변하지 않는 간격으로 기준커서와 측정커서를 동시에 이동시킨다(▽ 혹은 △가 두 커서에 표시된다.)

⑱ A AND B TIME/DIV : 주소인(A)의 소인시간과 지연소인(B) 시간을 설정한다. 소인은 HORIZONTAL MODE 스위치(⑭)에 의하여 설정되며, 소인시간은 CRT 상에 나타난다. B 소인시간은 50ns/DIV 외에서 A 소인시간보다 항상 빠르게 설정된다.

- A SWEEP TIME : 0.5s/DIV – 50ns/DIV
- B SWEEP TIME : 50ms/DIV – 50ns/DIV

⑳ ×10 MAG : A와 B 소인을 10배 확대시 사용된다. 이 경우에 소인시간은 TIME/DIV에 의하여 표시된 값의 1/10배이다. 확대할 부분을 [HORIZONTAL POSITION] 선택에 의하여 CRT 중심부에 이동시킨 후 VARIABLES(⑮)를 돌리고 ×10 MAG를 조절함으로서 소인속도 리드아웃이 자동적으로 전환된다.

(4) 트리거 동기부

㉑ TRIGGER SOURCE 혹은 X : 트리거 신호원 혹은 X, Y 동작에 대한 X 신호를 선택한다.

- CH1 : CH1에 동기화시킬 때 사용한다.
- CH2 : CH2에 동기화시킬 때 사용한다.
- EXT AC : DC 성분을 제거한 후 외부입력(EXT INPUT)에 동기화시킬 때 동기원으로서 사용한다.
- EXT DC : 매우 낮은 주파수 신호에 동기화시킬 경우 외부 입력을 동기원으로 사용한다.
- EXT DC÷10 : 외부입력 신호를 10 : 1로 감쇄시키고 동기원으로서 사용한다.

- LINE : 전원 주파수에 동기를 맞출 때 사용한다.
- ALT : 수직축 모드가 DUAL로 선택되고 소인 시간 설정이 5ms/Div 보다 빠르면 Alternate Trigger가 설정된다. 또한 CH1이 CH2와 동기가 되지 않아도 Trigger가 이루어진다.
- LINE : 전원주파수에 동기화된 신호를 보고자 할 때 사용한다.

㉒ TRIGGER MODE
- AUTO : 인가되는 신호가 없거나 트리거의 조정이 없어도 휘선이 자동적으로 나타난다. 정상적인 동기(TRIGGER)는 신호를 입력단에 인가시 동기레벨 조정에 의하여 얻어지게 된다. 인가되는 신호의 진폭과 동기화에 따른 동기 레벨은 수행된다.
- NORM : 신호가 인가되지 않거나 외부 트리거가 존재하지 않는 한 트레이스가 나타나지 않는다. 30[Hz] 이하의 낮은 주파수에 동기를 시킬 경우 이 모드를 사용한다.
- TV-V : 비디오의 수직신호를 관찰할 때 사용한다.
- TV-H : 비디오의 수평신호를 관찰할 때 사용한다.

㉓ TRIGGER LEVEL : 동기(TRIGGER) 레벨을 조정함으로서 파형의 소인 시작점이 설정된다.

㉔ SLOPE : (+) 혹은 (−) TRIGGER 극성을 선택한다.

(5) 기타

㉘ PROBE 조정 : 0.5[V], 1[kHz] 구형파로서 PROBE 교정시 이 단자를 사용한다.

㉙ GND TERMINAL : 접지단자

6.2 신호 측정 방법

(1) PROBE의 사용방법

고주파 신호를 정밀하게 측정하려는 경우 PROBE를 사용한다.

① GND의 연결 : GND는 회로 상에서 0[V]로 간주되는 곳에 연결한다. 일반적으로 GND를 연결하지 않아도 신호측정은 가능하지만, 잘못하여 다른 기기나 지면 접지 사이에서 전압이 발생하여 감전 또는 측정기기의 손상이 일어날 수 있으므로 주의한다.

② ×1, ×10 스위치 : 일반적으로는 ×1에 놓고 사용한다. ×10에 놓으면 입력신호가 1/10으로 감쇄되어 오실로스코프로 들어가므로 높은 전압의 신호를 측정할 수

있다.

③ PROBE의 보정 : PROBE 내에는 가변 커패시터가 포함된 회로가 내장되어 있으며, 측정 오차를 피하기 위해서 이 커패시터를 조절해 줄 필요가 있다. PROBE ADJUST 0.5[V]에 PROBE의 끝을 접속하고 접지선의 접지단자에 접속한다. 그림 16(b), (c)와 같은 경우는 조절용 나사를 조정하여 그림 16(a)와 같은 상태로 맞춘다.

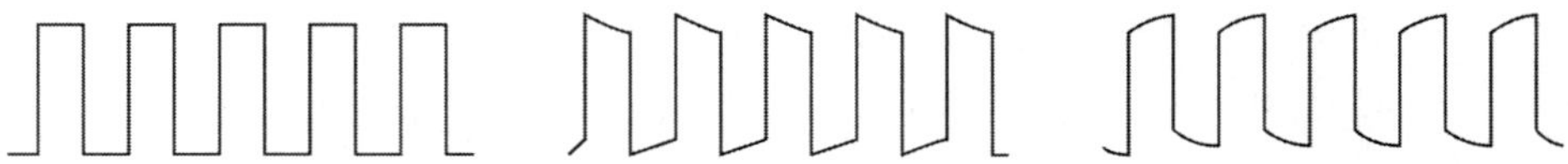

(a) 최적 (b) 과소 (c) 과대

그림 16 프로브의 보정

(2) 단파(single)의 파형 측정

채널 1 혹은 채널 2를 사용하여 단파를 측정할 수 있다.

예를 들어 채널 1을 사용할 때는 다음과 같이 설정한다.

- VERTICAL MODE 스위치 : CH 1
- TRIGGER MODE 스위치 : AUTO
- TRIGGER SOURCE or X : CH 1
- AC-DC 스위치 : AC 혹은 DC

이상과 같은 설정으로 30[Hz] 이상의 신호를 채널 1에 인가하여 트리거 시킴으로써 측정할 수 있고, TRIGGER LEVEL을 조절하여 관찰이 가능하다.

만약 30[Hz] 이하의 낮은 저주파를 측정할 시에는 다음과 같이 설정한다.

- TRIGGER MODE : NORM

(3) 두 개의 파형 측정

경우에 따라 두 개의 파형을 함께 관측할 필요가 있는 경우가 있다.

VERTICAL MODE 스위치를 DUAL로 놓으면 두 개의 파형을 관측할 수 있다.

(4) 측정한 파형을 이용하여 전압, 시간, 주파수 계산하기

① △V 커서를 이용한 전압 측정

커서를 이용한 측정 가능 영역은 눈금 중앙으로부터 상하 3 DIV 이다. 따라서 신호 파형이 이 안에 들어가도록 VOLTS/DIV를 설정한다. DC 성분이 포함된 경우

입력 결합을 DC로서 측정하고 GND 휘선 위치도 이 안에 들어가도록 POSITION를 설정한다.

SELECTOR로 MEASURE를 선택하면 브라운관의 2개의 수평커서가 표시되고 REF 커서 사이의 전압이 △V와 함께 디스플레이 위쪽으로 디지털 표시된다. 이 전압은 △커서가 REF.△.TRACKING 스위치로 선택한 커서는 위로 이동하고 시계 반대 방향으로 돌리면 아래로 이동한다. 이에 따라 2개의 커서 사이의 전압을 측정할 수 있다. 또한, GND로부터 전압을 측정할 때는 입력을 GND로 하고 REF 커서를 일치시켜 입력을 DC로 전환하여 커서를 측정부분에 맞추면 GND로부터 전압이 표시된다.

② 육안을 이용한 전압 측정

VOLTS/DIV를 적절하게 조절하고 파형이 펼쳐진 수직축의 칸수를 센다. 그리고 이 칸수에 VOLTS/DIV를 곱해 준다. 그리고 이때 PROBE ×10 스위치가 설정되어 있으면 10을 더 곱해주어야 한다.

예를 들어

- 칸 수 : 5.2
- VOLTS/DIV : 0.1
- ×1 선택

인 경우, $V_{p-p} = 5.2 \times 0.1 \times 1 = 5.2[\mathrm{V}]$

③ △T 커서를 이용한 시간 측정

SELECTOR로 MEASURE를 선택하면 우선 △V 커서가 표시되고 다시 한번 SELECTOR를 아래로 누르면 △T 커서로 된다. 2개의 수직커서와 함께 △T와 아울러 측정 수치가 디스플레이 위쪽에 표시된다.

커서에 의한 측정 가능 영역은 중앙에서 좌우로 각 4 DIV 이므로 측정하고자 하는 파형이 이 안에 꽉 차게 들어오도록 TIME/DIV를 설정한다.

REF.△.TRACKING 스위치로 선택한 커서를 VARIABLES 볼륨으로 이동시켜서 2개의 커서를 파형의 측정하려는 부분에 맞춘다. △ 커서가 REF 커서보다 오른쪽에 있을 때는 +, REF 커서보다 왼쪽에 있을 때는 –가 된다.

VARIABLES 볼륨을 시계방향으로 돌리면 커서는 오른쪽으로 이동하고 시계 반대 방향으로 돌리면 커서는 왼쪽으로 이동한다.

④ 1/△T 커서를 이용한 주파수 측정

SELECTOR로 MEASURE를 선택하면 디스플레이에 2개의 커서가 표시된다. 이

때 SELECTOR를 2회 누르면 브라운관 위쪽에 1/△T가 표시된다. VARIABLES 설정 손잡이를 돌려 1개의 커서를 관측 파형의 1주기 위치에 설정하면 커서 사이의 시간의 역수(1/△T), 즉 주파수가 1/△T와 함께 디스플레이 위쪽에 디지털 표시된다. VARIABLES 설정 손잡이는 시계 방향으로 돌리면 커서는 오른쪽으로 이동하고 시계 반대 방향으로 돌리면 커서는 왼쪽으로 이동한다.

⑤ 육안을 이용한 시간, 주파수 측정

측정하고자 하는 두 점간의 칸수를 세어서 TIME/DIV를 곱하면 시간을 얻을 수 있다.

예를 들어,

– 칸 수 : 6.4

– TIME/DIV : 0.5[ms]

인 경우, 시간은 $6.4 \times 0.5 = 3.2[\text{ms}]$

주파수는 파형의 한 주기를 이루는 두 점을 잡아 그 시간을 측정한 뒤, 역수를 취하면 된다. 예를 들어 위의 경우가 한 주기의 시간 간격이었다면,

$$\frac{1}{3.2[\text{ms}]} = 0.3125[\text{kHz}]$$

가 된다.

(5) 리싸쥬 파형의 측정

① 리싸쥬 파형의 원리

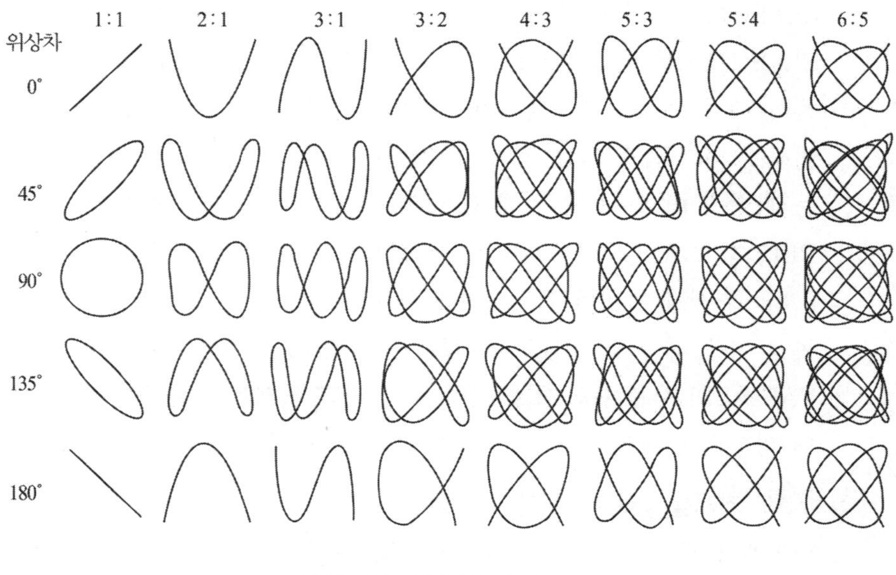

그림 17 리싸쥬 파형

이제까지 위에서의 파형은 모두 x축 방향으로 나타나는 파형이었다. 리싸쥬 파형은 2개의 신호를 하나는 x축 방향으로, 하나는 y축 방향으로 인가했을 때에 나타나는 파형이다.
만약 2개의 신호의 주파수 비가 유리수일 경우 그림 17과 같이 안정적인 파형이 나타나게 되며, 이 파형을 리싸쥬 파형이라고 한다.
리싸쥬 파형의 원리는 그림 18과 같다. 리싸쥬 파형은 사각형에 내접하게 되는데, 그 사각형의 수직면과 만나는 점의 수를 v, 수평면과 만나는 점의 수를 h라고 하면, 두 신호의 주파수 비는

$$\frac{f_x}{f_y} = \frac{v}{h}$$

의 관계를 가지게 되며, 이를 이용해서 주파수 f_y와 리싸쥬 파형으로 미지의 주파수 f_x를 구할 수 있다. 아래의 그림과 같은 경우는 $v = 1$, $h = 2$이므로 $f_x = \frac{f_y}{2}$임을 알 수 있다.

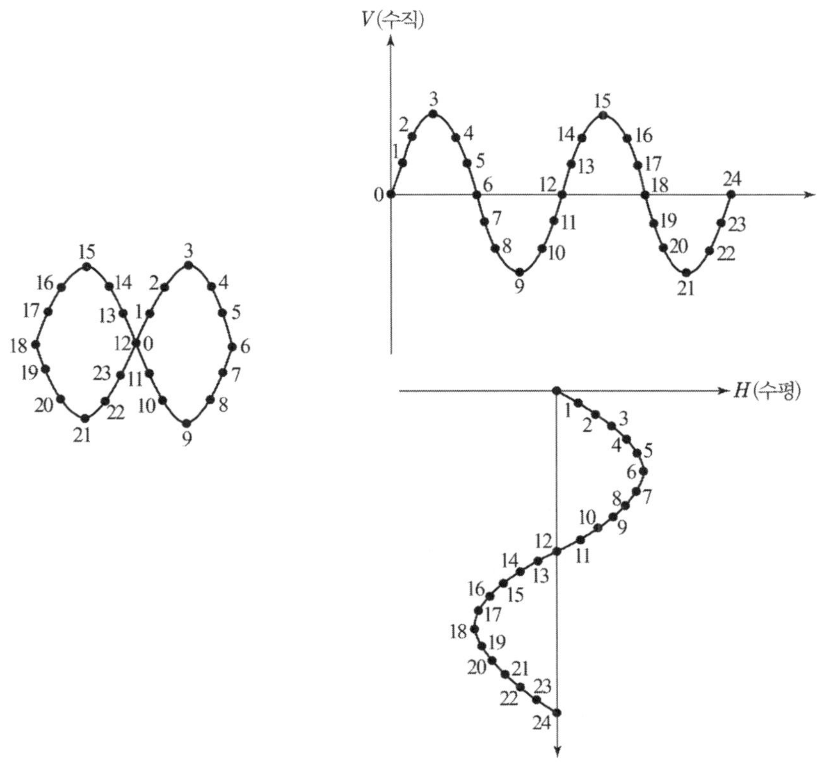

그림 18 리싸쥬 파형의 원리

② **리싸쥬 파형의 측정 방법**

HORIZONTAL MODE를 X-Y로 설정한다. X축(수평축) 입력을 TRIGGER SOURCE or X로 선택되고 Y축(수직축) 입력은 VERTICAL MODE의 설정에 의해 CH 1, CH 2 및 DUAL 모드로 사용하는 것이 가능하다.

그리고 이 때 수평축 확대 스위치(×10 MAG)는 OFF로 하고, BW LIMIT 스위치는 OFF로 설정한다.

③ **리싸쥬 파형을 이용한 위상차 측정 방법**

우선 두 신호의 리싸쥬 파형이 1 : 1을 이루도록 한다. 이때 다음 그림과 같이 되었을 경우, 두 신호의 위상차 ϕ는

$$\phi = \sin^{-1}\frac{B}{A} = \sin^{-1}\frac{B'}{A'}$$

예를 들어 A'가 10칸, B'가 5칸이 되면 위상차는

$$\phi = \sin^{-1}\frac{5}{10} = 30°$$

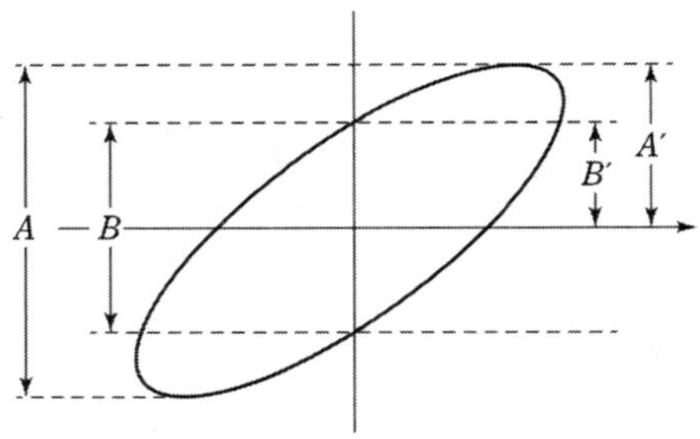

그림 19 위상차 측정

(6) 오실로스코프 사용할 때 반드시 알아두어야 할 사항

① 오실로스코프 PROBE의 CH 1과 CH 2의 GND 단자는 항상 회로상에서 같은 전위점에 연결되어야 한다.

② 디스플레이가 너무 밝거나 초점이 맞지 않는 경우는 INTENSITY 단자와 FOCUS 단자를 조정하여 가늘고 선명하게 나타나도록 조절한다.

③ 파형이 좌우로 흐르거나 떨릴 때에는 TRIGGER MODE를 잘 맞추고 TRIGGER LEVEL 조정 단자를 돌려 TRIGGER 램프에 불이 들어오도록 조정한다.

④ 오실로스코프상의 UNCAL 램프에 적색 불이 들어오면 측정이 원하는 대로 되지 않을 수가 있다. 이런 경우에는 VARIABLE 단자를 돌려서 불이 꺼지도록 한다.
⑤ 오실로스코프는 비교적 높은 전압까지는 견딜 수 있으나, 전류는 항상 낮게 유지해야 고장을 방지할 수 있다.
⑥ 오실로스코프 PROBE는 다른 장비나 부품에 비해 비교적 고장이 잦은 편이므로 항상 상태를 확인한 후에 실험에 임하도록 한다.
⑦ 현재 측정하고자 하는 것이 무엇인지 파악하고 올바른 VERTICAL MODE와 HORIZONTAL MODE를 선택하도록 한다.
⑧ PROBE의 스위치가 ×1으로 되어있는지 확인한다.
⑨ AC-DC 조절 스위치에서, DC로 놓을 경우 직류 신호뿐만 아니라 교류 신호도 얼마든지 측정이 가능하다. 특히 직류와 교류 신호가 혼합된 신호를 측정할 때에는 DC로 놓아야 한다. AC를 사용하는 경우는, 직류와 교류 신호가 모두 포함된 신호에서 직류 신호를 걸러내고 측정할 경우이다.

7 전자 부품 사용법

7.1 저 항

(1) 저항의 기본 개요

저항(Resistor)은 그 사용 목적에 따라 다음 사항들을 고려하여 선택한다.
① 소요 저항값의 저항이어야 한다.
② 허용 전력에 맞는 것이어야 한다.
③ 인덕턴스나 커패시턴스의 영향이 적은 것이어야 한다.
④ 허용 오차의 한계를 벗어나지 않는 것이어야 한다.
⑤ 저항의 온도 계수가 적은 것으로 한다.

그러나 이들 사항이 모두 만족되어야 하는 것은 아니다. 제작 회사에서 표기한 전력 용량은 자유 공간에서의 값이다.
표 2는 일반적인 저항의 종류와 특성을 나타낸 것이다.

표 2 저항의 종류와 특성

저 항	저항의 형	전력 용량[W]	저항값[Ω]	오 차[%]
고 정 저 항	탄소 또는 피 막 형	1/8, 1/4, 1/2, 1, 2, 3, 5	$1\sim10\times10^6$	+20 (5 또는 2[%]도 가능)
	권 선 형	1, 2, 3, 5, 10, 25, 50, 75, 100, 200	$1\sim100\times10^3$	+10 (5 또는 1[%]도 가능)
가 변 저 항	피 막 형	1/8, 1	$50\sim3\times10^6$	
	권 선 형	1, 2, 3, 5	$2\sim10\times10^3$	

탄소 저항은 값이 싸고 크기가 작기 때문에 많이 사용되고 있다. 그러나 온도 및 인가전압에 따라 그 값이 변하기 때문에 정밀을 요하는 곳에는 사용할 수 없다.

권선 저항은 소모 전력이 크거나 정밀한 저항값을 필요로 하는 곳에 사용한다. 정밀급의 것으로는 그 오차가 1[%] 정도의 것도 있다. 고저항, 저전류 용량을 필요로 하는 곳에는 탄소형을 사용하며, 대전류 용량과 저저항값을 필요로 하는 곳에는 권선형을 사용한다. 권선형 전력 가변 저항은 회로 소자에 공급되는 전류 또는 전압을 조정하는데 사용된다.

습동 가변 저항은 특별히 실험실용으로 고안된 것으로서, 이것을 사용할 때에는 과전류에 의한 파손에 주의해야 한다.

(2) 색띠(color code) 읽기

① 저항값은 보통 저항인 경우 4개의 색띠로 표시되고, 정밀 저항인 경우에는 5개의 색띠로 표시된다.

② 보통 저항은 그림 20과 같이 몸체 중심에서 어느 한쪽으로 치우친 쪽을 기준으로 제1색띠, 제2색띠 순서로 읽어가며, 제1색띠는 십 단위를 제2색띠는 단 단위의 유효 숫자를 표시하고, 제3색띠는 승수, 그리고 제4색띠는 허용 오차를 표시한다. 그림 21에 각 색띠 값을 A, B, C, D라고 하였을 때 저항의 읽는 법을 표시하였다.

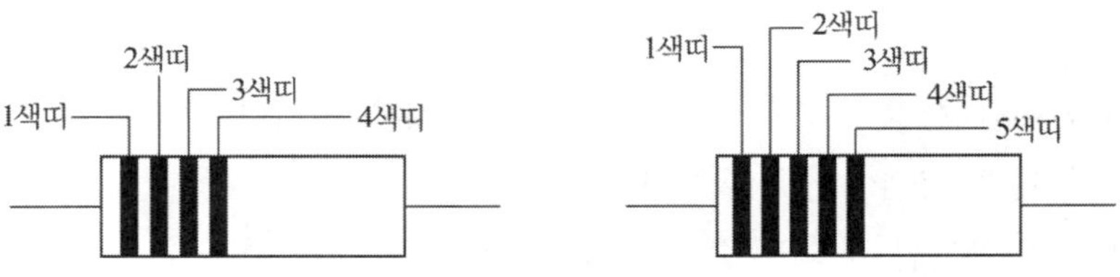

(a) 보통 저항 (b) 정밀 저항

그림 20 보통 저항과 정밀 저항의 색띠

③ 정밀 저항에는 제1색띠, 제2색띠 및 제3색띠가 3자리의 유효 숫자를 나타내고, 제4색띠는 승수를 그리고 제5색띠는 허용오차를 나타낸다. 그림 22에 정밀 저항값을 읽는 법이 표시되어 있다.

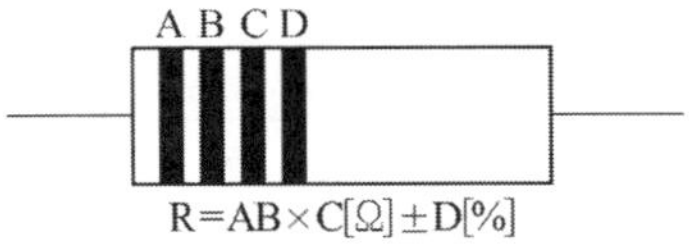

그림 21 보통저항 색띠 읽는 법

그림 22 정밀 저항의 색띠 읽는 법

④ 보통 저항과 정밀 저항의 컬러 코드와 그 값을 표 3에 표시하였다.

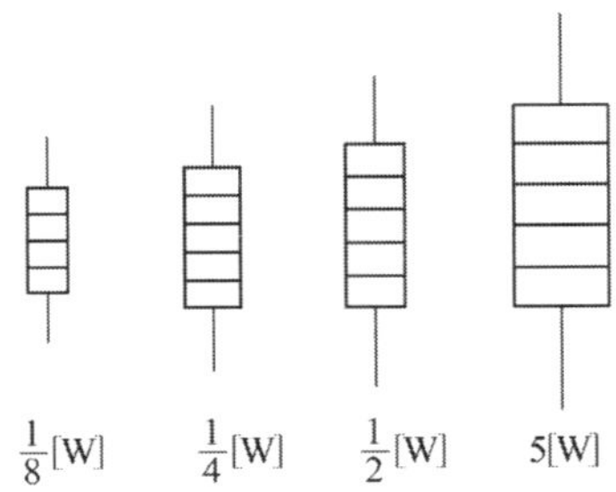

그림 23 다양한 정격 전력을 가지는 저항

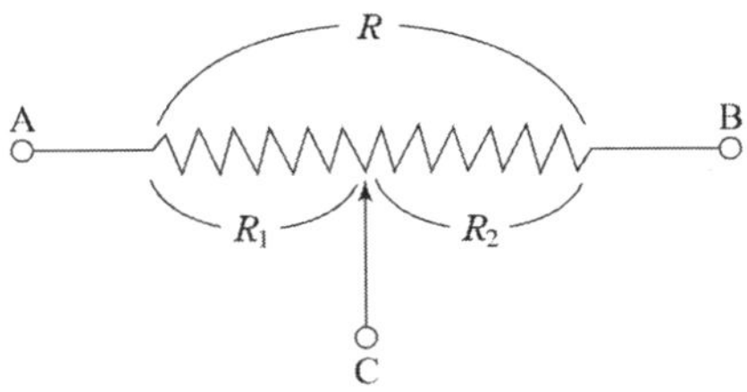

그림 24 가변 저항

⑤ 가장 일반적인 저항은 4개의 색띠로 표시되며, $\frac{1}{4}$[W], $\frac{1}{2}$[W]의 소비 전력 정격을 가지는데, 정격 전력은 그 이상의 소비 전력에서 저항이 파손되는 한계값으로 그림 23과 같이 저항의 크기로 판별한다.

⑥ 가변 저항 : 그림 24에서 A, B 양단간의 전체 저항 R이 가변될 수 있는 최대 저항이고, 실제 이용은 A, C 단자만을 사용하는 R_1을 이용하거나 B, C 단자만을 사용하는 R_2를 이용한다.

표 3 저항의 색깔표시 읽는 방법

공칭저항의 유효숫자가 2자리일 경우

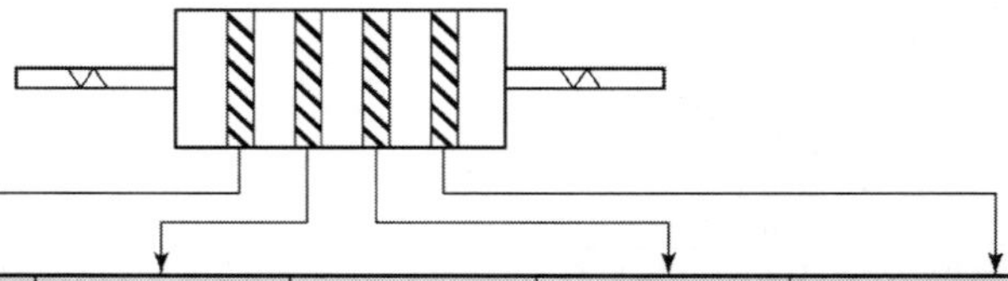

색 명	제 1 색띠	제 2 색띠		제 3 색띠	제 4 색띠
	제 1 숫자	제 2 숫자		승 수	공칭저항값 허용차
흑 색	0	0	0	10^0	–
갈 색	1	1	1	10^1	±1%
적 색	2	2	2	10^2	±2%
등 색	3	3	3	10^3	–
황 색	4	4	4	10^4	–
녹 색	5	5	5	10^5	±0.5%
청 색	6	6	6	10^6	±0.25%
자 색	7	7	7	10^7	±0.1%
회 색	8	8	8	10^8	–
백 색	9	9	9	10^9	–
금 색	–	–	–	10^{-1}	±5%
은 색	–	–	–	10^{-2}	±10%
–	–	–	–		±20%
색 명	제 1 숫자	제 2 숫자	제 3 숫자	승 수	공칭저항값 허용차
	제 1 색띠	제 2 색띠	제 3 색띠	제 4 색띠	제 5 색띠

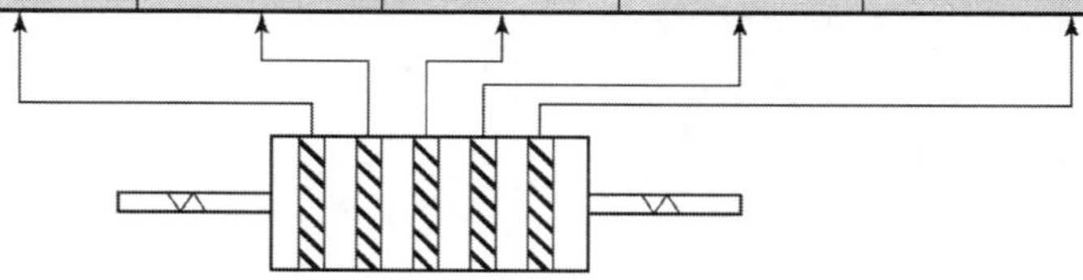

공칭저항의 유효숫자가 3자리일 경우

7.2 콘덴서

(1) 콘덴서의 기본 개요

두 평형 도체판 사이에 절연 물질이 함유된 것으로, 정전 용량은 두 판에 얼마나 많은 전하를 저장할 수 있는가 하는 콘덴서의 축적 능력을 나타내며, 단위로는 [F]을 사용한다.

패럿([F])이란 단위는 19세기의 물리학자며 화학자인 패러데이(Faraday, M)의 이름에서 딴 것으로, 1[F]은 1[V]의 전압을 인가했을 때 1[C]의 전하를 축적할 수 있는 정전 용량을 말한다.

콘덴서도 저항기와 같이 고정 콘덴서와 가변 콘덴서로 나누어지는데, 근래에는 고정 콘덴서가 많이 쓰이고 있다.

콘덴서 (Condenser)는 다음 사항을 고려하여 선택한다.

① 소요 용량의 정격을 선택해야 한다.

② 동작 전압에 맞아야 한다.

③ 고주파 (Radio-Frequency, RF)에서의 실효 전압 및 전원을 고려해야 한다.

④ 인덕턴스 및 저항을 고려해야 한다.

표 4는 일반적인 콘덴서의 종류와 용도를 나타낸 것이다.

표 4 콘덴서의 종류와 용도

콘덴서의 형	콘덴서의 용량[μF]	동작 전압 [VDC]	용 도
종 이 콘 덴 서	0.001 ~ 1	200 ~ 2,000	저주파 결합용
종 이 콘 덴 서	1 ~ 10	200 ~ 2,000	필터용
유 입 콘 덴 서	0.05 ~ 15	600 ~ 5,000	필터용
전 해 콘 덴 서	2 ~ 40	150 ~ 450	필터용
전 해 콘 덴 서	5 ~ 500	25 ~ 100	바이어스용
전 해 콘 덴 서	500 ~ 4,000	12 ~ 25	저전압 필터용
운 모 콘 덴 서	0.005 ~ 0.01	12 ~ 10,000	저주파, 고주파 결합용
세라믹 콘 덴 서	0.5×10^{-6} ~ 0.47	12 ~ 10,000	저주파, 고주파 결합용
가 변 콘 덴 서	15 ~ 350	150 ~ 3,000	고주파 동조용

콘덴서에 가해지는 정격 전압은 그 유전체의 파괴 전압에 의하여 결정되며, 또한 파괴 전압은 온도에 따라 다르게 된다.

운모 콘덴서와 세라믹 콘덴서는 주로 고주파용으로 사용되며, 종이 콘덴서는 저주파용에 적합하나, 때로는 고주파용으로도 사용한다. 유입 콘덴서는 주로 고전압 회로의 필터용으로 사용한다.

전해 콘덴서는 저주파 회로에서의 필터용 및 바이패스(by-pass)용으로 사용되며, 종이 콘덴서보다 값이 싸고 물리적인 크기도 작다. 용량은 년도에 따라 변화하며, 수명도 종이 콘덴서보다 짧다. 또, 유극성 전압을 가하기 때문에 직류 회로에서만 사용할 수 있다. 극성이 잘못 접속되었을 때에는 과전류로 파괴될 수 있다.

가변 공기 축전지는 회로에서 동조 또는 중화 등의 용도로 사용되며, 그 용도에 따라 여러 가지 모양과 크기가 있다. 일반적으로, 콘덴서의 용량은 그 최대값에 대한 최소값의 변화가 1/9～1/20 사이에서 변화한다.

운모로 절연한 가변 콘덴서는 중간 주파 증폭기의 주파수 결정에 사용하며, 또 고주파 회로에서는 근소한 용량 변화를 하는 데 사용된다.

(2) 콘덴서의 형명 표시 방법

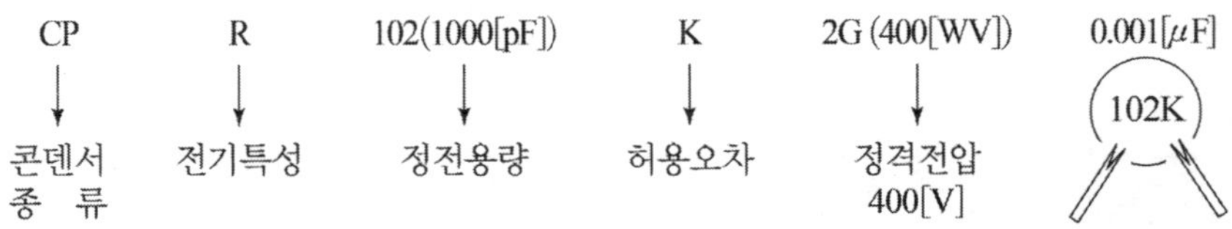

그림 25 세라믹 콘데서의 형명 표시 방법

① 처음의 두 문자는 콘덴서의 종류를 나타낸다.

② 두 번째 문자는 전기 특성을 나타낸다.
단, 세라믹에서는 온도 특성을 나타내고 Y는 −30～+85[℃], Z는 +10～+85[℃]의 사용 온도 범위이며, 오차는 F가 7.5[%], P가 ±10[%]를 표시한다.

③ 세 번째는 정전용량을 표시하는 것으로 처음 두 숫자는 정수이고, 마지막 숫자는 10의 배수를 나타낸다.

④ 단위는 [pF], 소수점을 나타낼 때는 R을 사용해 2R5 = 2.5[pF] 이다.

표 5 콘덴서의 허용오차

문 자	B	C	D	F	G	J	K	M	N	V	X	Z	P
허용 오차 [%]	±0.1	±0.25	±0.5	±1	±2	±5	±10	±20	±30	+20 −10	+40 −10	+80 −20	+100 −0
허용 오차 [pF]	±0.1	±0.25	±0.5	±1	±2								

정격 전압은 숫자의 알파벳의 2자로 표시한다. 예를 들면 2G의 2는 10의 지수를 나타내며, 10^2G의 뜻으로 표 6에서 400[V] 임을 알 수 있다.

표 6 콘덴서의 내압

	A	B	C	D	E	F	G	H	J	K
0	1	1.25	1.6	2.0	2.5	3.15	4.0	5.0	6.3	8.0
1	10	12.5	16	20	25	31.5	40	50	63	80
2	100	125	160	200	250	315	400	500	630	800
3	1000	1250	1600	2000	2500	3150	4000	5000	6300	8000

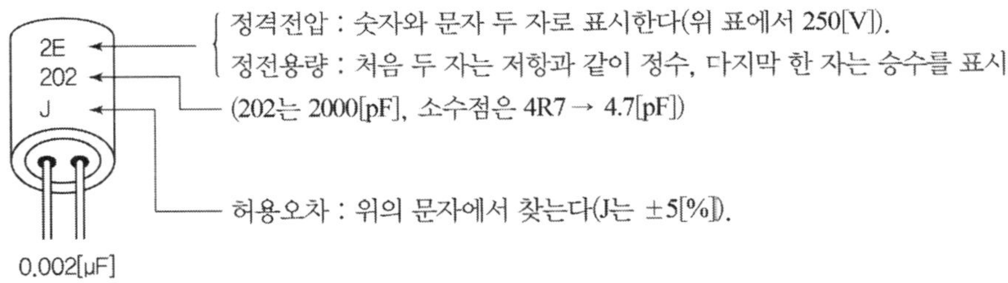

그림 26 전해 콘덴서 형명 표시 방법

(3) 콘덴서의 종류

콘덴서는 커패시터(capacitor)라 부르고, 재질이나 제작 방법에 따라 그 종류는 다양하다. 콘덴서 재질에 따라 마일러, 운모(mica), 세라믹, 전해, 종이 콘덴서 등으로 분류할 수 있고, 제 작 방법에 따라 권입형, 적층형 콘덴서가 있다.

① 페이퍼 콘덴서

한쪽 리드가 바깥쪽 금속 케이스 또는 금속막에 연결되어 있으므로, 이것을 접지 또는 낮은 전압쪽에 배선하면 실드한 것과 같아진다. 이 리드 쪽에 띠가 그려져 있으므로 알 수 있다. 일반적으로 콘덴서의 표시는 직선과 곡선으로 되어 있고, 곡선이 단자 쪽이다.

② 세라믹 콘덴서

원판형, 원통형 등으로 만들어졌으며, 용량이 큰 [μF] 단위로 된 것은 온도 및 용량 특성이 나빠서 저주파 회로용으로 적합하고, [pF] 단위로 된 소용량의 것은 고주파 회로용으로 사용되고 있다. 트랜지스터용의 내압은 보통 50[V] 정도이다.

③ 필름 콘덴서(마일러, 스티롤)

마일러(Mylar) 콘덴서는 플라스틱의 일종인 유전체를 필름화하여 만든 콘덴서로, 비교적 온도 및 용량 특성이 양호하여 저주파에서 고주파 회로까지 사용할 수 있으나, 중파대 이상은 비교적 특성이 안 좋다. 스티롤 콘덴서는 특히 온도 및 용량 특성이 우수하여 코일의 온도 특성과 반대이므로, 중파대 이상의 고주파 공진회로의 안정도를 유지하는데 좋다.

④ 마이카 콘덴서

투명한 백 마이카를 유전체로 사용한 것으로 고정형 콘덴서와 가변형 콘덴서가 있으며, 정전 용량이 안정하고 유전체 손이 작은 특징이 있다. 전극을 붙이는 방법에 따라 스택형 마이카 콘덴서와 실버 마이카 콘덴서로 나누며, 거의 후자가 쓰이고 있다.

⑤ 전해 콘덴서(케미콘)

전해 콘덴서는 +, −의 극성이 있으므로 극성에 유의해야 하며, 특히 트랜지스터 회로는 임피던스가 매우 낮으므로 그림 27와 같은 전해 콘덴서가 많이 사용되고 있다. 내압은 3~50[V] 용량은 수[μF]~수천[μF]의 것이 있다. 사용할 때 +, −의 극성을 반대로 접속하면 용량이 부족해지고 누설 전류가 증가하여 정상 동작이 안 되거나 심하면 파손되기도 한다.

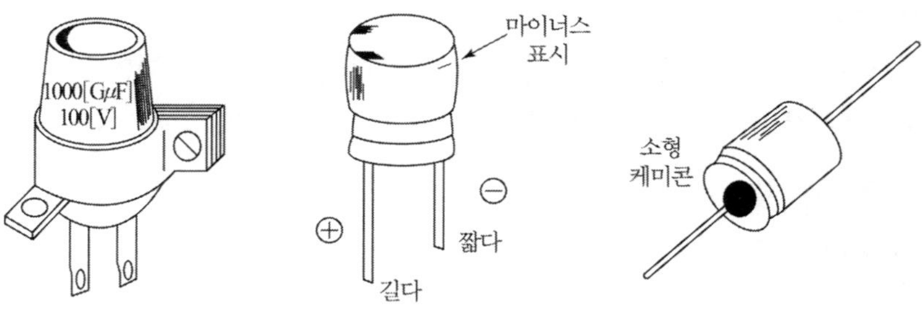

그림 27 전해 콘덴서의 외형

⑥ 바리콘(VC)

트랜지스터 회로에는 폴리 바리콘이 주로 사용되나, 제조 회사에 따라 용량의 차이가 있으므로, 이들을 사용할 때에는 공진 코일의 인덕턴스에 지정된 것을 선택해야 한다. 종류에는 에어 바리콘, 2련·3련 바리콘, 트래킹레스 부자 바리콘, FM 겸용 바리콘 등이 있다(그림 28).

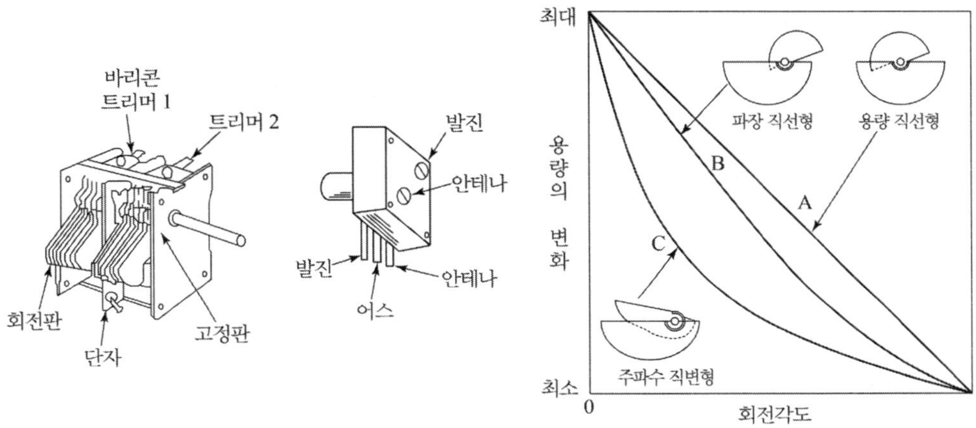

(a) 에어 바리콘 (b) 폴리 바리콘 (c) 특성 곡선

그림 28 바리콘의 종류 및 특성 곡선

7.3 인덕터

(1) 일반적으로, 인덕터(inductor)는 코일(coil)이라 부르고, 코일은 공심 코일과 자심 코일이 있으며, 모양은 솔레노이드(solenoid) 코일, 환상(toroid) 코일 등으로 분류한다.

(2) 코일에 전류를 가하면 자속이 변하여 유도 전력을 유지시키는데, 이것을 자기유도(self-induction)라 한다. 이 자속의 변화는 전류 변화에 비례하는데, 이 비례 상수를 자기 유도 계수 (Self-inductance)라 한다.

(3) 인덕터의 선정에서는 다음 세 가지를 고려한다.

① 소요 인덕턴스 값을 가져야 한다.

② 소요 전류에 맞아야 한다.

③ 허용 저항값을 고려해야 한다.

표 7 인덕터의 종류

인덕터의 형	철심의 형	인덕턴스 값	정격 전류
필터 초크	규서 강판 적층	5～40[H]	40～300[mA]
저주파 리액터	규소 강판 적층	100～1,000[H]	2～20[mA]
고주파 초크	규소 강판 적층	5～150[H]	–
고주파 초크	공기	10[μH]～80[mH]	5～1,000[mA]
고주파 동조	공기	–	–
고주파 동조	규소 강판 적층	–	–

표 7은 몇 가지 인덕터의 일반적인 형과 크기를 나타낸 것이다. 인덕터는 등가 회로에서 인덕턴스와 저항의 직렬 회로와 콘덴서와의 병렬 회로로 나타낼 수 있다.
또한, 권선은 상당한 저항을 가지고 있기 때문에 콘덴서보다 큰 손실을 가진다. 그리고 저항값은 권선 수, 선의 굵기 및 주파수에 의하여 결정된다.

7.4 고주파 및 안테나 코일

고주파 코일이나 안테나 코일 등은 그림 29와 같이 일정한 형태가 아니고 여러 가지 형태로 되어 있어 제품의 규격표를 참조하여야 한다.

(1) 동조 Coil

※ 용도 : 수신기에서 전파를 효율적으로 잘 받아들이는데 사용

(2) 발진 Coil

슈퍼 수신기의 국부 발진 Coil에 사용되며 Coil의 구분은 코어에 칠해진 색으로 구분한다.

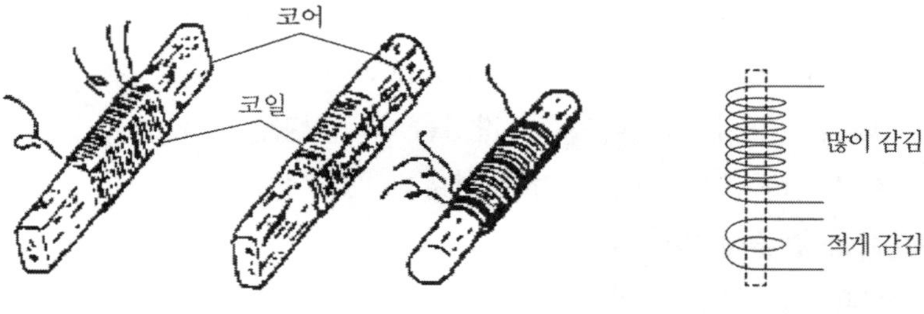

(a) 리드선형 (b) 단자형코일 (c) 코어가 원통형 (d) 코일

그림 29 ANT 코일

7.5 저주파용 변성기

그림 30과 같은 트랜지스터용의 입력 변성기 (IPT : InPut Trans)와 출력 변성기 (OPT : OutPut Trans)는 통상 임피던스의 크기가 기입되어 있지 않으며, 다만 적색 (출력 변성기), 청색 또는 녹색(입력 변성기) 등 색깔로만 구분되어 있다.

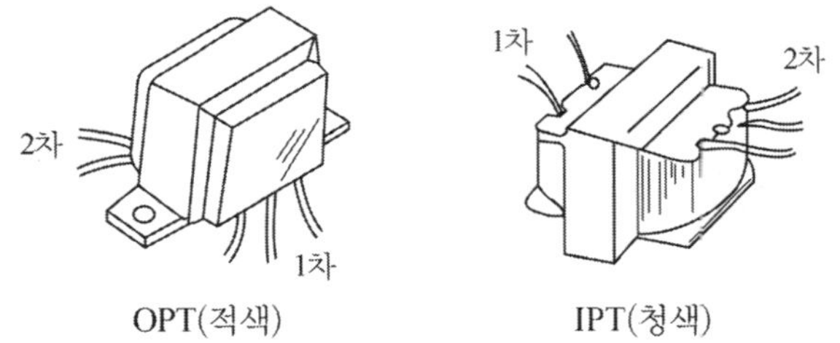

그림 30 변성 (Trans)

일반적으로 소출력용이라면 그대로 이용이 가능하다. 그러나 1차와 2차의 구분을 알 수 없을 때에는 회로 시험기로 직류 저항을 측정한다. 대개 OPT의 경우는 저항이 낮은 쪽이 2차이고 저항이 높은 쪽이 1차이며, IPT의 경우는 그 반대가 된다. 또, 한쪽이 3 단자인 OPT의 경우는 대개 3 단자 쪽이 1차이며, IPT에서는 그 반대가 된다(그림 30). 정확하게는 제조 회사의 규격표를 참조하면 틀림이 없다. 또, 단가 변성기, 드라이브 변성기, 출력 변성기, 저주파 초크 등이 있다. 특히, 트랜지스터 회로용은 전류 용량이 적어서 매우 가는 선을 작은 니켈 철심에 감은 것이 사용된다. 이들은 주로 임피던스 정합에 사용되는 것을 목적으로 하고 있다.

7.6 전원 변압기

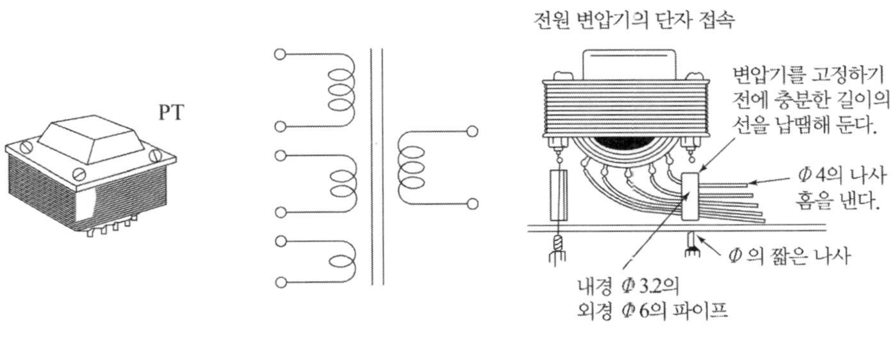

(a) 외형 (b) 전원 변압기 기호 (c) 결선도

그림 31 변압기

그림 32 각종 코일의 모양

(1) POWER TRANS의 종류

① Core에 따라

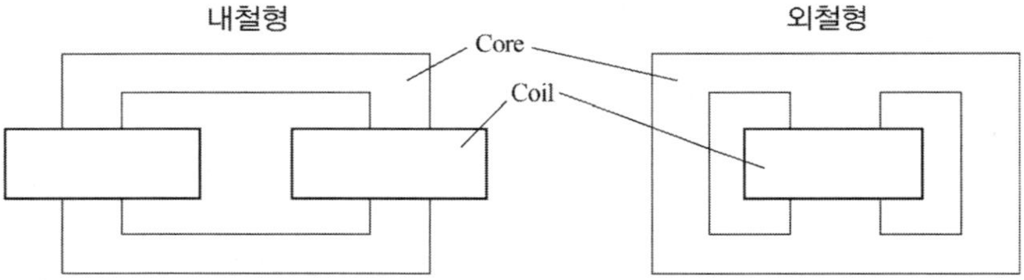

그림 33 코어 형태

② Coil 형태에 따라

복권형 TRANS	단권형 TRANS
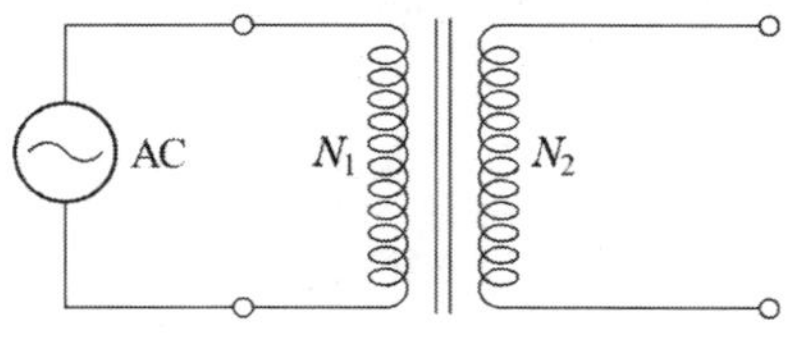 (1차와 2 coil이 별도로 감는다.) 장점 : 전원으로부터 잡음이 적게 들어온다. 누전될 염려가 없다. 용도 : Radio, TV 등	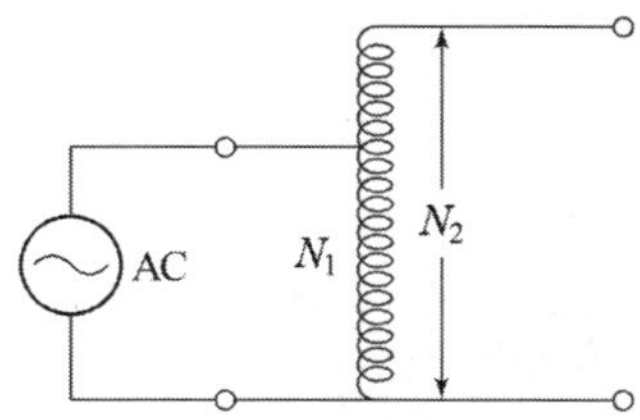 (1차 Coil과 2차 Coil이 중복으로 감는다.) 용도 : 승압 트랜스

그림 34 코일의 형태

(2) 교류 회로에서의 Coil

① L에 교류를 공급했을 때의 저항

㉮ Coil은 자기유도 작용이 있으므로 유도성 저항이라 한다.

㉯ 유도성 저항의 표시는 $X_L = 2\pi f L$ 이다.

㉰ 그림 35와 같이 주파수가 높을수록 비례하여 유도성 저항이 커지고 또 L이 클수록 비례하여 유도성 저항은 커진다.

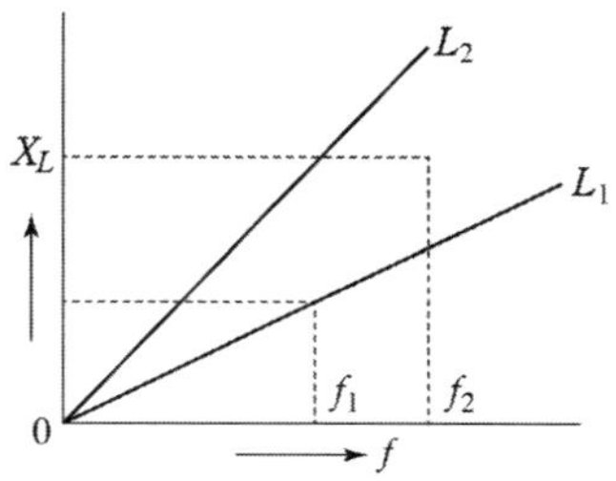

그림 35 유도성 저항과 주파수와의 관계

② Coil과 주파수 관계

㉮ 큰 L을 가진 코일(AFC : 저주파 쵸크 Coil)에 맥류를 공급하면 직류에 대해서는 저항으로 작용하지 않으나 교류에 대해서만은 저항이 크게 작용하므로 DC만을 얻을 수 있다.

㉯ 그림 36(b)와 같이 L이 비교적 적은 Coil (RFC : 고주파 쵸크 Coil) 고주파와 저주파가 합성된 혼합파를 공급하면 L은 주파수가 높은 고주파에 대해 더욱 큰 저항으로 작용하기 때문에 고주파(RF)는 통과하지 못하고 주파수가 낮은 저주파 (AF)에 대해 저항이 작게 작용한다.

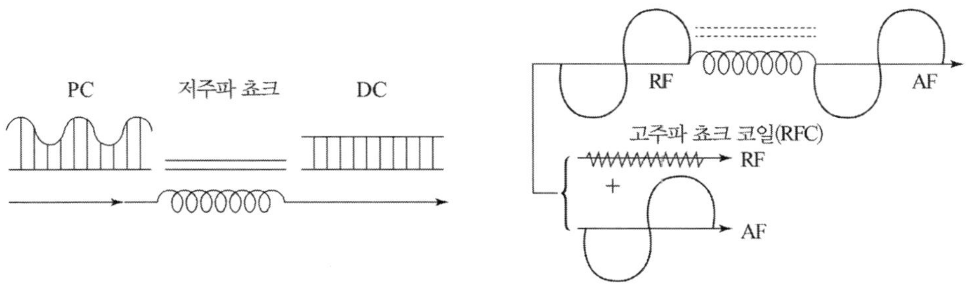

(a) (b)

그림 36 코일의 주파수 작용

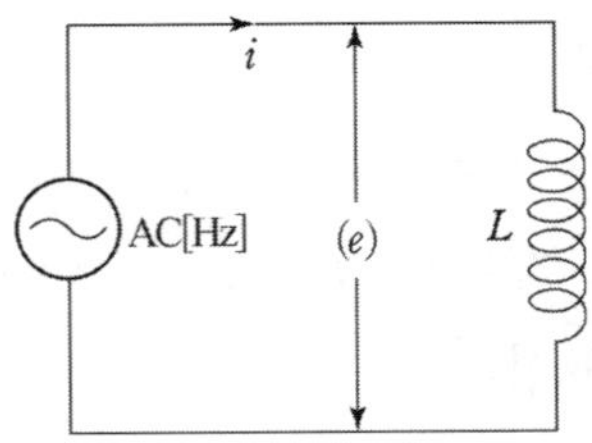

그림 37 코일과 교류

㉰ 그림 37과 같이 Coil에 교류를 공급하면 Coil에는 역기전압이 발생한다.

㉱ 역기전압 (e)은 항상 공급전압과 반대방향으로 발생하여 전류의 흐름을 방해하기 때문에 Coil은 교류에 대해서는 저항으로 작용된다.

㉲ 그림 37과 같이 Coil에 전류를 공급하면 정형파 교류 전류가 흐르면 Coil 양단에 발생하는 역기전압은 $e = 2\pi f Li$ 이다.

㉳ L이 일정할 때 전류의 변화율이 클수록 높아지고 변화가 없는 전류 즉 직류 전류가 흐를 때에는 아무리 큰 전류가 흐른다고 하여도 자력선의 변화가 없기 때문에 역기전압이 발생하지 않는다.

7.7 다이오드 (Diode)

(1) Diode의 구조와 동작원리

① Diode의 구조

㉮ P형 반도체와 N형 반도체의 접합을 PN 접합 Diode라고 한다.

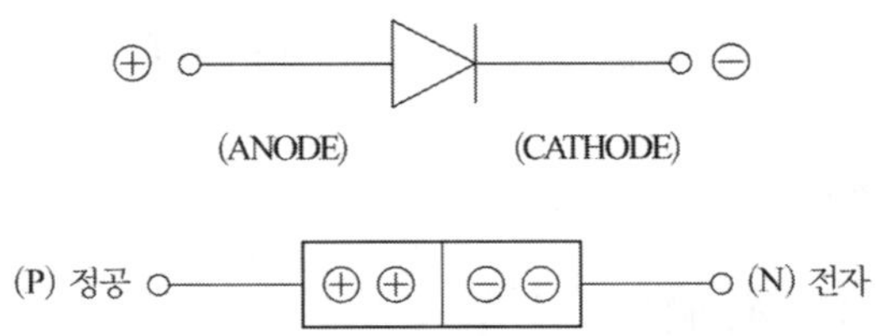

그림 38 Diode 심벌

㉯ P형 부분에는 캐리어(Carrier)로써 정공(Hole)이 존재하고 N형 부분에는 캐리어로 전자(Electron)가 존재하고 있다.

㉰ Diode 애노드(Anode)에 전압을 0.6[V] 이하 전압을 걸었을 때에는 PN 접합

면의 P형 쪽에는 ⊖ 전위장벽이 생기기 때문에 N형 쪽의 전자는 접합면을 뚫고 P형 쪽으로 흘러 들어갈 수 없다. N형 쪽에는 ⊕ 전위장벽이 생기기 때문에 P형 쪽에서 정공이 흘러 들어갈 수 없다.

㉣ P형 쪽에 ⊖, N형 쪽에 ⊕의 전압을 가했을 경우 정공은 P형 전극 쪽으로, 전자는 N형 전극 쪽으로 끌려서 접합부 부근에는 캐리어가 존재할 수 없게 되므로 전류는 거의 흐르지 못한 상태로 되고 접합부에 공핍층이라고 하는 캐리어(Carrier)가 없는 부분이 생긴다.

㉤ P형 쪽에는 (+), N형 쪽에는 (−)의 전압을 가하면 접합면의 전위장벽이 없어져 전자는 P형 쪽으로 정공은 N형 쪽으로 이동해 간다. 한편, 전자의 양전극으로부터 차례로 전자와 정공이 공급되어 전류는 계속해서 흐른다.

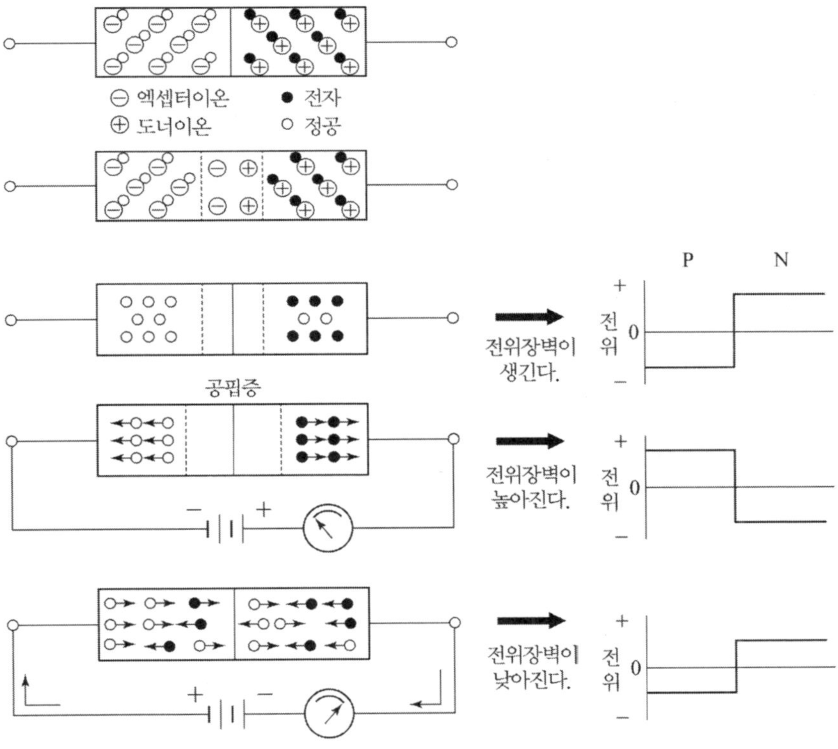

그림 39 PN 접합의 동작

㉥ Diode는 전압을 가하는 방법에 따라 어느 한 방향으로는 전류가 많이 흐르고 반대 방향으로 전류가 흐르지 않는다. 즉 이것을 정류 작용이라 한다.

㉦ 그림 40과 같은 전압을 순방향 바이어스(Forward Bias)라고 한다.

㉮ 그림 41과 같은 전압을 역방향 바이어스(Reverse Bias)라고 한다.

㉯ Diode는 인가된 전압의 극성에 따라 전류가 흐르거나 차단되는 소자이며 한쪽 방향으로 열리는 밸브와 같은 원리의 작용을 한다. 그러므로 Diode 순방향에서는 ON되고 역방향에서는 OFF되는 스위치와 같다.

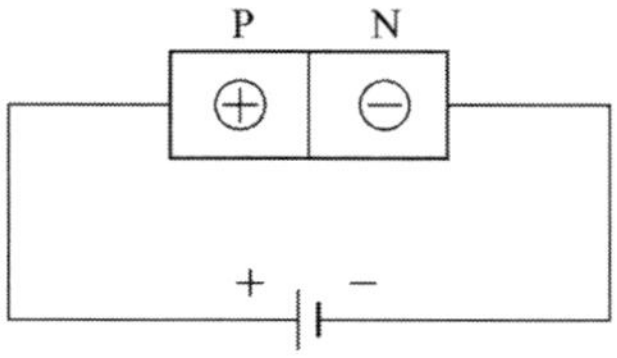

그림 40 순방향

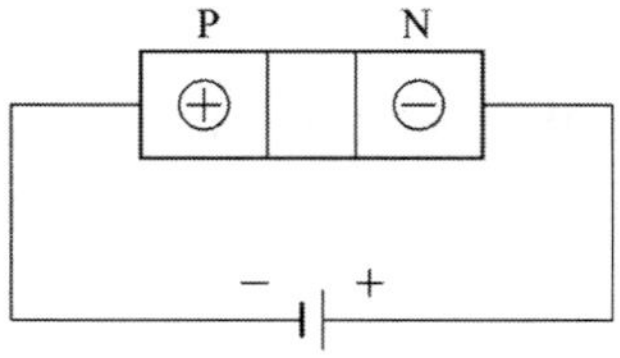

그림 41 역방향

② 동작 원리

㉮ 순방향 : Diode의 P형에 (+)전압, N형에 (−)전압을 인가한다. 전류는 (+)에서 (−)로 흐르지만 전자는 (−)에서 (+)로 흐른다. 전자와 전류의 방향은 반대이다. 이때, 같은 극성은 서로 반발하게 되므로 P형의 정공과 N형의 전자는 접합면에 모이게 된다. 접합면의 전자와 정공은 (+)에 전자가 끌리고 (−)에 정공이 끌리므로 전류가 흐르게 된다. 이때 전류의 이동이 생기는 것은 순방향 전압을 인가했기 때문이다.

순방향 특성

㉠ 테스터 지침이 움직인다.
㉡ 전류가 흐른다.
㉢ 신호가 통과한다.

㉯ 역방향 : PN 접합에 역방향 전압을 인가하면 공핍층(전자와 정공이 존재하지 않는 곳)이 넓어져서 전자와 정공이 이동하지 못하여 전류가 흐르지 않는다.

역방향 특성

㉠ 테스터 지침이 움직이지 않는다.
㉡ 전류가 흐르지 않는다.
㉢ 신호가 통과하지 않는다.

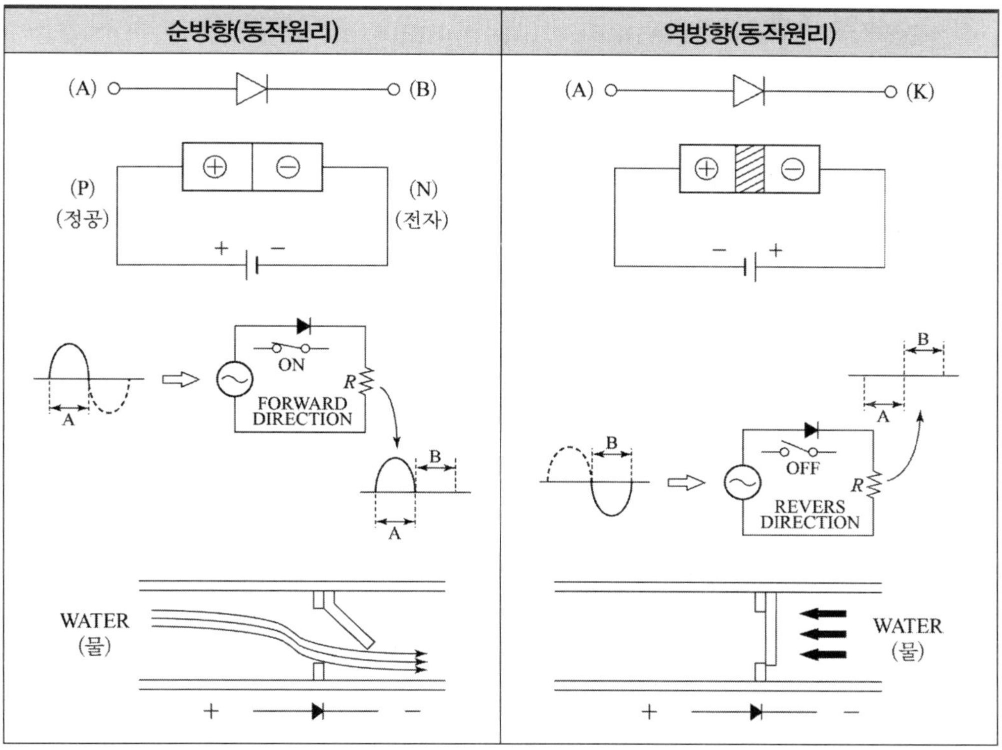

그림 42 Diode 동작 원리

③ 특징

㉮ 극성을 가지고 있다.

㉯ (+)를 애노드 　　　 (−)를 캐소드
　　P형 　　　　　　　 N형

④ Diode 극성 찾는 방법(tester)

㉮ 테스터의 선택 S/W를 R×1 놓는다.

㉯ 테스터 리드봉 중 적색 리드봉은 (+)에 꼽고, 흑색 리드봉은 (−)에 꼽는다.

㉰ Diode 양다리에 각각 리드봉을 갖다 댔을 때 한번은 지침이 움직이고 리드봉을 바꾸어 댔을 때에는 지침이 움직이지 않는다.

㉱ 테스터의 지침이 움직인 상태에서 흑색 리드봉쪽의 다리가 애노드(+)이고 적색 리드봉은 캐소드(−)이다.

㉲ 만약에 양쪽 모두 지침이 움직이거나 두 번다 움직이지 않으면 그 Diode는 불량이다.

(2) Diode의 종류

반도체를 이용한 Diode 용도는 정류, 검파, 발진, 혼합, 변조, 증폭, 전압안정 등 광범위하게 사용한다.

① 정류 Diode

한 방향으로만 전류를 흐르게 하는 Diode 이다(교류(AC)를 직류(DC)로 바꾼다).

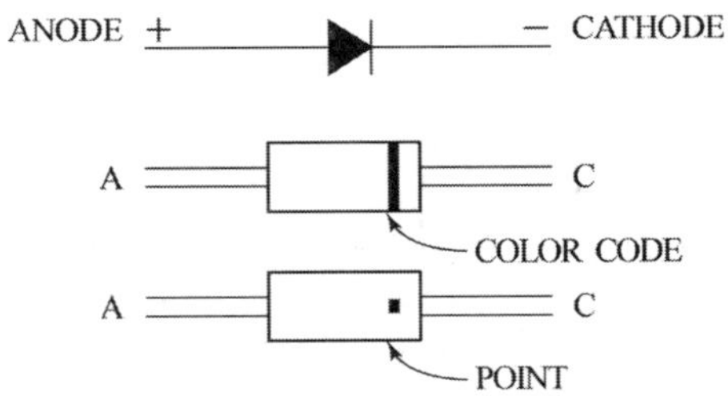

그림 43 정류다이오드 심벌과 외형

② 검파 Diode

라디오 또는 TV 등에 널리 사용되는 것으로, 보통 0.1~15[Ω/cm]의 고유저항을 가지고 있는 N형 게르마늄의 작은 조각에 텅스텐선 또는 백금합선의 탑침을 그림 44와 같이 점접촉시켜 만든 것으로 특성은 다음과 같다.

㉮ 고주파 차단, 저주파 통과

㉯ 고주파 : 30[kHz]이상 차단

㉰ 가청주파수 : 20[Hz]~20,000[Hz]

㉱ 라디오 수신기 등에 주로 사용

㉲ 0.1[Ω]~15[Ω] 고유저항을 가지고 있다.

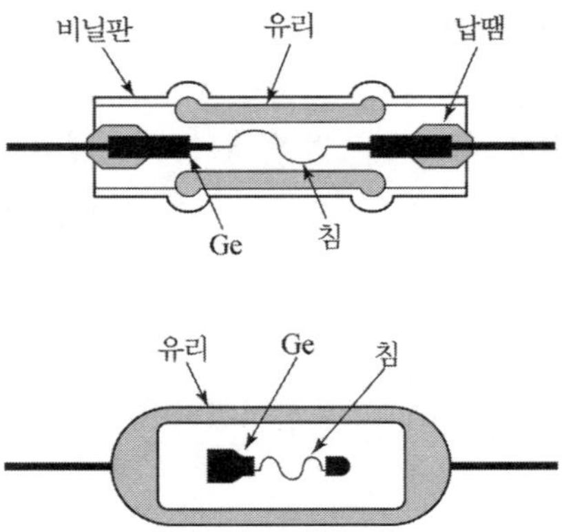

그림 44 검파 다이오드의 구조

③ 발광 Diode (Light Emitting Diode, LED)

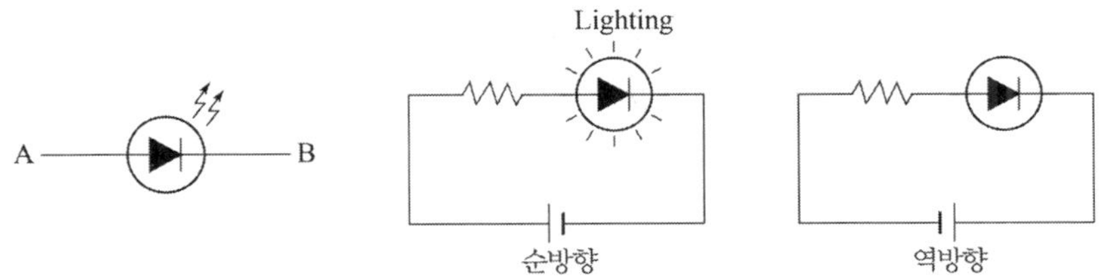

그림 45 LED의 기호와 동작회로

㉮ Diode와 같이 순방향에서 전류는 잘 흐르고 역방향에서는 전류가 잘 흐르지 못하는 동작은 같으나 순방향 전류가 흐를 때 빛을 발생시킨다.

㉯ 순방향 전압이 인가되면 PN 접합의 N형 반도체 내의 전자가 PN 접합층으로 이동하고 P형 반도체 내의 정공이 PN 접합층으로 이동하여 전자와 정공이 재결합을 하면서 빛을 발산한다.

㉰ LED의 빛 색깔은 LED 결정과 반도체 불순물에 따라 결정한다. (적색, 흰색, 녹색, 노랑)

LED 특징

㉠ 빛을 발생시킨다.
㉡ ⊕에서 ⊖로 흐르면 동작된다.
㉢ 직류로 동작된다. (교류는 반파 동작)
㉣ 디지털 시계 등의 발광표시에 사용

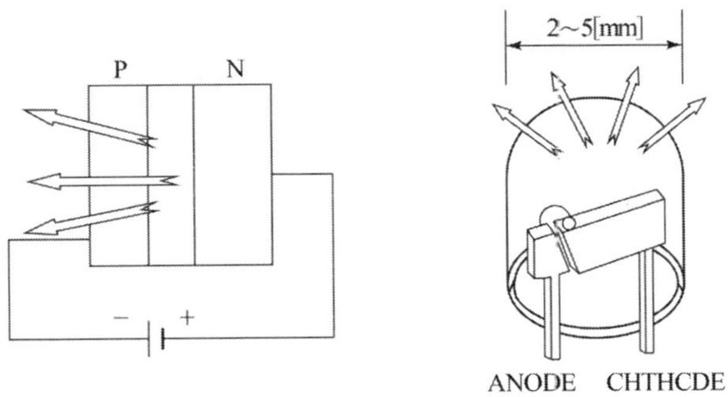

그림 46 LED의 구조

④ 포토 Diode

규소 PN 접합을 이용 빛의 입사를 광전류로 검출한다. 카운터 회로(물건 갯수, 파형 갯수 등)에 빛을 강하게 하면 저항값이 감소하고 전류는 증가한다. 빛을 약하게 하면 저항값이 증가하고 전류는 감소한다.

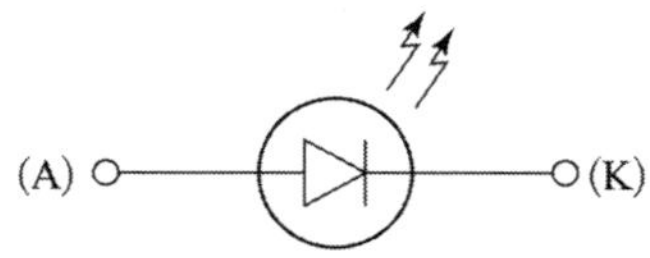

그림 47 포토 Diode 심벌

⑤ 정전압 Diode(Zener Diode)

Zener Diode는 순방향에서는 일반 Diode와 같이 동작하고 역방향에서는 임의의 값에서 전류가 급격히 흐르고 전압은 일정하게 된다. 이 현상은 댐의 원리와 같다. 댐의 물이 댐 높이 이상이 되면 물(전류)은 넘쳐흐르고 물수위(전압)는 일정하게 된다.

제너 다이오드에 역전압을 가하면 인가된 전압이 Zener 전압(V_z)에 이르기 전에는 전류가 극히 적게 흐르다가 전압이 V_z를 넘어서면 전류는 급격히 흐르고 Zener Diode의 전압은 일정하게 된다. 이러한 특성 때문에 Zener Diode는 순방향에서는 사용하지 않고 역방향의 Zener 전압을 얻어 일정한 전압을 얻는 전원회로 및 안정화회로에 사용된다.

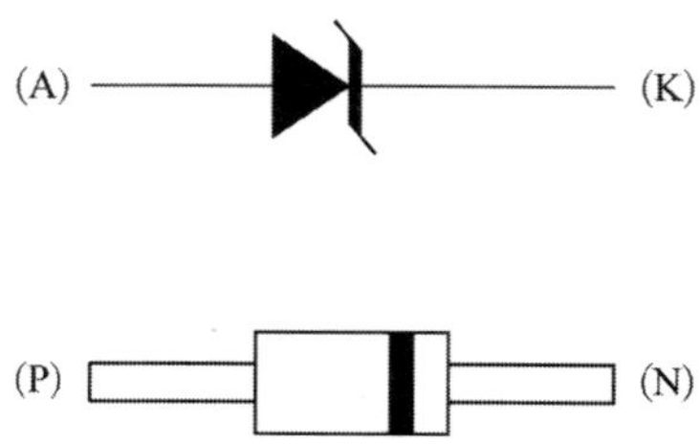

그림 48 정전압 Diode 심벌 및 외형

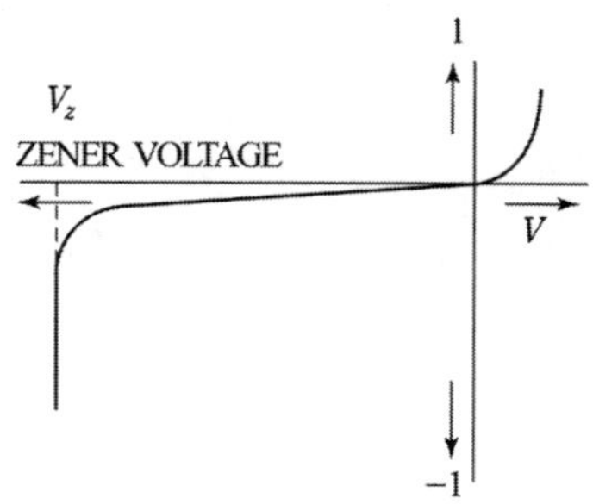

그림 49 정전압 Diode의 전압전류곡선

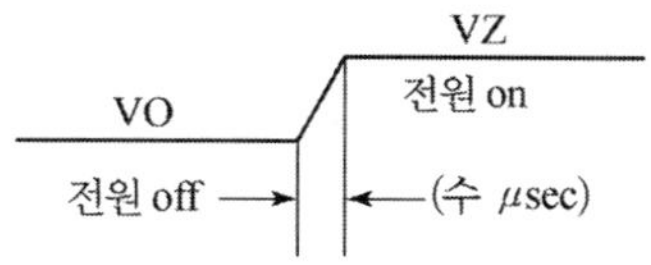

그림 50 제너전압

표 8 Zener Diode 형명 표시법

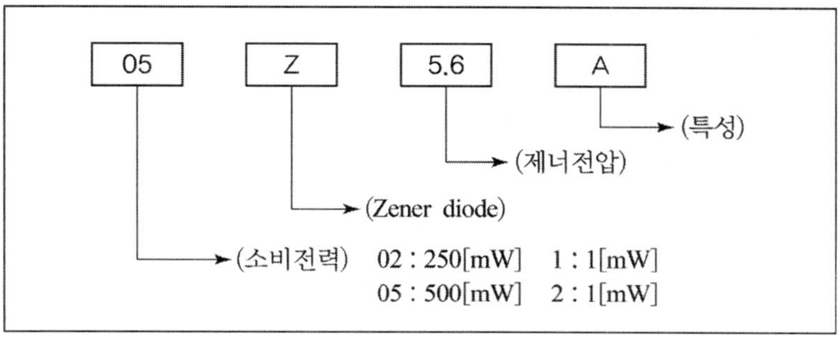

⑥ 터널 Diode(에사끼 다이오드)

Zener 다이오드 보다 더욱 불순물의 양을 증가하면 순방향 특성으로 된다. 즉 어떤 범위의 전압에서 순방향 전압을 증가하면 전류가 감소하여 이른바 부성저항 특성을 나타낸다.

터널 다이오드는 이와 같은 특성을 이용해서 마이크로파 등의 발진 또는 증폭용으로 쓰인다. 또한, 터널 다이오드는 주로 속도를 요구하는데 사용한다.

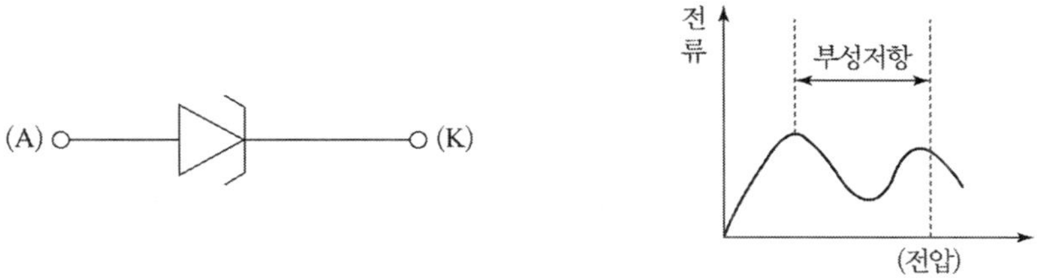

그림 51 터널 다이오드 심벌과 특성

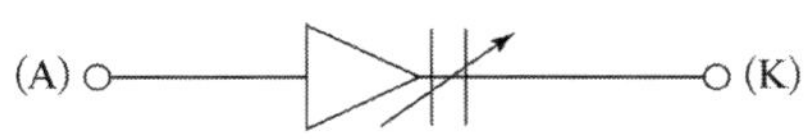

그림 52 가변 용량 다이오드 심벌

⑦ 가변용량 Diode

가해지는 전압에 따라 정전용량이 변화하는 다이오드를 말하며 PN 접합 다이오드에 역방향 전압을 걸면 전자와 정공은 각기 접합부에서 멀어지게 되면서 접합부에는 전자와 정공의 아주 작은 절연영역이다. 즉, 공핍층이 생기는데 말하자면 이곳을 경계점으로 한 콘덴서라고 할 수 있다.

이 역전압에 따라 용량이 결정된다. 가변용량 다이오드는 자동주파수 제어(AFC)나 TV수상기의 무접점 튜브의 동조회로 등에 이용된다.

가변용량 Diode의 전압에 따른 용량(C)의 변화

- 역방향 전압을 많이 걸수록 "C" 값은 작아진다.
- 역방향 전압을 적게 걸수록 "C" 값은 커진다.

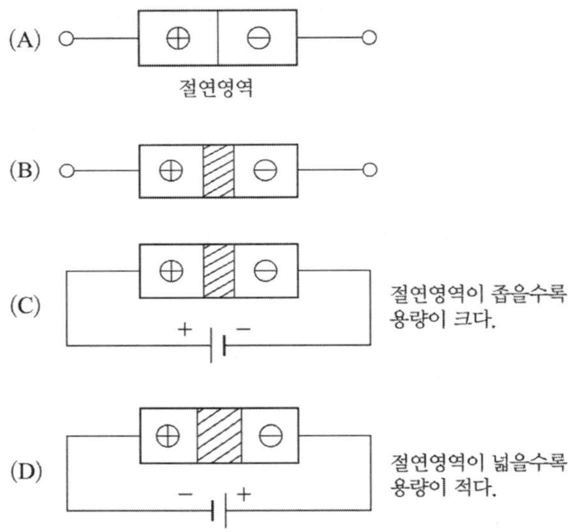

그림 53 순방향과 역방향의 절연영역

2 장 기초전기전자실험

실습 1 저항(Resistor)

실습 목적

저항의 종류를 알아보고 색깔띠로 저항값을 판독할 수 있는 능력을 배양한다.

관련 이론

저항이란 전류의 흐름을 어렵게 하는 정도를 말하며 전류의 흐름이 어려울수록 저항이 크다고 한다.

1. 저항의 기호 및 단위

① 기호 : R 또는 r

② 단위 : Ω(Ohm)

③ 심벌 : —\/\/\/—

④ 저항의 크기 : 1[V]의 전압이 공급되고 있을 시 1[A]의 전류만 흐르게 하는 정도의 크기를 1[Ω]이라 한다.

2. 저항과 도선

도선의 길이가 길어지면 저항값은 증가하며, 단면적이 증가하면 감소하고, 저항값이 클수록 도선의 온도가 상승한다.

3. 저항의 사용목적

① 전압을 낮추려는 경우

② 전류를 적게 흐르도록 하는 경우

③ 변동되는 전압이나 전류를 얻으려고 하는 경우

4. 저항의 종류

(1) 고정 저항의 종류

① 탄소피막저항(Carbon Film Resistor)

가장 널리 사용되는 형태의 저항으로 세라믹 로드(ceramic rod)에 탄소분말을 피막 형태로 입힌 후 나선형으로 홈을 파서 저항 값을 조절하는 방법으로 제작한다. 저항의 표면에 절연 도장을 입히고 절연 도장의 유무에 따라 비절연형, 간이절연형, 절연형 등으로 구분하기도 한다. 일반용으로 가격이 싸며 가장 많이 사용되며 고정밀도나 대전력이 아닌 모든 경우에 가장 널리 사용되는 형태의 저항이다.(그림 1-1)

탄소피막저항의 특징은 양산화에 의하여 가격이 저렴하며 사용 온도 조건 내에서 저항값 분포가 양호하며 높은 저항값을 소형으로 제조 가능하다는 장점이 있는 반면 저항온도 계수가 비교적 크고 전류 잡음이 크다는 단점을 가지고 있다. 그러므로, 전류 잡음이 크기 때문에 고정밀도를 요구하는 경우에는 금속피막형을 대신 사용하기도 한다.

㉮ 1[Ω]~100[MΩ] 정도까지 생산

㉯ ±1[%]~±5[%]의 오차

㉰ 1/16[W]~1[W] 정도

그림 1-1 탄소피막저항

② 솔리드 저항(Solid Resistor)

솔리드 저항은 탄소 분말에 저항값 조절을 위한 혼합재를 섞고 결합제인 폴리머와 함께 그대로 성형한 형태의 저항이다. 따라서, 저항 전체가 저항값을 갖는 막대형 덩어리로 되어 있어 솔리드(Solid) 저항이라고 한다.

한 덩어리의 저항체로 이루어진 저항이기 때문에 정확한 정밀도가 높은 저항을 만들기는 어렵지만 소형으로 고내압, 고저항의 제품을 만들기가 용이하다. 또한, 생산 가격이 저렴하고 고주파 특성도 양호하지만 습기에 약하고 온도계수 역시 크다. 요즘에는 많이 생산되고 있지 않은 저항 중의 하나이다.

㉮ 2.2[Ω]~22[MΩ] 정도까지 생산

㉯ ±5[%]~±20[%]의 오차

㉰ 1/16[W]~1[W] 정도

③ 권선형 저항(Wire Wound Resistor)

대부분 금속 또는 탄소 피막형이었지만 권선형 저항은 금속 저항선을 세라믹 로드와 같은 권심에 감아서 일정한 저항 값을 갖도록 만든 저항이다. 따라서, 정밀한 저항값을 갖는 저항을 만들기 용이할 뿐만 아니라 고온과 습도에도 우수한 특성을 갖는 저항을 만들 수 있다. 안정하고 신뢰성 좋은 정밀저항이므로 주로 계측기 등에 많이 사용된다. 하지만 고주파 특성에는 좋지 않다.

㉮ 0.1[Ω] ~ 400[MΩ] 정도까지 생산

㉯ ±5[%] 표준

㉰ 1[W] ~ 10[W] 정도

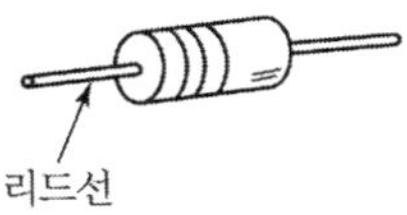

그림 1-2 솔리드 저항

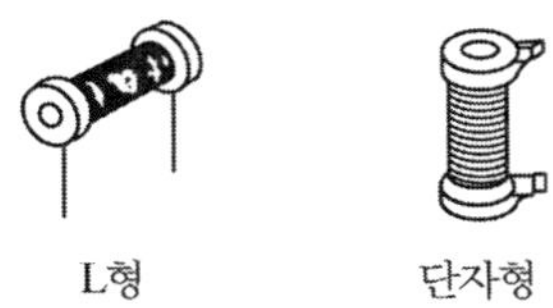

그림 1-3 권선형 저항

④ 금속피막저항

정밀한 저항이 필요한 경우에 가장 많이 사용되는 저항으로 특히 고주파 특성이 좋으므로 디지털회로에도 널리 사용된다. 제조 방법은 세라믹 로드에 니크롬, TiN, TaN, 니켈, 크롬 등의 합금을 진공증착, 스퍼터링 등의 방법으로 필름 형태로 부착시킨 후 홈을 파서 저항 값을 조절하는 방법으로 만든다. 대량생산에도 적합하고 온도특성, 전류 잡음 등 많은 장점을 가지고 있지만 재료의 특성상 탄소피막저항에 비해 가격이 비싸다.

㉮ 20[Ω] ~ 2[MΩ] 정도까지 생산

㉯ ±0.1[%] ~ ±2[%]의 오차

㉰ 1/8[W] ~ 1[W] 정도

그림 1-4 금속피막저항

⑤ 시멘트 저항

시멘트 저항은 온도와 습도로부터 저항을 보호하기 위하여 저항체를 시멘트 몰드에 넣어 만든 저항이다. 이렇게 만든 저항은 내전압 특성이 우수하며 고온에도 잘 견디므로 주로 대전력을 다루는 부분에 사용된다.

그림 1-5 시멘트 저항

⑥ 칩 저항

회로가 점점 소형화되고 부품의 대부분이 SMT(Surface Mount Technology) 공법에 의해 장착되면서 개발된 새로운 형태의 저항이다. 후막형 칩 저항은 세라믹 기판 위에 저항체를 후막 형태로 얹어서 제조하며 지속적으로 소형화가 이루어지고 있다. 특히 고주파 특성이 우수하고 소형이므로 핸드폰, 컴퓨터 등의 최신 기기들에는 대부분 이러한 칩 형태의 저항이 사용된다.

박막형 칩 저항기는 후막형 칩 저항기와 거의 같은 모양을 가지고 있지만 저항체 막의 두께가 훨씬 얇고 저항체 금속으로 Ni-Cr 계, TiN, TaN 등이 주로 사용된다. 박막형 칩 저항은 후막형 저항보다 저항값 허용차와 저항온도계수특성이 정밀하고 전류 노이즈 특성, 고주파 특성이 우수하여 정밀 기기 등에 주로 사용된다.

그림 1-6 칩 저항

⑦ 네트워크 저항(Network Resistor)

부품의 집적도를 더욱 높이기 위한 방법 중에는 아예 여러 개의 저항을 하나의 패키지 안에 넣고 저항 네트워크를 구성하여 IC와 같은 형태를 갖는 부품도 있다. 물론, 이 부품은 저항이지만 외형은 기존의 다른 저항과 달리 단자가 여러 개 나와 있으며 칩 형태의 칩 네트워크 저항과 다리(lead)를 갖는 일반형 어레이 저항(Array Resistor)이 있다.

그림 1-7 칩 네트워크 저항

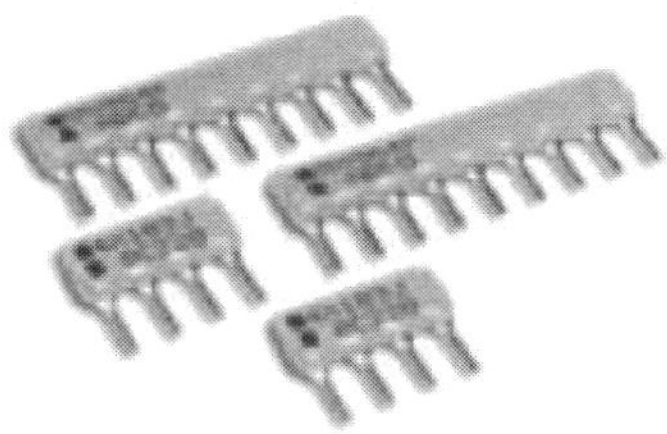

그림 1-8 어레이 저항

(2) 가변 저항(VARIABLE RESISTOR)

이는 저항 용량을 변화시켜 볼 수 있는 저항으로 그 형태에 따라 회전 슬라이드형과 직선 슬라이드형으로 구분되고 있다.

가변 저항의 종류(재료에 따른 구분)

피막형, 세라믹형, 권선형, 스위치가 붙은 형, 노브형, 이중형, 2련 동형(가변축이 두 개 있음), 슬라이드형, 반고정형 등이 있다.

저항의 기호

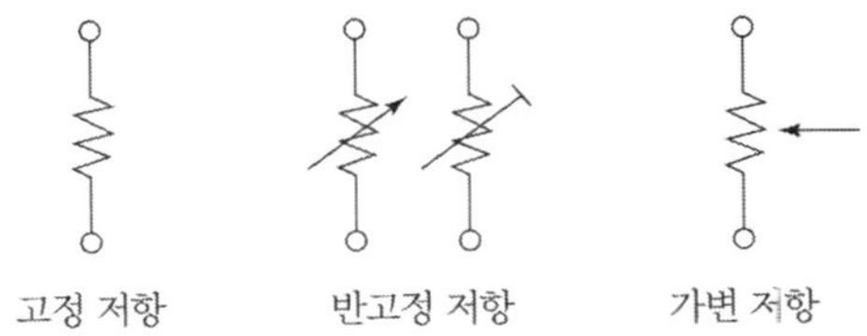

그림 1-9 각종 저항의 기호

① 가변 저항(볼륨 : VR)

가변 저항은 저항 값을 바꿀 수 있는 형태의 저항의 총칭이다. 흔히 볼륨(Volume)이라고 부르는 단어는 신호의 양을 조절한다는 의미이지만 일반적으로 손잡이를 돌려서 저항 값을 가감하는 가변저항을 가리킨다. 가변 저항의 종류에는 사용하는 저항체의 종류에 따라 탄소피막형(carbon film), 서미트형(Cermet), 권선형(wire wound) 가변저항이 있으며 이밖에도 여러 가지 신소재를 이용한 제품들이 개발되고 있다. 또한, 형태에 따라서는 일반적인 가변저항와 반고정 저항, 정밀형 가변저항(Precision Potentiometer), IC형 가변저항 등이 있다.

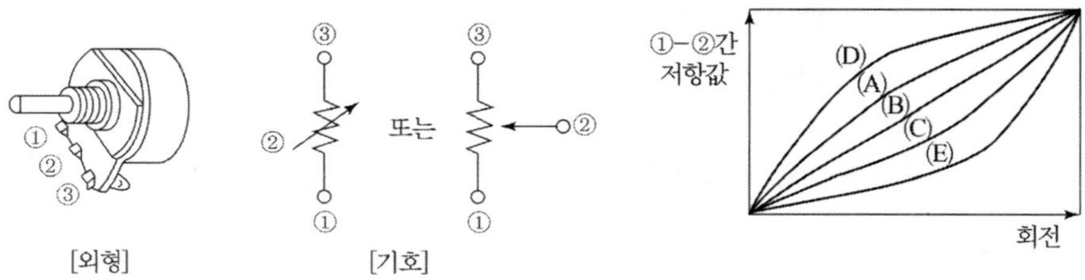

그림 1-10 가변 저항

② 반고정 저항 : 카본형으로 값이 싸고 널리 사용된다.

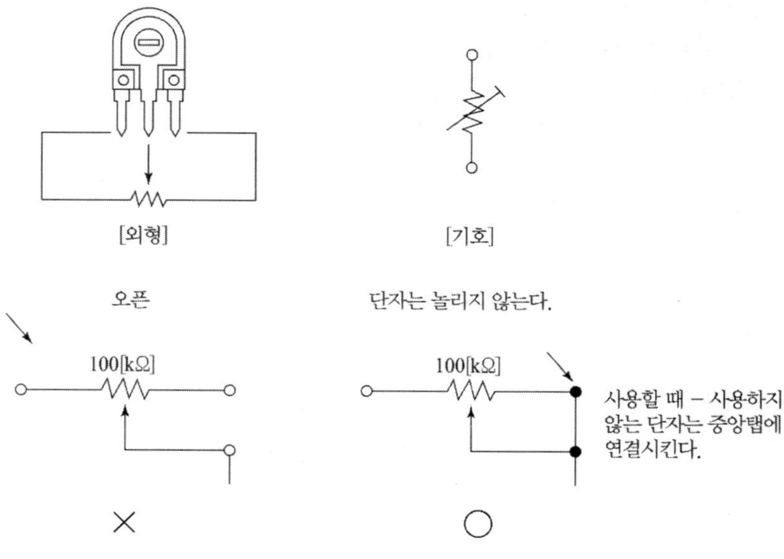

그림 1-11 반고정 저항

5. 저항의 연결

저항을 이용하여 회로를 구성하는 경우를 말한다. 이렇게 회로를 구성 즉 저항을 연결하는 방법에는 저항들을 직렬로 줄 세우듯이 연결하는 직렬 연결법과 종으로 계속하여 연결하는 병렬 연결법 및 이 두 가지를 혼용한 직병렬 연결 방법이 있다.

(1) 직렬 연결(SERIES CONNECTION)

이 방식은 저항의 한쪽 리이드에 다른 저항의 한쪽 리이드만을 계속 연결하는 즉 2개 이상의 저항을 한 줄로 계속 연결하는 방식이며 보다 큰 저항을 얻으려 할 때 이용하는 방식이다.

$$\text{합성저항 : } R = R_1 + R_2 + R_3 + \quad \cdots \quad + R_n \tag{1}$$

이때의 전원 전압은 각 단자의 전압을 모두 합한 것과 같다. 이처럼 각 단자에 전압이 걸리며 낮아지는 것을 전압강하라 한다.

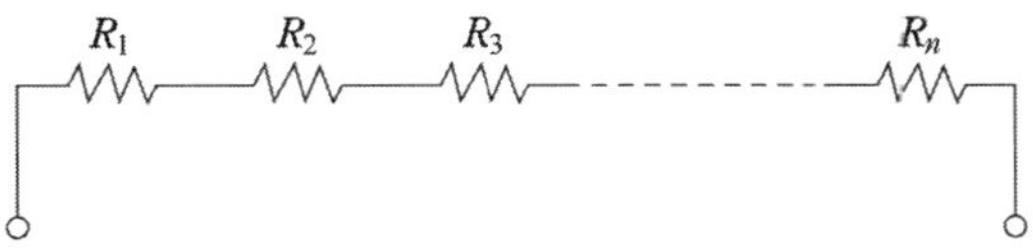

그림 1-12 직렬로 연결된 저항

(2) 병렬연결(PARALLEL CONNECTION)

이 방식은 직렬로 연결된 방법과는 달리 모든 저항을 평행하게 즉, 두 단자에만 공통으로 연결하는 방법으로 이 연결법의 합성 저항값은 회로의 가장 적은 저항값 보다 적은 저항이 된다. 이러한 회로에서의 전류는 저항에 반비례하며 전원 전압은 각 단의 단자전압과 같으며 모든 저항의 용량이 같다면 각 저항에 흐르는 전류도 서로 같으며 또한 전류는 저항에 반비례하는 특성이 있다.

이러한 회로의 합성 저항은 각 저항값의 역수를 합한 후 그 값의 역수가 되고 그렇기에 각 저항의 어느 값보다도 작은 값이 되는 것이다.

저항을 두 개 병렬로 연결하였을 때의 합성 저항값

$$\text{합성저항값 : } R = \frac{R_1 \cdot R_2}{R_1 + R_2} \tag{2}$$

참고

병렬로 연결된 저항값이 모두 같은 경우에는 연결된 저항의 개수만큼 나누어 주면 된다.

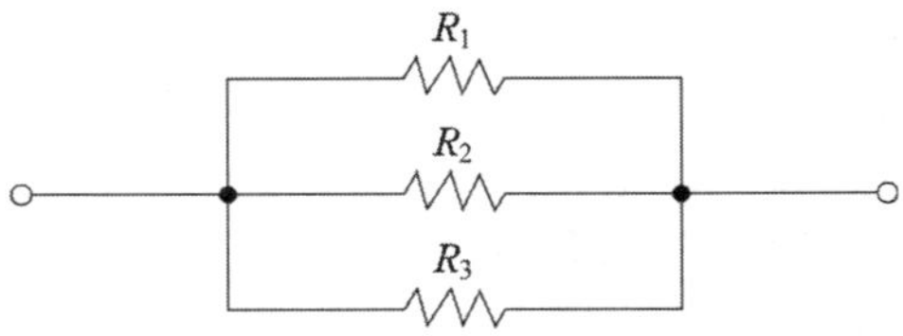

그림 1-13 병렬로 연결된 저항

$$\text{합성저항값 : } R = \frac{R_1 \cdot R_2 \cdot R_3}{R_1R_2 + R_2R_3 + R_3R_1} \tag{3}$$

(3) 직병렬 연결(혼합 연결)

이 방식은 직렬 연결과 병렬 연결을 조합한 것으로 적당한 크기의 저항을 얻고자 사용하는 연결법으로 합성저항을 구할 때는 직렬로 된 부분과 병렬로 된 부분만을 부분적으로 구한 다음 이를 종합하면 된다.

$$\text{합성저항 : } R = R_1 + \left(\frac{R_2 \cdot R_3}{R_2 + R_3}\right) + R_4 \tag{4}$$

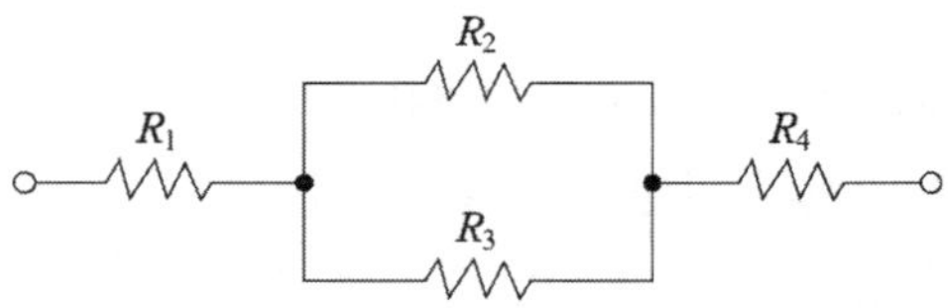

그림 1-14 직병렬로 연결된 저항

6. 저항의 정격 전력

정격전력이란 저항이 견딜 수 있는 소비전력(W:와트)으로, 전력은 전류의 제곱과 저항의 곱으로 구할 수 있으며, 이 이하로 사용하지 않으면 저항이 열을 발생하게 되고 결국 타버리는 경우도 흔히 있다. 전자회로에서 흔히 사용되는 저항으로 1/8[W], 1/4[W], 1/2[W] 등이 있다.

전자회로의 신호 회로(미약전류)에서는 너무 의식할 필요없이 1/8[W]로 충분하지만, 전원회로, 발광 다이오드의 전류제어용과 같은 저항에는 생각보다 큰 전류가 흐르기 때문에 정격전력을 염두에 둘 필요가 있다.

예를 들면 12[V]의 전원전압을 사용하고, 5[V]에서 동작하는 회로를 동작시키려는 경우를 생각해 보자. 이와 같은 경우, 보통은 3단자 레귤레이터 등을 사용하지만, 간단히 저항으로만 전압을 떨어뜨리려고 한 경우, 저항의 저항값 이외에, 정격전력도 계산해 둘 필요가 있다.

이때, 5[V]에서 동작하는 회로의 소비전류를 모르면 계산할 수 없다. 부품의 규격표에서 조사하거나, 시험 삼아 회로를 만들어 테스터로 측정해 보는 방법 등으로 구한다. 여기서는 그 소비전류가 100[mA] 라면, 저항값은 12[V]에서 5[V]로 낮추는 것이므로, 저항에 7[V]가 걸릴 필요가 있기 때문에 7[V]÷0.1[A] = 70[R]이 된다. 이 저항에서의 소비전력은 7[V]×0.1[A] = 0.7[W]로 된다.

이 경우 1[W]가 적당할 것으로 생각한다. 기본적으로는 소비전력의 2배 정도에 해당하는 정격전력의 저항을 사용하는 편이 무난하다.

안전 및 유의사항

(1) 저항의 허용 오차 색 위치를 먼저 확인한다.

(2) 저항의 소비 전력 정격을 확인한다.

실습 순서

(1) 저항값 판독

다음 색채 기호에 따른 저항값을 판독하여 표 1-1을 완성하라.

표 1-1

	1	2	3	4	5	6	7	8	9	10
첫 째 자 리	갈	등	황	갈	녹	청	적	황	황	갈
둘 째 자 리	흑	등	자	흑	청	회	흑	적	자	적
세 째 자 리	갈	적	갈	적	등	등	황	등	적	등
네 째 자 리	금	은	무	금	은	무	금	은	금	무
저 항 치										
오 차										

(2) 직렬 연결

다음의 합성저항은 몇 [Ω]인가?

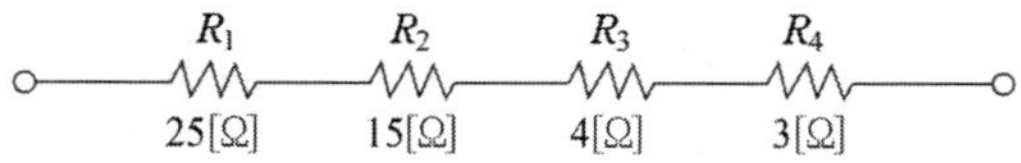

그림 1-15 직렬 연결

(3) 병렬 연결

다음 합성저항은 몇 [Ω]인가?

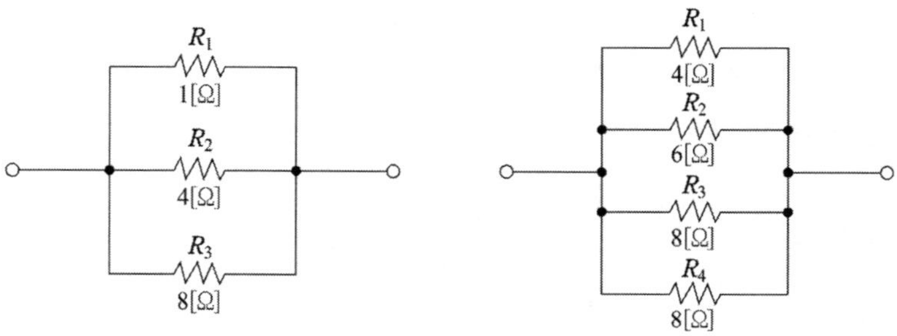

그림 1-16 병렬 연결

(4) 직병렬 연결

다음의 합성저항은 몇 [Ω]인가?

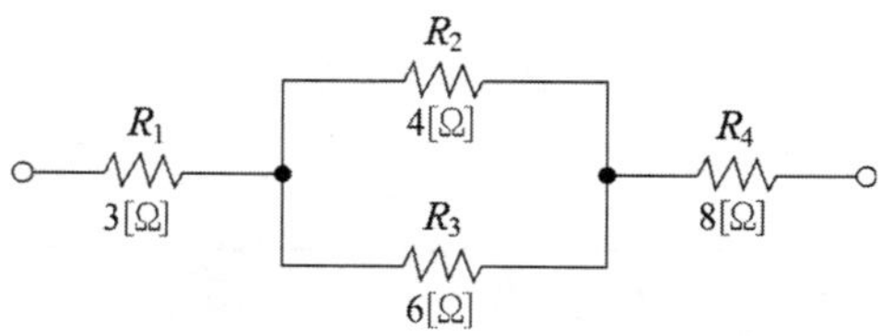

그림 1-17 직병렬 연결

실습 2 콘덴서(Condenser)

실습 목적

콘덴서의 직·병렬 연결시 합성 정전용량을 계산할 수 있고 회로 시험기를 이용하여 콘덴서의 양, 부를 판별할 수 있는 능력을 배양한다.

재 료

(1) 콘덴서 : 10[pF], 500[pF], 2.2[μF], 3.3[μF], 4.7[μF] 각 1개
(2) 리드선

계기 및 기구

(1) 회로 시험기 1대
(2) 브래드 보드 1개

관련 이론

콘덴서(Condenser)란 전기를 축적하는 기능을 가지고 있다. 그러나, 일반적으로는 전기를 축적하는 기능 이외에 직류전류를 차단하고 교류전류를 통과시키려는 목적에도 사용된다.
콘덴서에 직류전압을 걸면, 각 전극에 전하(電荷)라고 하는 전기가 축적되며, 축적하고 있는 도중에는 전류가 흐른다. 축적된 상태에서는 전류는 흐르지 않게 된다.

1. 콘덴서의 기호

(가) 기호 : C (Condenser)
　　단위 : F (Farad)
(나) 콘덴서는 전기를 충전하고 방전하는 역할을 한다.
(다) 축전지(Battery) : 전기에너지를 화학에너지로 바꾸어 저축하는 장치
(라) 축전기(Condenser) : 정전 유도 현상을 이용하여 전기를 저축하는 장치

참고 : 정전 유도 현상

비대전체(전기가 없는 물체)에 대전체(전기를 가지고 있는 물체)를 가까이 하면 대전체의 영향으로 비대전체에 전기가 생기는 작용

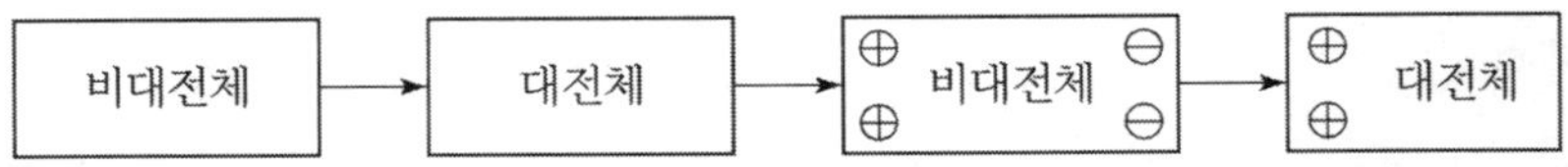

2. 콘덴서의 종류

(1) 전해 콘덴서

전해 콘덴서는 유전체로 얇은 산화막을 사용하고, 전극으로는 알루미늄을 사용하고 있다. 유전체를 매우 얇게 할 수 있으므로 콘덴서의 체적에 비해 큰 용량을 얻을 수 있으며, 주로 전원의 평활회로, 저주파 바이패스 등에 사용된다. 단, 코일 성분이 많아 주파수 특성이 좋지 않으므로 고주파에는 적합하지 않다.

일반적인 전해 콘덴서의 특징은 다음과 같다.

① 용량값이 몸체에 표기
② 극성을 가지고 있으므로 주의해야 한다.
③ 원통형으로 생겼다.
④ (+)는 길고 (−)는 다리가 짧다.
⑤ 0.04[μF]~1,000,000[μF]
⑥ 3[V]~500[V]의 내압
⑦ 소형으로 대용량을 만들 수 있다.
⑧ 저주파 및 전원용으로 사용한다.

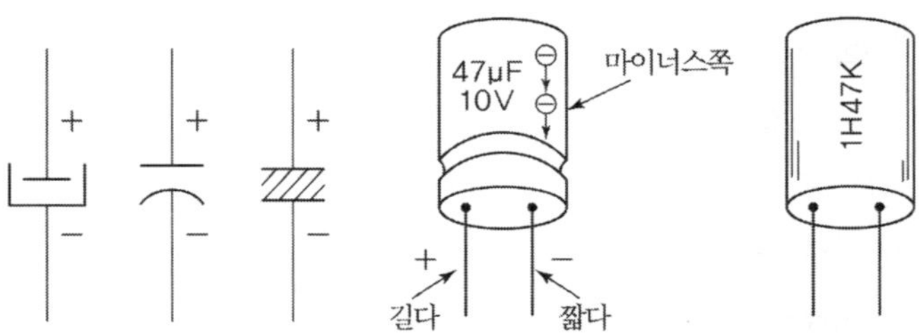

그림 2-1 전해 콘덴서

(2) 마일러 콘덴서

마일러(Mylar) 콘덴서는 얇은 폴리에스테르(polyester) 필름을 양측에서 금속으로 삽입하여, 원통형으로 감은 것이다. 저가격으로 사용하기 쉽지만, 높은 정밀도는 기대할 수 없다.

마일러 콘덴서의 특징은 다음과 같다.

① 극성이 없다.
② 사각형으로 생겼다.
③ 용량은 암호로 표시
④ 저주파 특성이 좋다.

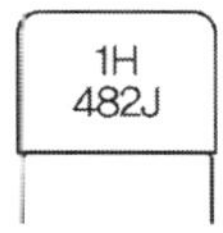

그림 2-2 마일러 콘덴서

(3) 세라믹 콘덴서

세라믹 콘덴서는 전극간의 유전체로 티탄산 바륨(Titanium-Barium)과 같은 유전율이 큰 재료가 사용되고 있다. 이 콘덴서는 인덕턴스가 적어 고주파 특성이 양호하다는 특징을 가지고 있어, 고주파의 바이패스에 흔히 사용된다. 모양은 원반형으로 되어 있으며, 용량은 비교적 작다. 세라믹은 강유전체의 물질로 아날로그 신호계 회로에 사용하면 신호에 일그러짐이 나오므로 이와 같은 회로에는 사용할 수 없다.

세라믹 콘덴서 특징은 다음과 같다.

① 극성이 없다.
② 원형으로 생겼다.
③ 용량값은 암호로 표시
④ 고주파 특성이 좋다.

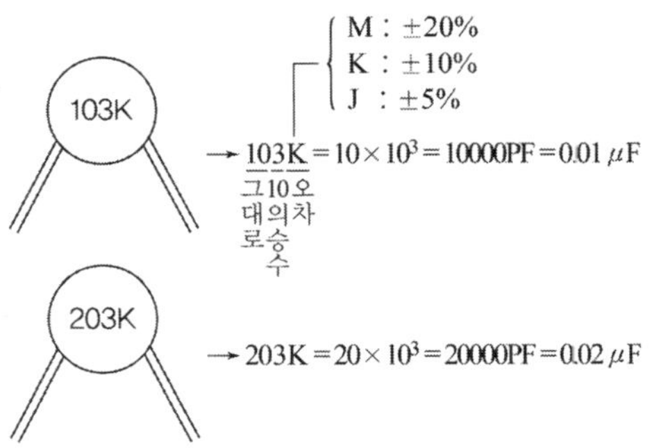

그림 2-3 세라믹 콘덴서

(4) 폴리스티롤 콘덴서

폴리에스테르 콘덴서 보다 높은 정밀도가 요구되는 경우에 사용한다. 유전체 재료는 폴리프로필렌(polypropylene) 필름을 사용하며, 100[kHz] 이하의 주파수에서 사용하면 거의 용량의 변화가 없다고 한다.

폴리스티롤 콘덴서의 특징은 다음과 같다.

① 극성이 없다.

② 온도에 대한 특성이 좋다.

③ 고주파 특성이 좋다.

④ 용도 : 고주파회로, 발진회로, 이퀄라이져

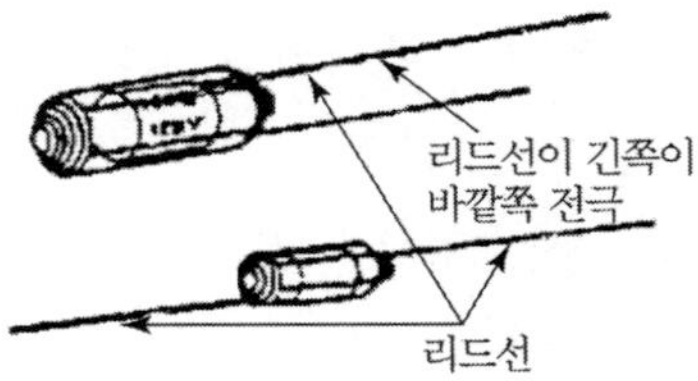

그림 2-4 폴리스티롤 콘덴서

(5) 탄탈 콘덴서

탄탈 콘덴서(tantalum condenser)는 전극에 탄탈륨이라는 재료를 사용하고 있는 전해 콘덴서이다. 알루미늄 전해콘덴서와 마찬가지로, 비교적 큰 용량을 얻을 수 있다. 그리고 온도 특성, 주파수 특성 모두 전해콘덴서 보다 우수하다.

알루미늄 전해콘덴서는 크라프트(kraft)지 등에 전해액이 스며들게 한 것을 금속 알루미늄으로 삽입하여 감아 붙인 구조로 되어 있지만, 탄탈 전해콘덴서의 경우는 tantalum powder를 소결하여 굳혔을 때에 나오는 빈틈을 이용하는 구조로 되어 있어, 두루마리 구조가 아니므로 앞서 언급한 바와 같이 특성이 우수하다.

가격은 전해콘덴서 보다 비싸기 때문에 온도에 의한 용량변화가 엄격한 회로, 어느 정도 주파수가 높은 회로 등에 사용한다. 또한, 알루미늄 전해콘덴서에서 발생하는 spike 형상의 전류가 나오지 않으므로 신호 파형을 중요시하는 아날로그 신호계에는 탄탈 콘덴서를 사용하는 것이 상식인 것 같다. spike와 같은 불요 파형이 문제가 되지 않는 경우에는 전해콘덴서로도 충분하다.

① 0.1[μF]~220[μF]

② 3[V]~50[V]

③ ±20[%]

④ 극성이 있으므로 주의해야 한다.

⑤ 전극의 +측을 나타내는 기호가 콘덴서 자체에 표시되어 있다.

⑥ 특성이 전해 콘덴서보다 좋다.

⑦ 가격이 비싸다.

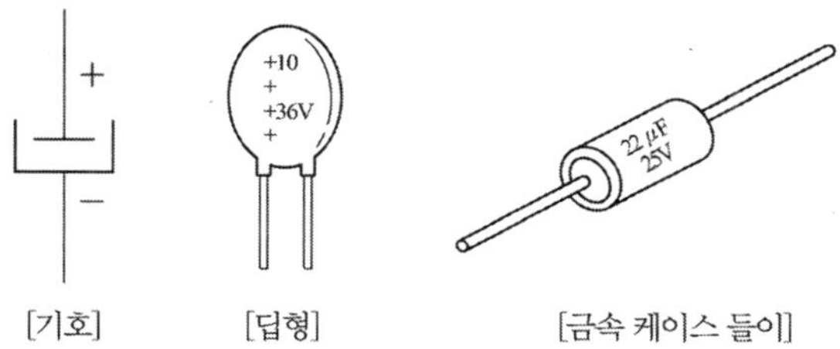

그림 2-5 탄탈 콘덴서

(6) 트리머 콘덴서(반고정 콘덴서)

트리머 콘덴서는 용량을 변화시킬 수 있는 콘덴서이며, 주로 주파수 조정 등에 사용한다. 프린트 기판에 실장할 수 있도록 만들어져 있다. 부착할 때의 주의 사항으로, 전극 극성은 없지만 용량을 조절하는 나사 부분이 어느 한 쪽의 리드선에 연결되어 있기 때문에 리드선의 한 쪽이 어스에 접속되는 경우에는 조절 나사가 연결되어 있는 리드선을 어스측으로 한다. 그렇게 하지 않으면 조절할 때의 드라이버의 용량이 영향을 주므로 잘 조절되지 않는다. 또한, 이러한 조절을 할 때에는 전용의 조절용 드라이버가 있으므로 그것을 사용하는 편이 무난하다. 조절 나사가 어느 쪽 리드선에 연결되어 있는지는 살펴보면 알 수 있지만, 그래도 모를 때는 테스터 등으로 확인한다.

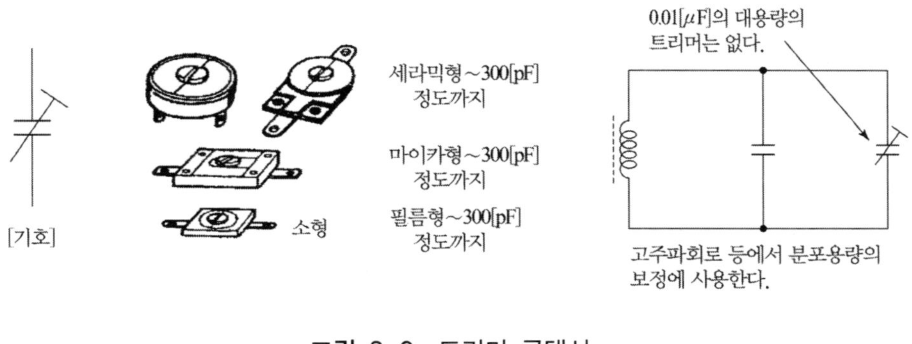

그림 2-6 트리머 콘덴서

(7) 바리콘(가변용량 콘덴서)

바리콘은 가변용량 콘덴서로 코일과 조합하여 연속적으로 동조주파수 등을 바꿀 때 사용한다. 바리콘은 공기를 유전체로 하고 있으며, 극성이 없다.

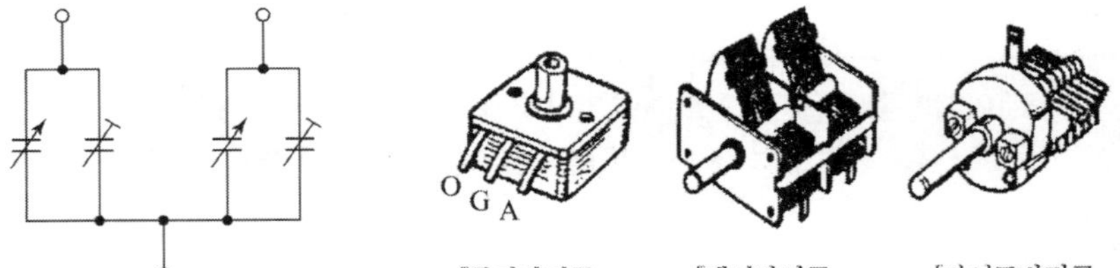

[기호] [폴리바리콘 소형 라디오용] [에어바리콘 고급 라디오용] [타이트바리콘 송신기 등에 사용]

그림 2-7 바리콘

3. 회로상의 표시

(1) 전해 콘덴서 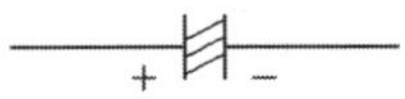

(2) 세라믹, 마일러 콘덴서 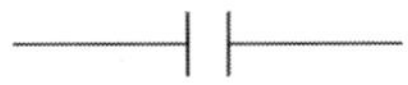

(3) 보조단위 : 1[μF] = 10^{-6} [F], 1[pF] = 10^{-12} [F]

(4) 세라믹, 마일러 콘덴서 용량 환산 요령

① 첫째와 둘째는 그대로 쓴다.

② 셋째수는 숫자만큼 0을 붙인다.

③ [pF]에서 [μF]로 바꾸려면 0을 붙인 수에서 0을 6개 빼낸다.

④ 회로상에 표시할 때는 [μF] 단위로 한다.

⑤ 셋째 숫자가 2이하인 경우는 그대로 읽으면 되며 [pF]로 읽는다.

⑥ 첫째와 둘째 숫자는 그대로 쓴다.

⑦ 셋째숫자는 승수이므로 0을 3개 붙인다.

10000[pF]

⑧ 10000[pF]를 [μF]으로 고치면 0을 6개 빼낸다.

0.010000 = 0.01[μF]

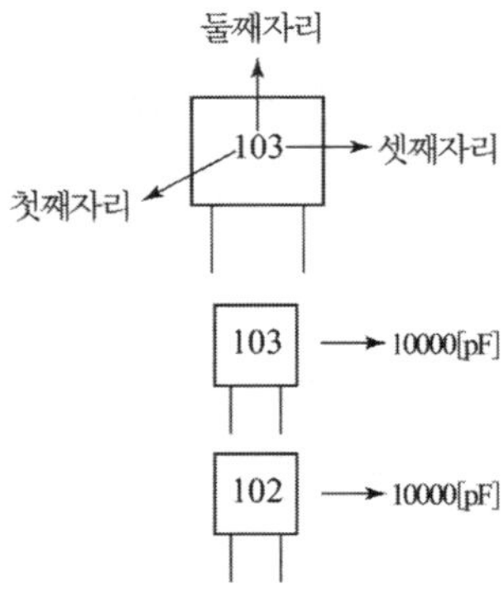

그림 2-8 용량 환산

4. 콘덴서에 교류를 공급했을 때

(1) 콘덴서에 교류를 공급했을 때 작용하는 콘덴서의 저항을 용량성 저항이라 한다.

(2) 기호 : X_C,　　단위 : Ω

(3) $X_C = \dfrac{1}{2\pi f C}$ $[\Omega]$

참고

용량이 클수록, 주파수가 높을수록 X_C가 작아져 통과를 잘한다.

(가) 용량이 큰 콘덴서에 맥류를 공급하면 Condenser는 직류를 통과하지 않으므로 교류만이 얻어진다.

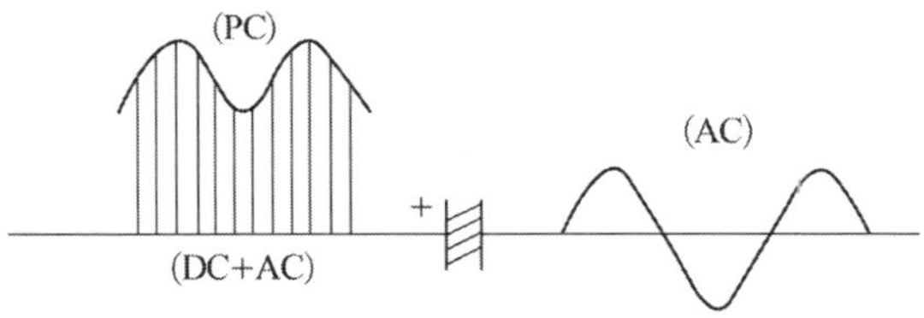

그림 2-9 맥류와 콘덴서 관계

(나) 용량이 적은 콘덴서에 고주파와 저주파가 합성된 혼합파를 공급하면 저주파성분은 저지되고 고주파성분만 통과한다.

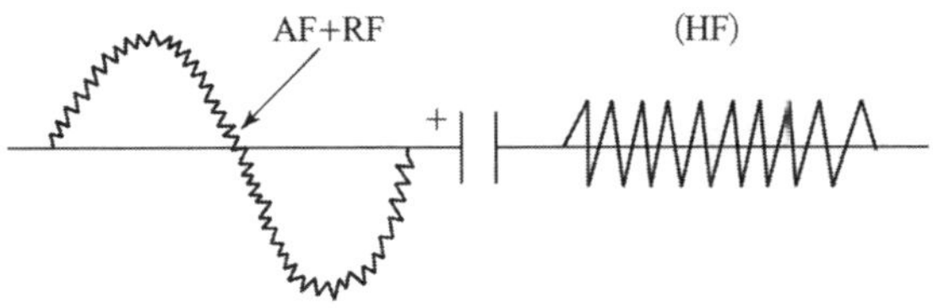

그림 2-10 주파수와 콘덴서 관계

참고

맥류(PC) : 회로내의 직류전원에 교류분이 포함되어있는 성분
(방향은 일정하지만 크기가 변한다.)

AF(Audio frequency) : 저주파로서 귀로 들을 수 있는 주파수대

* 가청주파수 : 20[Hz]~20[kHz]

* RF(Radio Frequency) : 고주파로서 귀로 들을 수 없는 주파수대 (30[kHz] 이상 주파수)

5. 콘덴서의 특징

(1) AC는 통과를 잘하나 DC는 통과를 못한다.

(2) 주파수 관계
- 주파수가 높다 : 잘 흐른다.(내부 저항값 무시)
- 주파수가 낮다 : 잘 흐르지 못한다.

(3) 콘덴서의 합성용량

① 직렬 합성

콘덴서의 직렬 합성은 저항이 병렬 계산방식과 같다. 용량이 월등히 큰 콘덴서와 용량이 적은 콘덴서를 직렬로 연결시 용량이 큰 콘덴서는 무시한다.

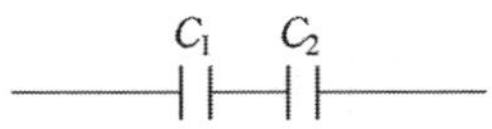

그림 2-11

$$\text{합성 용량 : } C = \frac{C_1 \cdot C_2}{C_1 + C_2} \tag{1}$$

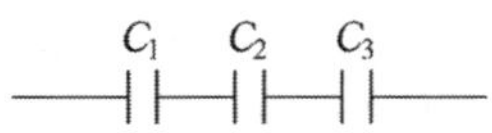

그림 2-12

$$\text{합성 용량 : } C = \frac{C_1 \cdot C_2 \cdot C_3}{C_1C_2 + C_2C_3 + C_3C_1} \tag{2}$$

② 병렬 합성

콘덴서의 병렬합성은 저항의 직렬계산 방식과 같다. 용량이 월등히 큰 콘덴서와 용량이 적은 콘덴서를 병렬로 연결시 용량이 적은 콘덴서는 무시한다.

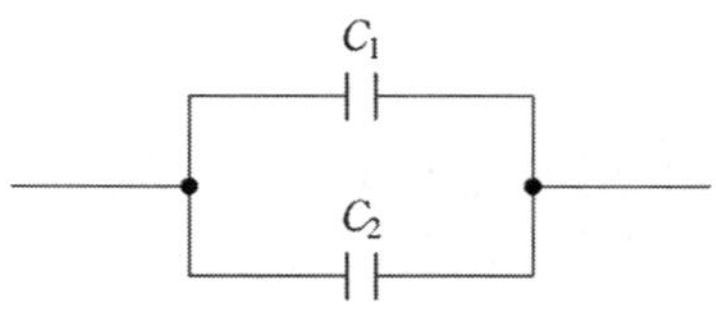

그림 2-13

$$\text{합성용량 } C = C_1 + C_2 \tag{3}$$

(4) 전압 공급

① 콘덴서에 직류(DC)를 공급하면 C에 충전되는 동안만 잠시 순간적으로 흐르고 그 뒤에는 전류가 흐르지 않는다.

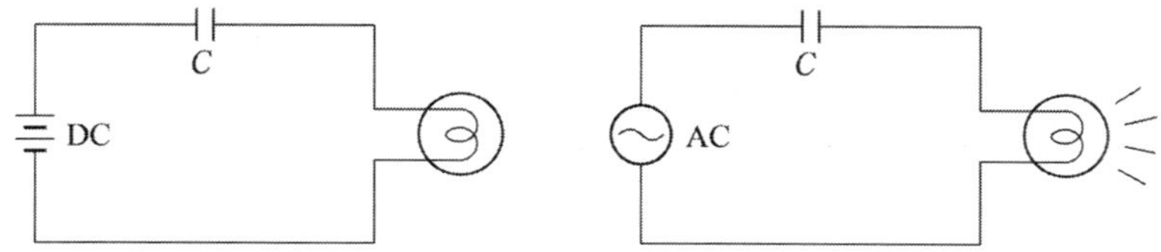

그림 2-14

② 교류를 공급하면 (+), (−)가 바뀌는 대로 충전(charge), 방전(discharge)이 계속 되어 도선에는 교류 전류가 흐르므로 교류는 C를 통과한다.

안전 및 유의사항

(1) 콘덴서의 용량을 확인한다.
(2) 회로 시험기의 저항계는 최고 레인지를 사용한다.
(3) 콘덴서는 완전히 방전 상태이어야 한다.

실습 순서

(1) 콘덴서의 양부를 측정하는 방법

콘덴서의 양부를 간단하게 측정하는 방법으로 회로 시험기의 저항계를 이용하여 콘덴서의 양단자에 회로 시험기의 리이드선을 접촉시켜 그 순간에 일어나는 바늘의 지시에 의해 다음과 같이 판단한다.

① ⓐ 특성 : 최초의 지시는 콘덴서의 충전 전류에 의한 저항계의 지시 변화가 크고, 최종값은 ∞에 가까운 즉, 절연 저항이 크므로 양호하다.

② ⓑ, ⓒ 특성 : 최종값이 낮아 콘덴서의 절연 상태가 극히 나쁘거나 절연 파괴를 나타낸다.

③ ⓓ 특성 : 충전 전류가 거의 흐르지 않으므로 용량 감퇴를 의미한 것이 되어 불량품이다.

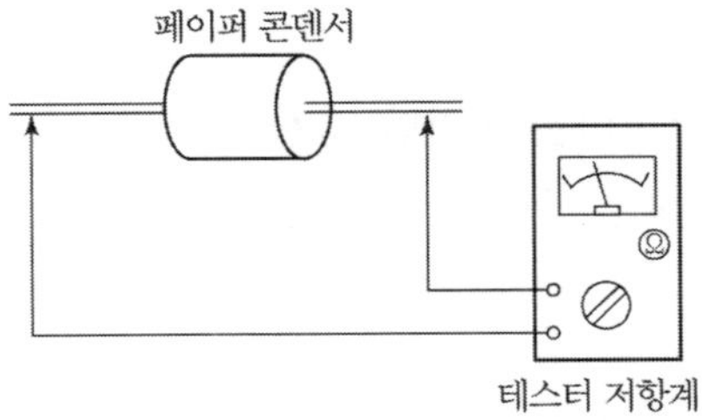

그림 2-15

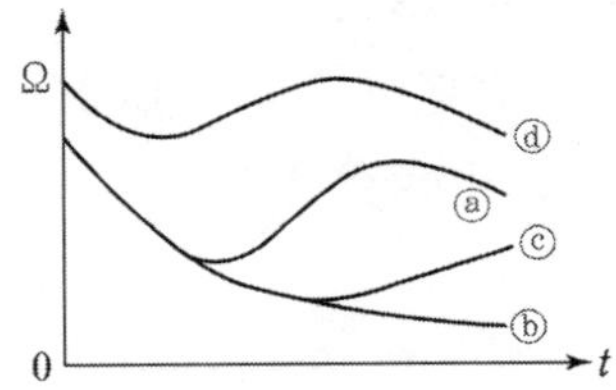

그림 2-16

④ 전해 콘덴서의 경우 : 테스터의 저항계는 내장된 전지의 (−)극에 적봉(+) 단자가 (+)극에 흑봉(−) 단자가 전지와 접속되어 있으므로 그림 2-17과 같이 접속하여야 하며, 최종값이 50[kΩ] 정도 이하는 불량품이다. 특성 ㉠은 양호하며, ㉡과 ㉢은 지시가 낮아 전해 절연 중 손상이 있다. 특성 ㉣은 단자 또는 인출선이 극판에 접속되는 곳이 부식 등으로 말미암아 충전 전류가 거의 흐르지 않는 불량품이다. 시험 전에는 1~5[kΩ] 가량의 저항을 통하여 방전시켜야 한다.

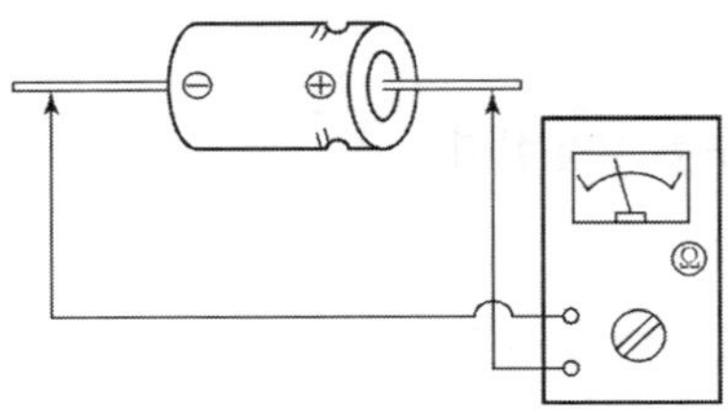

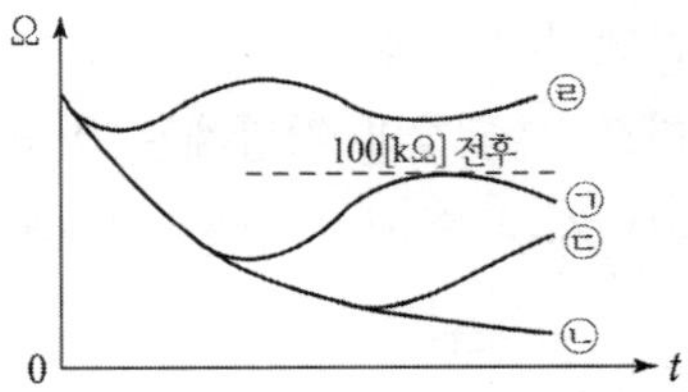

그림 2-17

(2) 직렬연결

다음 회로의 합성 정전 용량을 구하라.

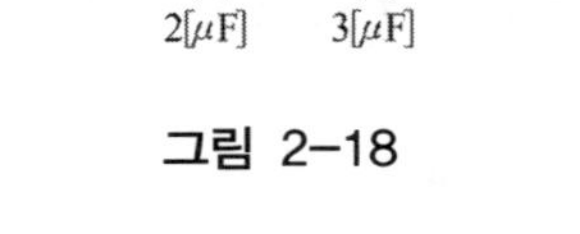

그림 2-18

(3) 병렬 연결

다음 회로의 합성 정전 용량을 구하라.

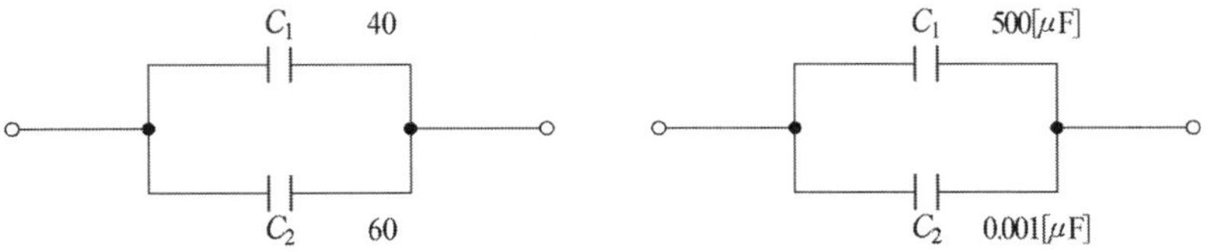

그림 2-19

(4) 콘덴서의 종류와 특징을 설명하라.

실습 3 회로 시험기(Tester)의 사용법

실습 목표

(1) 회로 시험기를 올바르게 사용할 수 있다.
(2) 직류 및 교류 전압, 직류 전류를 측정할 수 있다.

재 료

(1) 저항 : 10[Ω], 100[Ω], 470[Ω], 1[kΩ], 2.2[kΩ], 4.7[kΩ], 10[kΩ], 47[kΩ], 100[kΩ], 470[kΩ] 각1개
(2) 리드선

계기 및 기구

(1) 회로 시험기 1대
(2) 직류전원공급장치(DC 0 ~30[V]) 1대
(3) 전원 트랜스(AC 220[V]/12[V]) 1대
(4) 브래드 보드 1개

관련 이론

(1) 회로 시험기는 전류, 전압, 저항 등을 측정하는 기구이며, VOM(Volt Ohm Meter) 또는 멀티테스터(Multitester)라고 부르기도 한 다.
(2) 회로 시험기는 측정값을 지침으로 가리키는 아날로그형과 측정값을 숫자로 표시하는 디지털형이 있다.
(3) 아날로그형의 눈금판(scale plate)에는 전압, 전류, 저항에 대한 여러 가지 눈금이 그려져 있으며, 이 눈금의 선택은 기능 선택 스위치에 의하여 선택된다.
(4) 기능 선택 스위치는 전류나 전압 또는 저항에 따라 스위치를 돌려 측정하려는 것을 선택할 수 있도록 한다.
(5) 기능 선택 스위치 조작과 눈금 읽기는 표 3-1과 같다.

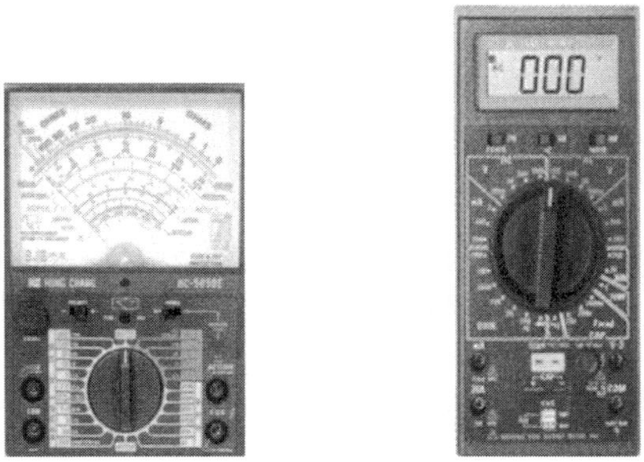

(a) 아날로그형　　(b) 디지털형

그림 3-1 회로 시험기

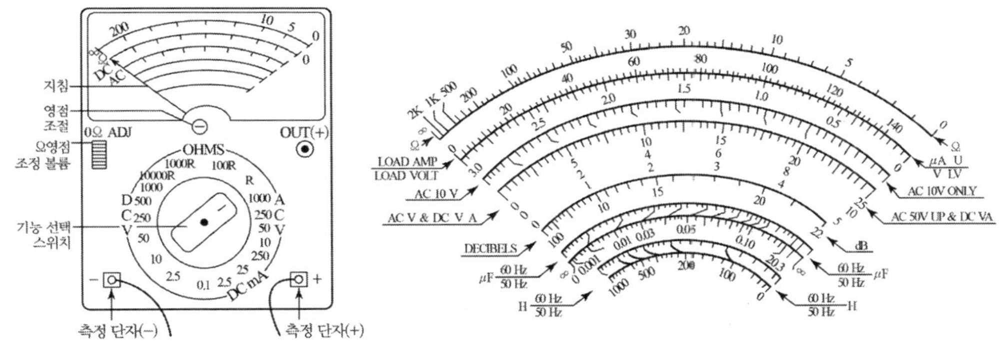

(a) 회로 시험기　　(b) 눈금판

그림 3-2 회로 시험기와 눈금판

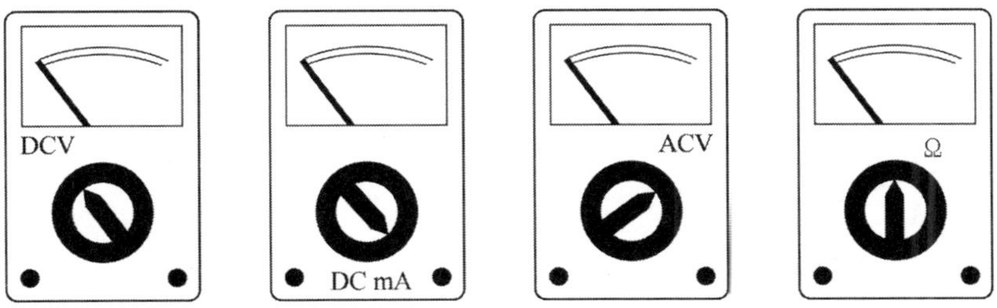

(a) 직류 전압　(b) 직류 전류　(c) 교류 전압　(d) 저항

그림 3-3 회전 전환 스위치 조작

표 3-1 지침과 눈금 읽기

<table>
<tr><th>측정 구분 \ 조작 및 읽기</th><th>스위치 위 치</th><th>눈 금 값 의 범 위</th><th>실 측 값</th><th>측정 구분 \ 조작 및 읽기</th><th>스위치 위 치</th><th>눈 금 값 의 범 위</th><th>실 측 값</th></tr>
<tr><td rowspan="7">DCV</td><td>0.5</td><td>0~ 5</td><td>지시값×0.1</td><td rowspan="5">ACV</td><td rowspan="5">10
50
250
1000</td><td rowspan="5">0~10
0~ 5
0~25
0~10</td><td rowspan="5">지시값×1
지시값×0.1
지시값×0.1
지시값×100</td></tr>
<tr><td>2.5</td><td>0~25</td><td>지시값×0.1</td></tr>
<tr><td>10</td><td>0~10</td><td>지시값×1</td></tr>
<tr><td>50</td><td>0~ 5</td><td>지시값×10</td></tr>
<tr><td>250</td><td>0~25</td><td>지시값×10</td></tr>
<tr><td>500</td><td>0~ 5</td><td>지시값×100</td><td rowspan="6">OHM</td><td rowspan="6">R
100
1000
10000</td><td rowspan="6"></td><td rowspan="6">지시값×1
지시값×100
지시값×1000
지시값×10000</td></tr>
<tr><td>1000</td><td>0~10</td><td>지시값×100</td></tr>
<tr><td rowspan="4">DC mA</td><td>0.1</td><td>0~10</td><td>지시값×0.01</td></tr>
<tr><td>2.5</td><td>0~25</td><td>지시값×0.1</td></tr>
<tr><td>25</td><td>0~25</td><td>지시값×1</td></tr>
<tr><td>250</td><td>0~25</td><td>지시값×10</td></tr>
</table>

안전 및 유의사항

(1) 측정하기 전에 반드시 기능 선택 스위치의 위치를 확인한다.

(2) 강력한 외부 자계가 있는 곳은 피한다.

(3) 동작 중인 기기의 저항은 측정하지 않는다.

(4) 측정 범위를 예측하여 알맞은 범위로 설정한다.

(5) 대용량인 콘덴서를 측정할 때에는 방전시킨 다음 측정한다.

(6) 사용하지 않을 때에는 기능 선택 스위치를 OFF에 두고, 장시간 사용하지 않을 때에는 건전지를 빼 둔다.

(7) 측정 리드를 접속한 상태에서는 기능 선택 스위치를 전환시키지 않는다.

(8) 리드선의 검정 막대는 − 단자, 붉은 막대는 + 단자에 삽입한다.

실습 순서

1. 직류전류측정

(1) 직류전류 측정시 주의사항

① 전류의 흐르는 방향에 유의하고, 시험 막대의 ⊕, ⊖단자(극성)가 바뀌지 않도록 주의한다.

② 전류계의 풀 스케일(full scale) 범위 안의 전류만 측정하도록 한다.

③ 전류의 값을 전혀 모를 때에는 최대 눈금의 범위에서부터 차례로 알맞은 범위를 찾아 나간다.

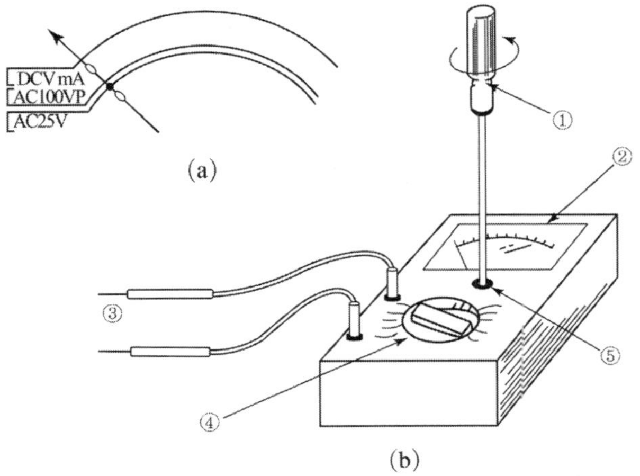

(a) 0위에 바늘이 정확히 오도록 조정한다.
① 드라이버 ② 회로 시험기 ③ 개방해 둔다.
④ 전환 스위치 ⑤ 0점 조정나사

그림 3-4 0점 조정

(2) 측 정

① 회로 시험기의 바늘이 0점에 있는가를 확인한다. 만일, 바늘이 0점에 있지 않으면, 그림 3-4와 같이 0점 조정 나사를 드라이버로 약간 돌려서 0점의 바로 위에 바늘이 정확히 포개지도록 조정한다.

② 회로 시험기의 전환 스위치를 우선 250[mA]에 맞춘다.

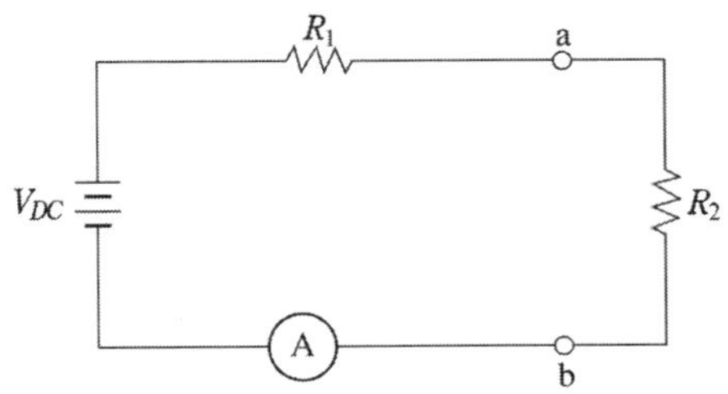

그림 3-5 직류 전류 측정 회로

③ 그림 3-5 회로에서 ⊕시험 막대를 전원의 +극 쪽(a 단자)에, ⊖시험 막대를 부하 저항(b 단자)에 접속하고, 회로에 전원을 넣는다.

④ 눈금판의 전류값을 읽는다. 만일, 전류(눈금)가 50[mA]이하이면, 전환 스위치를 50[mA]에, 5[mA] 이하이면, 전환 스위치를 5[mA]에 측정범위를 다시 맞추어서 읽는다.

⑤ V_{DC}를 12[V], R_1를 1[kΩ]일 때 표 3-2에 측정값을 완성하라.

⑥ 원상태로 복귀시킨다.

표 3-2

$R_2[\Omega]$	0	10	100	470	1k	2.2k	4.7k	10k	47k	100k
눈 금										
배율기										
측정전류 [mA]										

2. 직류 전압의 측정

(1) 직류 전압 측정시 주의사항

① 회로 시험기를 사용하기 전에 반드시 0점 조정이 되어 있는가를 확인한다.

② 직류 전압계의 풀 스케일 범위 안의 전압만 측정하도록 한다.

③ 시험 막대의 ⊕, ⊖ 단자가 바뀌지 않도록 주의한다.

(2) 측 정

① 회로 시험기의 전환 스위치를 DCV의 적당한 측정 범위에 맞춘다.

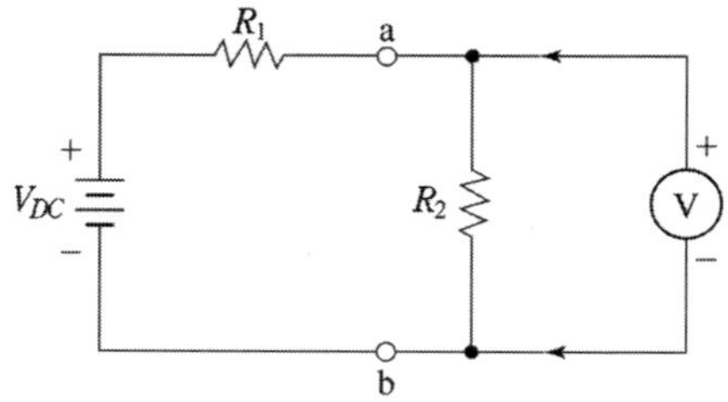

그림 3-6 직류 전압 측정 회로

② 그림 3-6과 같이 결선하고 회로의 전원을 넣는다.

③ 이 때 시험 막대는 접속 단자 a, b와 같이 접속하여 극성에 맞춘다.

④ 전압 눈금을 읽는다. 만일, 전압이 그 다음의 최대 측정값보다 적으면, 그 쪽으로 전환 스위치를 맞춘다.

⑤ 위의 회로에서 $V_{DC} = 12$[VDC], $R_1 = 1[\text{k}\Omega]$일 때 R_2를 0, 10, 100, 470, 1k, 2.2k, 4.7k, 10k, 47k, 100[kΩ]으로 변환시키면서 그때마다 전압계의 눈금과 배율을 표 3-3에 측정값을 완성하라.

표 3-3

$R_2[\Omega]$	0	10	100	470	1k	2.2k	4.7k	10k	47k	100k
눈 금										
배율기										
측정전압 [VDC]										

3. 교류 전압의 측정

(1) 교류 전압 측정시 주의사항

① 눈금의 0점 조정을 확인한다.

② 극성에는 상관이 없고 최대 측정 전압보다 높은 전압을 측정해서는 안 된다.

(2) 측정

① 회로 시험기의 전환 스위치를 ACV의 적당한 측정 범위에 맞춘다.

② 그림 3-7과 같이 결선하고 전원을 넣는다. 이 때 시험막대는 극성에 관계없이 연결한다.

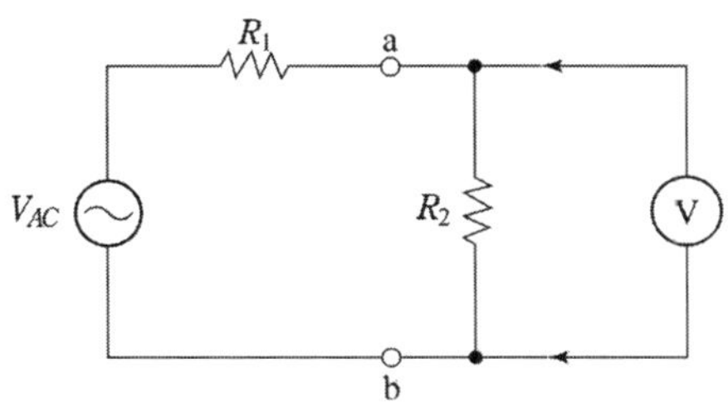

그림 3-7 교류전압 측정회로

③ 전원 트랜스를 사용하여 220[VAC]을 12[VAC] 변환하여 V_{AC} 전원으로 사용하고, $R_1 = 1[\text{k}\Omega]$일 때 회로에서 R_2의 값을 측정표와 같이 바꾸어 가면서 표 3-4에 측정값을 완성하라.

표 3-4

$R_2[\Omega]$	0	10	100	470	1k	2.2k	4.7k	10k	47k	100k
눈 금										
배율기										
측정전압 [VDC]										

측정

레인지 전환 스위치를 AC 150[V] 또는 250[V]의 위치에 두고, 리이드 선의 금속 부분에 손이 닿지 않도록 조심하며, AC 220[V]의 전원 전압을 측정해 본다. 레인지를 한 계단 높은 위치에 두고 측정해서 비교해 본다.

4. 저항 측정

(1) 저항 측정시 주의사항

① 일단 저항의 0점 조정을 했더라도, 전환 스위치를 돌렸을 때에는 다시 0 오옴 조정을 해야 한다.

② 측정할 때 시험막대 끝의 금속 부분에 손가락을 대고 측정하면 인체 저항이 병렬로 함께 측정되므로 오차가 생긴다.

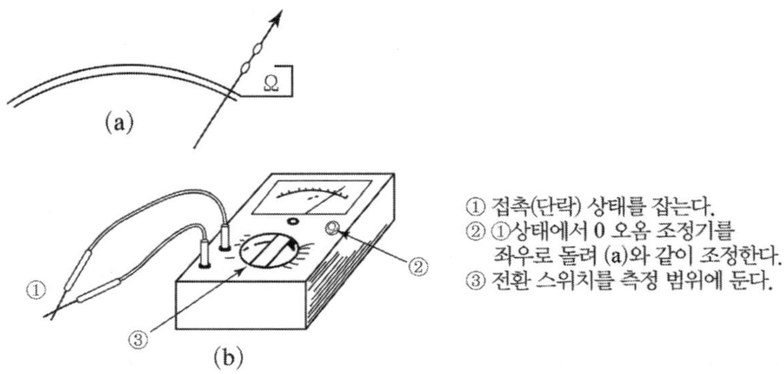

그림 3-8 0 오옴 조정

(2) 측정

① 주어진 저항기의 정격이나 색띠 표시를 읽고, 그 값과 오차를 표 3-5에 기입한다.

② 회로 시험기의 전환 스위치를 알맞은 저항의 측정 범위에 맞춘 다음 저항의 0 오옴 조정을 한다.(그림 3-8)

③ 회로 시험기의 시험 막대를 측정할 저항기에 접속하고 저항 눈금을 읽는다. 만일, 고저항에서 저항값을 읽기 곤란할 때에는 측정 범위를 ×1000, ×100, ×10 등의 순서로 전환시켜서 읽기에 적당한 범위(바늘이 눈금 중앙 부근에 오도록)를 선택하여 그 배율을 곱한 값을 읽는다. 이 때 측정 범위를 바꾸었을 경우에는 0 오옴 조정을 다시 행한다.

④ 측정한 값을 표 3-6에 기록하고 정격과 오차를 비교한다.

표 3-5 저항측정

측정대상	정 격[Ω]					측정		오차 [%]	비고
						측정범위	측정값[Ω]		
색띠 저항기	①의색 (회수)	②의색 (회수)	③의색 (배수)	④의색 (오차)	저항값				
10[Ω]									
1[kΩ]									
4.7[kΩ]									
10[kΩ]									
100[kΩ]									

⑤ 아래 표 3-6과 같은 7개의 저항을 가지고 측정하여 빈 칸을 채운다.

표 3-6

테스터의 형 명	측 정 레인지	저항기							비고
		10[Ω]	1[kΩ]	4.7[kΩ]	10[kΩ]	33[kΩ]	100[kΩ]	470[kΩ]	
	×1000R								
	×100R								
	×R								
	최적측정 레 인 지								

5. 검토 사항

(1) 테스터의 외형 약도를 그리고, 눈금판을 보고 측정 가능한 것은 어떤 것이 있으며, 그 범위는 각각 어떻게 되어 있는 가 검토하여라. 또 내부 저항 등 필요한 사항을 조사 기록하여라.

(2) 직류전압 측정에서 각 저항 양단의 전압을 합한 것이 전원전압과 어떻게 차이가 나는가, 측정레인지와 각 저항값에 따라 어떠한 오차가 생기는가를 조사 검토하여라. 측정레인지에 따르는 전압계의 내부 저항을 측정레인지 항의 괄호 속에 기입하여라.

(3) 교류전압 측정에서 처음의 레인지 때와 한 계단 높은 레인지 때의 측정치에 어느 정도의 오차가 있으며 어떤 원인에 의해서 생기는가?

(4) 직류 전류계를 사용해서 전류를 측정할 때, 어떤 주의가 필요한가?

(5) 전류계와 전압계의 차이점을 말하여라.

(6) 전류계, 전압계의 감도란 무엇인가?

(7) 측정할 때 바늘이 가능한 한 눈금 전체의 중앙 부근에 오도록 측정하는 이유는 무엇인가?

(8) 회로 시험기에 내장된 전지는 어느 측정 때 필요한가? 또 필요하다면 이유는 무엇인가?

(9) 저항 측정을 할 때 0 오옴 조정이 동작하지 않을 때에는 우선 어디를 조사하면 좋은가?

(10) $\frac{1}{2}$[W], 1[kΩ]인 저항기를 안전하게 쓰려면 전류는 최대로 얼마나 흘릴 수 있는가?

(11) 1[W], 500[Ω]인 저항기가 파괴되지 않는 범위 내에서 최대로 가할 수 있는 전압은 몇 [V]인가?

(12) 저항을 측정할 때 0 오옴 조정이 필요한 이유는 무엇인가?

(13) 20개의 임의저항을 가지고 표 3-7에 색깔 등을 적어 넣은 다음, 측정 기록하라.

표 3-7 기록표

저항	첫째 색띠	둘째 색띠	세째 색띠	네째 색띠	저항값 (OHMS)	오차 (%)	측정값 (OHMS)	측정오차 범위(%)	용량 (WATT)
1									
2									
3									
4									
5									
6									
7									
8									
9									
10									
11									
12									
13									
14									
15									
16									
17									
18									
19									
20									

(14) 그림 3-9에서 배율기가 50[V]일 때 눈금이 가리키는 실효치, 피크치(최대치)는 얼마이며, 또 100[V], 250[V] 일 때는 얼마인가?

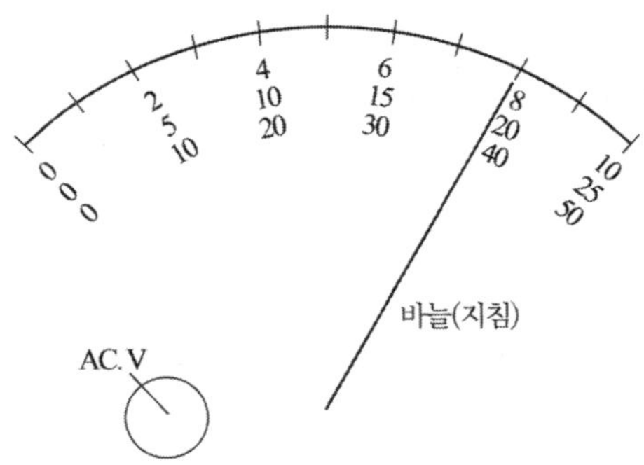

그림 3-9

(15) 그림 3-10에서 배율이 50[V], 100[V], 250[V] 일 때 각각의 실효치, 최대치는 얼마인가?

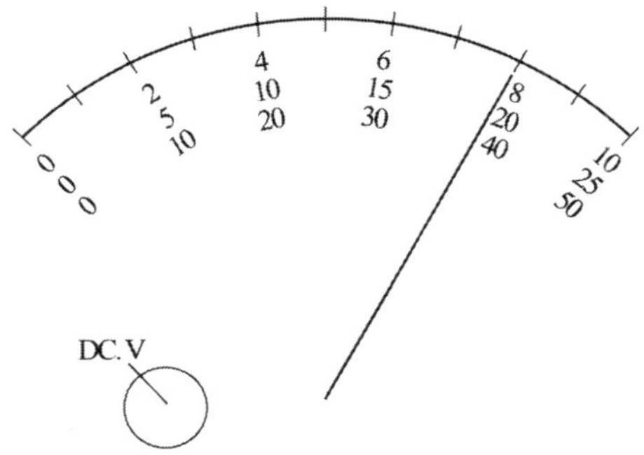

그림 3-10

(16) 아래 그림에서 배율이 1, 5, 10, 50, 100, 250[mA]로 구분되어 있다면 8[mA]의 전류를 측정할 때 배율기는 어느 값에 두는 것이 좋은가?

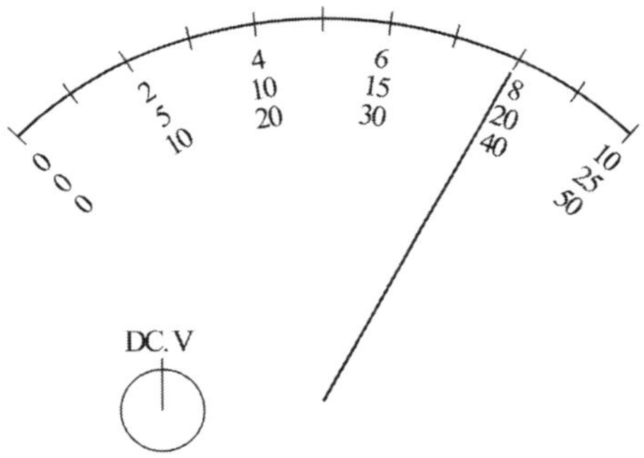

그림 3-11

(17) 그림 3-12에서 배율이 ×10, ×100, ×1K, ×10K에 있다면 각각 얼마인가?

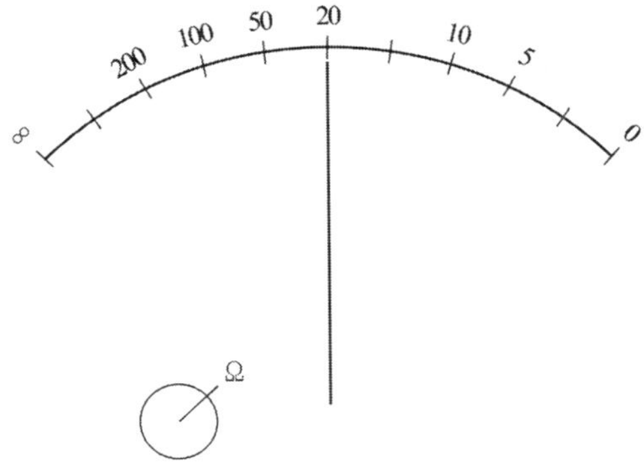

그림 3-12

실습 4 기초 회로의 법칙

실습 목적

기초회로에서 전압, 전류 측정법을 이해하여 Ohm의 법칙과 KVL 및 KCL 등을 이해하고 검토 확인한다.

재 료

(1) 저항 : 100[Ω], 500[Ω], 1[kΩ], 2[kΩ], 5[kΩ], 10[kΩ] (1/4[W]) 각 1개
(2) 가변 저항 : 100[kΩ] (2[W]) 1개
(3) 리드선

계기 및 기구

(1) 직류전원공급장치(DC 0~30[V]) 1대
(2) 회로 시험기 2개
(3) 전자전압계(VTWM) 1개
(4) 브래드 보드 1개
(5) 공구 세트

관련 지식

회로에 있어서 임의의 소자(Element)에 대한 전류나 전압을 구하는 것을 회로해석(Circuit Analysis) 또는 회로망해석(Network Analysis)이라고 한다. 회로해석에 있어서 주로 사용되는 법칙으로는 오옴의 법칙과 KVL 및 KCL가 있다. 오옴의 법칙에 의해서는 각 소자에 있어서의 전압·전류의 관계가 결정되고, KVL이나 KCL에 의해서는 임의의 폐회로(Loop)나 노드(Node)에 있어서의 전압·전류의 관계가 결정된다. KVL에 의해서 회로를 해석하는 것을 폐회로 해석(Loop Analysis)이라 하고, KCL에 의한 해석을 노드 해석(Node Analysis)이라고 한다.

1. 오옴의 법칙(Ohm's Law)

회로의 임의 저항을 흐르는 전류의 크기는 그 저항의 양단에 걸리는 전압을 그 저항값

으로 나눈 값이다. 즉

$$I = \frac{V}{R} \tag{1}$$

이 때 전류 I의 단위는 A(Ampere) 또는 mA(milliampere), 전압 V는 V(Volt), 저항 R은 Ω(Ohm) 또는 kΩ(kilo-Ohm)이다. 예를 들면, 2[kΩ] 저항의 양단에 4[V]의 전압이 걸리면 저항을 통해서 흐르는 전류는

$$I = \frac{V}{R} = \frac{4[\mathrm{V}]}{2[\mathrm{k\Omega}]} = 2[\mathrm{mA}]$$

이고, 역으로 2[kΩ] 저항을 통해서 2[mA]의 전류가 흐르면 저항양단의 전압강하는

$$V = IR = 2[\mathrm{k\Omega}] \times 2[\mathrm{mA}] = 4[\mathrm{V}]$$

가 된다.

오옴의 법칙을 약간 응용하면 분압(Voltage Division) 및 분류(Current Division)에 관한 식을 얻을 수 있다.

2. 분압법칙

두 개의 저항이 직렬로 연결되어 있는 경우, 각각의 저항에 걸리는 전압은 그 저항값에 비례한다. 그림 4-1에서 $R_1 + R_2$에 걸리는 전체전압을 V, R_1과 R_2에 걸리는 전압을 각각 V_1과 V_2라 하면

$$V_1 = \frac{R_1}{R_1 + R_2} \cdot V \tag{2}$$

$$V_2 = \frac{R_2}{R_1 + R_2} \cdot V \tag{3}$$

의 관계를 가진다.

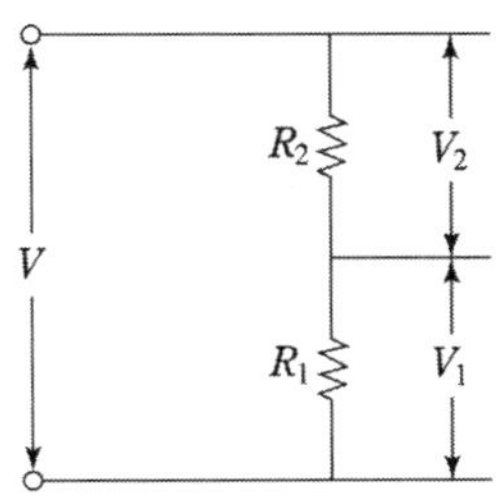

그림 4-1 분압회로

예를 들어, 만일 $V=10[\mathrm{V}]$, $R_1=3[\mathrm{k\Omega}]$, $R_2=2[\mathrm{k\Omega}]$이면

$$V_1 = \frac{3}{3+2} \times 10[\mathrm{V}] = 6[\mathrm{V}]$$

$$V_2 = \frac{2}{3+2} \times 10[\mathrm{V}] = 4[\mathrm{V}]$$

가 된다.

3. 분류법칙

두 개의 저항이 병렬로 연결되어 있는 경우, 각각의 저항에 흐르는 전류의 크기는 그 저항값에 반비례한다. 그림 4-2에서 전체 전류를 I, R_1과 R_2에 나뉘어 흐르는 전류를 각각 I_1과 I_2라 하면

$$I_1 = \frac{R_2}{R_1+R_2} \cdot I \tag{4}$$

$$I_2 = \frac{R_1}{R_1+R_2} \cdot I \tag{5}$$

의 관계를 가진다.

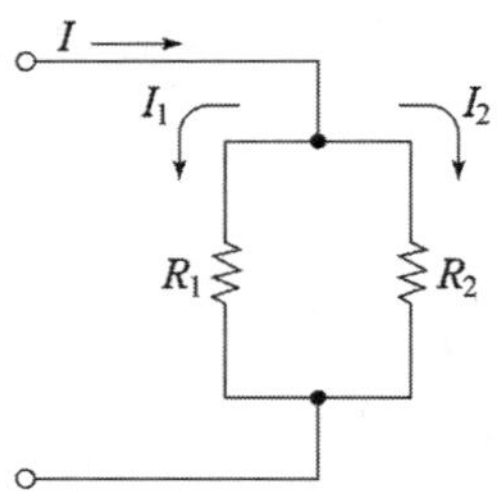

그림 4-2 분류회로

예를 들어, 만일 $I=10[\mathrm{mA}]$, $R_1=3[\mathrm{k\Omega}]$, $R_2=2[\mathrm{k\Omega}]$이면

$$I_1 = \frac{2}{3+2} \times 10[\mathrm{mA}] = 4[\mathrm{mA}]$$

$$I_2 = \frac{3}{3+2} \times 10[\mathrm{mA}] = 6[\mathrm{mA}]$$

가 된다. 또 분압회로나 분류회로에 한 개의 저항을 추가하면, 그림 4-3 (a)와 그림 4-3 (b)의 회로로부터 각각

$$V_1 = \frac{R_1}{R_1 + R_2 + R_3} \cdot V \tag{6}$$

$$V_2 = \frac{R_2}{R_1 + R_2 + R_3} \cdot V \tag{7}$$

$$I_1 = \frac{R_2 R_3}{R_1 R_2 + R_2 R_3 + R_3 R_1} \cdot I \tag{8}$$

$$I_2 = \frac{R_3 R_1}{R_1 R_2 + R_2 R_3 + R_3 R_1} \cdot I \tag{9}$$

의 관계가 성립함을 쉽게 알 수 있다.

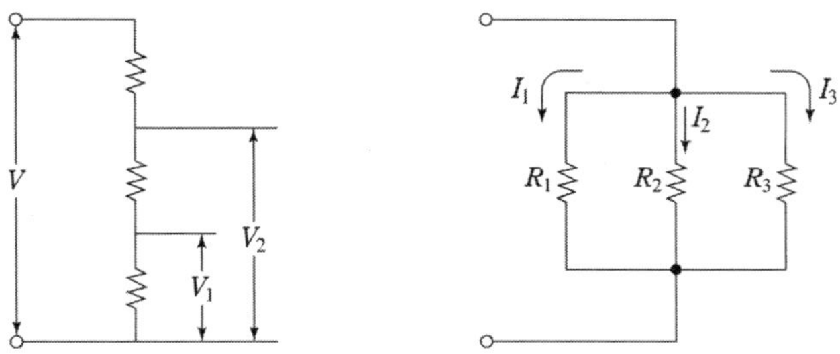

(a) 분압회로 (b) 분류회로

그림 4-3

4. 키르히호프 전압법칙(KVL ; Kirchhoff's Voltage Law)

회로의 임의 폐회로(Loop)에 대하여 이 폐회로를 한 바퀴 도는 전압강하의 합은 영(zero)이다. 즉

$$\sum_{i}^{n} V_i = 0 \tag{10}$$

이다. 예를 들면 그림 4-4 회로에 있어서 V, R_1, R_2, R_3, R_4는 폐회로를 형성하므로

$$-V + V_1 + V_2 + V_3 + V_4 = 0 \tag{11}$$

또는 오옴의 법칙을 적용하여

$$-V + R_1 I_1 + R_2 I_1 + R_3 I_1 + R_4 I_1 = 0 \tag{12}$$

을 얻는다.

여기서 만일 $R_1 = R_2 = 1[\text{k}\Omega]$, $R_3 = R_4 = 2[\text{k}\Omega]$, $V = 12[\text{V}]$이고, 저항 R_4를 통해서 흐르는 전류와 R_4 양단에 걸리는 전압을 구하고 싶다면 식 (12)에서

$$-12 + (1+1+2+2)I_1 = 0$$

따라서

$$I_1 = \frac{12[\text{V}]}{6[\text{k}\Omega]} = 2[\text{mA}]$$
$$V_4 = R_4 I_1 = 2[\text{k}\Omega] \times 2[\text{mA}] = 4[\text{V}]$$

를 얻을 수 있다.

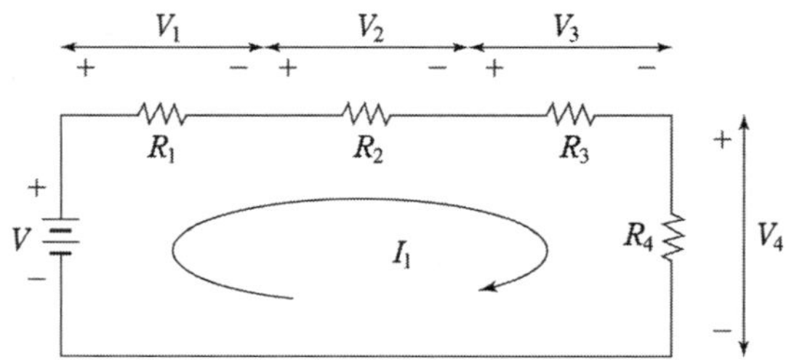

그림 4-4 KVL

5. 키르히호프 전류법칙(KCL ; Kirchhoff's Current Law)

회로의 임의 노드(Node)에 대하여 이 점에 들어오는 전류의 합은 영이다. 즉

$$\sum_{t}^{n} I_t = 0 \tag{13}$$

예를 들면 그림 4-5에서 점 a는 I, R_1, R_2, R_3, R_4에 대한 노드이므로

$$I - I_1 - I_2 - I_3 - I_4 = 0 \tag{14}$$

이다. 이 식에서 I_1, I_2, I_3, I_4는 점 a에서 나가는 방향이므로 음의 부호가 되었다. 각각에 대하여 오옴의 법칙을 적용하면

$$I - \frac{V_1}{R_1} - \frac{V_1}{R_2} - \frac{V_1}{R_3} - \frac{V_1}{R_4} = 0 \tag{15}$$

을 얻는다.

여기서, 만일 $R_1 = R_2 = 1[\text{k}\Omega]$, $R_3 = R_4 = 2[\text{k}\Omega]$, $I = 6[\text{mA}]$이고, 저항 R_4의 양단에 걸리는 전압과 R_4를 통해서 흐르는 전류를 구하고 싶다면 식 (15)에서

$$6 - V_1\left(\frac{1}{1} + \frac{1}{1} + \frac{1}{2} + \frac{1}{2}\right) = 0$$

따라서

$$V_1 = \frac{6[\text{mA}]}{3[\text{k}\Omega]} = 2[\text{V}]$$

$$I_4 = \frac{V_1}{R_4} = \frac{2[\text{V}]}{2[\text{k}\Omega]} = 1[\text{mA}]$$

를 얻을 수 있다.

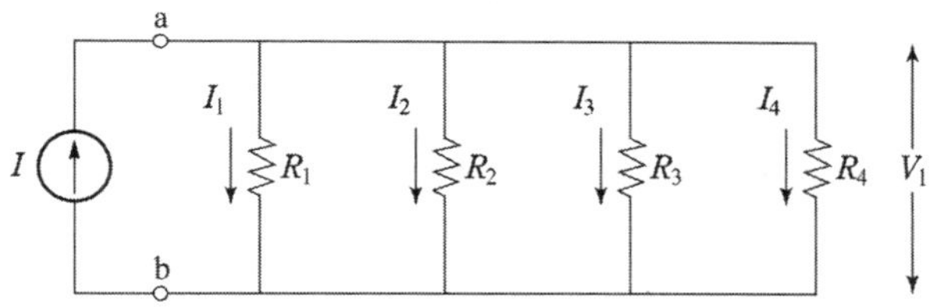

그림 4-5 KCL

6. 전압강하의 법칙

여기서 저항에 임의의 전류를 흘리어 그 전압 강하를 측정하여 저항값을 구하는 소위 전압강하법으로 저항을 측정한다.

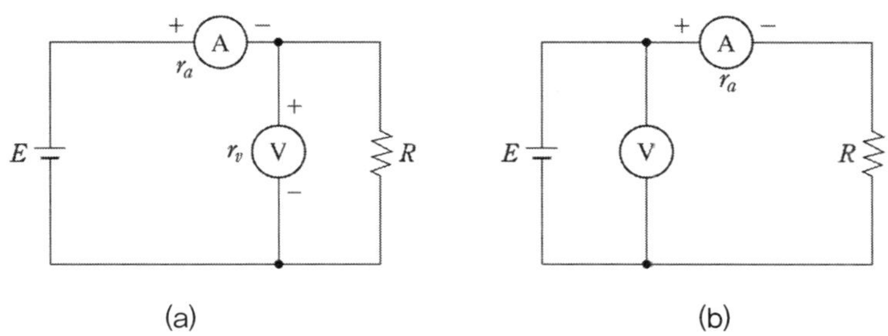

그림 4-6 내부저항에 의한 오차

그림 4-6은 위에서 말한 전압강하법에 의해서 저항을 측정하는 회로이다. 그림 4-6 (a)의 경우 전압계, 전류계의 내부저항을 r_r, r_a라 하고 각각의 값을 V, I라 하면

$$\frac{V}{I} = \frac{r_v R}{(r_v + R)} \tag{16}$$

이 된다. 그림 4-6 (b)의 경우는

$$\frac{V}{I} = r_a + R \tag{17}$$

이 된다. 따라서 엄밀히 말하면 r_a, r_r의 값을 알지 못하면 정확한 측정을 할 수 없다. 그렇지만 그림 4-6 (a)에서 $r_v \gg R$이고, (b)에서 $R \gg r_a$이라면 저항 R의 값은 전압계와 전류계의 지시값의 비 $\frac{V}{I}$로부터 구할 수 있다.

따라서 R이 저저항일 경우는 그림 4-6 (a), R이 고저항일 경우는 그림 4-6 (b)의 회로에 의해서 측정하면 오차가 작은 상태로 측정할 수 있다.

안전 및 유의사항

(1) 전원 연결시 극성에 주의하라.

(2) 저항값은 표시된 것과 실제의 값이 조금 다르다는 것을 알고 정확한 값을 알아내어 실습한다.

실습 순서

(1) 그림 4-7의 회로를 구성하고 R_D를 0, 100[Ω], 500[Ω], 1[kΩ], 5[kΩ], 10[kΩ]으로 변환시키면서 그 각각에 대하여 R_D 양단의 전압(V_D)과 흐르는 전류(I_D)를 측정하여 표 4-1에 기록한다.($V_{DC} = 12$[V], $R_1 = 1$[kΩ], 가변 저항 $R_D = 100$[kΩ])

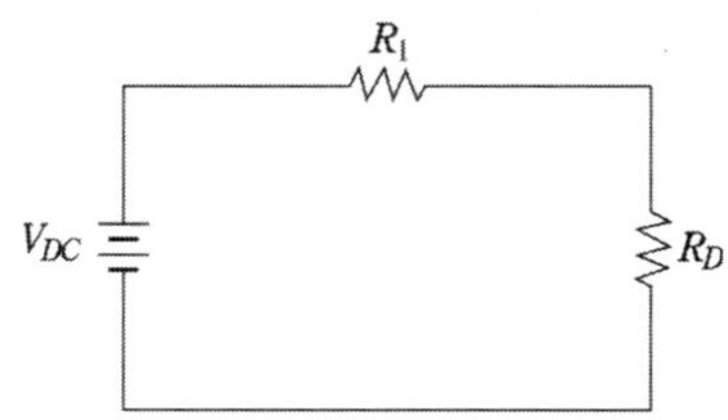

그림 4-7 오옴의 법칙 실험회로

표 4-1 오옴의 법칙

$R_D\,[\Omega]$	0	100	500	1k	5k	10k
$V_D\,[\mathrm{V}]$						
$I_D\,[\mathrm{mA}]$						
$R_D'\,[\Omega]$						

(2) 그림 4-7 회로에서 R_D가 각각 0, 100[Ω], 500[Ω], 1[kΩ], 5[kΩ], 10[kΩ]으로 변화할 때, 그 각각에 대하여 회로에 흐르는 전류를 산출하라.

(3) 표 4-1에서 R_D 각각에 대하여 측정된 전압과 전류의 비(R_D')를 구하고, 이를 R_D와 비교하여 오옴의 법칙이 성립함을 확인하라.

(4) 그림 4-8(a)의 회로를 구성하고 R_D를 각각 0, 100[Ω], 500[Ω], 1[kΩ], 5[kΩ], 10[kΩ]으로 변화시키면서, 그 각각에 대하여 R_1 양단의 전압(V_1), R_2 양단의 전압(V_2), R_D 양단의 전압(V_D) 및 R_2+R_D 양단의 전압(V_{2D})을 측정하여 표 4-2에 기록한다.($V_{DC}=12[\mathrm{V}]$, $R_1=1[\mathrm{k\Omega}]$, $R_1=2[\mathrm{k\Omega}]$, 가변저항$R_D=100\,[\mathrm{k\Omega}]$)

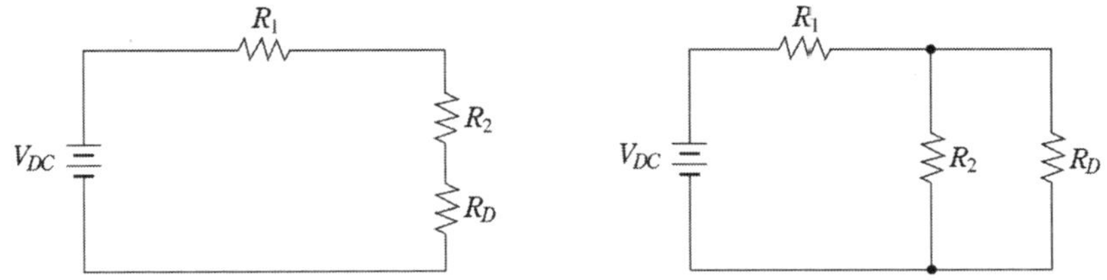

(a) KVL 및 분압법칙 실험 회로　　(b) KCL 및 분류법칙 실험회로

그림 4-8 분압법칙 및 분류법칙

표 4-2 KVL

$R_D\,[\Omega]$	0	100	500	1k	5k	10k
V_1 [V]						
V_2 [V]						
V_D [V]						
V_{2D} [V]						
$V + V_2 + V_D$ [V]						
V_{2D}' [V]						
V_D' [V]						

(5) 그림 4-8 (b)의 회로를 구성하고 R_D를 각각 0, 100[Ω], 500[Ω], 1[kΩ], 5[kΩ], 10[kΩ]으로 변화시키면서, 그 각각에 대하여 R_1에 흐르는 전류(I_1), R_2에 흐르는 전류(I_2) 및 R_D에 흐르는 전류(I_D)를 측정하여 표 4-3에 기록한다.

표 4-3 KCL

$R_D\,[\Omega]$	0	100	500	1k	5k	10k
I_1 [mA]						
I_2 [mA]						
I_D [mA]						
$I_2 + V_D$ [mA]						
I_2' [mA]						
I_D' [mA]						

(6) 그림 4-8 (a) 회로에서 R_D가 위와 같이 변화할 때, R_D에 나타나는 전압을 분압의 법칙을 이용해서 산출하라.

(7) 그림 4-8 (b) 회로에서 R_D가 위와 같이 변화할 때, R_D에 흐르는 전류를 분류의 법칙을 이용해서 산출하라. 단 이때에는 그림 4-8 (b)회로에서 직류전압전원 V_{DC} 대신에 직류전류전원 $I_{DC}=12$[mA]로 대치하여 산출하라.

(8) 표 4-2에서 R_D 각각에 대하여 R_1, R_2 및 R_D 양단의 전압의 합($V_1+V_2+V_D$)을 구하고, 이것을 V_{DC}와 비교하여 KVL이 성립함을 확인하라.

(9) 표 4-2에서 R_D 각각에 대하여 R_2+R_D 양단의 전압(V_2') 및 R_D 양단의 전압(V_D)을 구하고, 이것을 V_2 및 V_D와 비교하여 분압의 법칙이 성립함을 확인하라.

(10) 표 4-3에서 R_D 각각에 대하여 R_2 및 R_D에 흐르는 전류의 합(I_2+I_D)을 구하고, 이것을 I_D와 비교하여 KCL이 성립함을 확인하라.

(11) 표 4-3에서 R_D 각각에 대하여 I_1에 분류의 법칙을 적용해서 R_2에 흐르는 전류(I_2') 및 R_D에 흐르는 전류(I_D')를 구하고, 이것을 I_2 및 I_D와 비교하여 분류의 법칙이 성립함을 확인하라.

실습 5 회로망 이론의 실험

실습 목적

(1) 데브난의 정리를 이해하고 실험적으로 증명한다.
(2) 노튼의 정리를 이해하고 실험적으로 증명한다.
(3) 테브난 등가회로와 노튼 등가회로의 상호 관계를 이해한다.
(4) 중첩의 원리를 이해하고 실험적으로 증명한다.

재 료

(1) 저항 : 1[kΩ], 2[kΩ], 3[kΩ], 10[kΩ], 100[kΩ] (1/4[W]) 각 2개
(2) 가변 저항 : 10[kΩ](2[W]) 1개
(3) 리드선

계기 및 기구

(1) 직류전원공급장치(DC 0~30[V]) 1대
(2) 회로 시험기 1대
(3) 브래드 보드 1개

관계 지식

앞에서, KVL 및 KCL을 이용한 회로해석에 관해서 실험하였다. 그러나 회로가 복잡한 경우, 어느 두 단자(Terminals) 사이에 나타나는 전압이나 전류를 구하고자 할 때에는 Thévenin이나 Norton의 등가회로를 이용하는 방법이 더욱 간편하다.

1. 테브난의 정리(Thévenin's Theorem)

모든 회로망은 임의의 두 단자를 기준으로 하여 볼 때, 한 개의 등가전압전원과 한 개의 등가저항을 직렬로 연결한 등가회로로 바꾸어 놓을 수 있다(그림 5-1). 이때 등가전원전압(V_{Th})은 이 두 단자를 개방(Open) 시킬 때 나타나는 두 단자 사이의 전압과 같고, 등가저항(R_{Th})은 두 단자 사이의 모든 전원을 그 내부저항으로 대치시킬 때 나타나는 두 단자 사이의 합성저항과 같다.

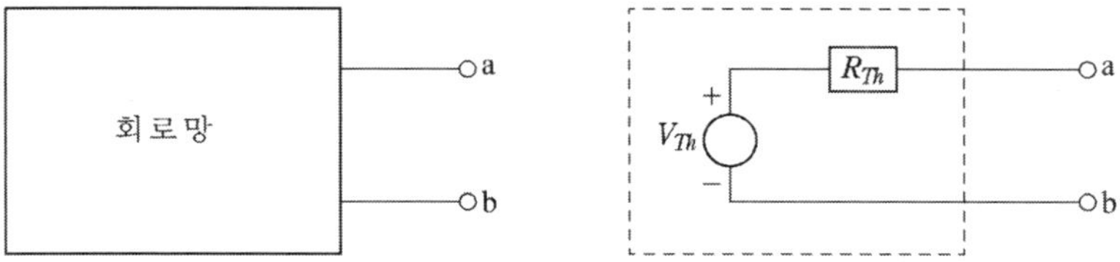

(a) 임의 회로망 (b) Thevenin 등가회로

그림 5-1 Thévenin 정리

예를 들어 그림 5-2의 회로에서 a, b 두 단자에 대한 Thévenin 등가회로를 그려보고, R_L 양단의 전압(V_L)과 R_L을 통해서 흐르는 전류(I_L)을 구해 보자.

먼저 등가전압전원(V_{Th})을 구하면, 그림 5-2 (b)에서 볼 수 있듯이 V_{Th}는 R_2 양단의 전압과 같게 되어

$$V_{Th} = \frac{R_2}{R_1 + R_2} \cdot V \tag{1}$$

가 된다. 다음으로 등가저항 V_{Th}를 구하면, 그림 5-2 (c)에서와 같이

$$R_{Th} = (R_1 // R_2) + R_3 = \frac{R_1 R_2}{(R_1 + R_2)} + R_3 \tag{2}$$

가 된다. 단 여기서 평행선 //의 표시는 병렬합성을 나타낸다. 위에서 구한 V_{Th}와 R_{th}를 a, b 두 단자에 직렬연결하면 그림 5-2 (d)와 같은 Thévenin 등가회로를 얻는다.

그림 5-2 (d)에서 R_L에 대한 전류(I_L)과 전압(V_L)을 구하면

$$I_L = \frac{V_{Th}}{R_{Th} + R_L} \tag{3}$$

$$V_L = \frac{R_L}{R_{Th} + R_L} \cdot V_{Th} = I_L R_L \tag{4}$$

가 된다.

만일 $R_1 = R_2 = 2[\text{k}\Omega]$, $R_3 = R_4 = 1[\text{k}\Omega]$, $V = 12[\text{V}]$로 하면 식 (1)과 식 (2)에서 $V_{Th} = 6[\text{V}]$, $R_{Th} = 2[\text{k}\Omega]$이고, 또한 식 (3)과 식 (4)에서 $I_L = 2[\text{mA}]$, $V_L = 2[\text{V}]$임을 쉽게 얻을 수 있다.

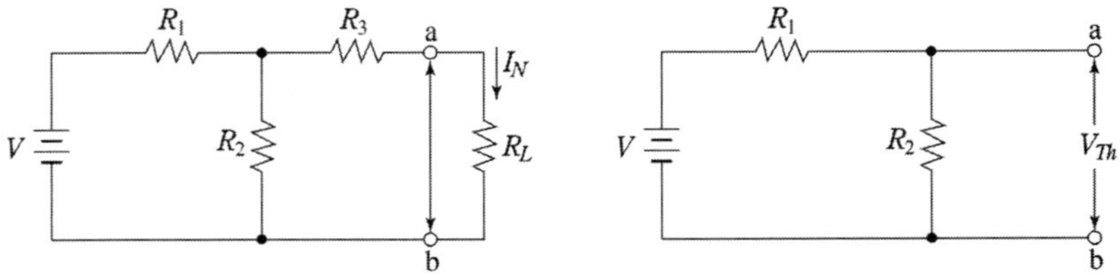

(a) 회로망 (b) 등가전압전원 V_{Th}

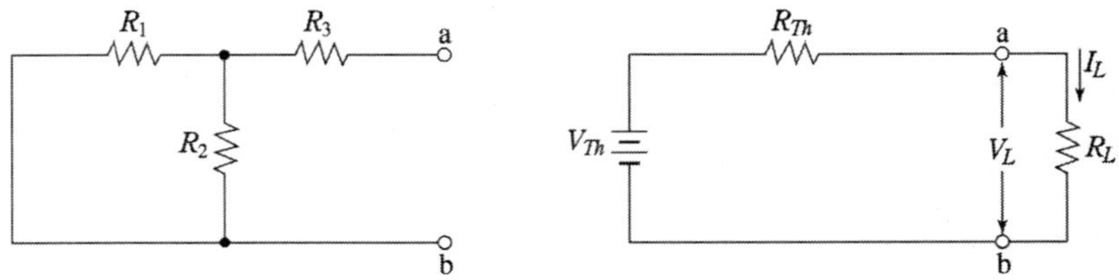

(c) 등가저항 R_{Th} (d) Thevenin 등가회로

그림 5-2 Thévenin 등가회로

2. 노튼의 정리(Norton's Theorem)

모든 회로망은 임의의 두 단자를 기준으로 하여 볼 때, 한 개의 등가전류전원과 한 개의 등가저항이 병렬로 연결된 등가회로로 바꾸어 놓을 수 있다(그림 5-3). 이때 등가전류전원(I_N)은 이 두 단자를 단락(Short)시킬 때 흐르는 전류와 같고, 등가저항(R_N)은 두 단자 사이의 모든 전원을 그 내부저항으로 대치시킬 때 나타나는 두 단자 사이의 합성저항과 같다.

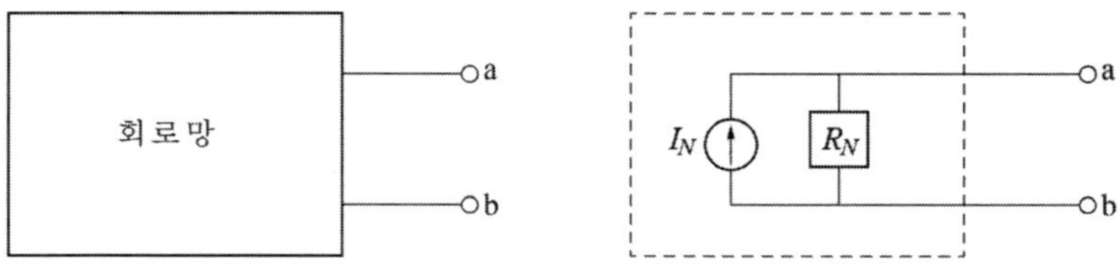

(a) 임의 회로망 (b) Norton 등가회로

그림 5-3 Norton 정리

예를 들어, 그림 5-4의 회로에서 a, b 두 단자에 대한 Norton 등가회로를 그려보고, R_L 양단의 전압 V_1과 R_L을 통해 흐르는 전류 I_L를 구해 보자.

먼저 등가전류전원 I_N을 구하면, 그림 5-4 (b)로부터

$$I_N = \frac{V}{R_1 + (R_2//R_3)} \cdot \frac{R_2}{R_2 + R_3} = \frac{R_2 V}{R_1 R_2 + R_2 R_3 + R_3 R_1} \tag{5}$$

가 되고, 등가저항 R_N을 구하면, 그림 5-4 (c)로부터

$$R_N = (R_1//R_2) + R_3 = \frac{R_1 R_2}{R_1 + R_2} + R_3 \tag{6}$$

가 된다. 여기서 구한 I_N과 R_N을 a, b 두 단자 사이에 병렬연결하면 그림 5-4 (d)와 같은 Norton 등가회로를 얻는다. 그림 5-4 (d)에서 R_L에 대한 전류 I_L, 전압 V_L을 구하면

$$I_L = \frac{R_N}{R_N + R_L} \cdot I_N \tag{7}$$

$$V_L = I_N (R_N // R_L) = I_L R_L \tag{8}$$

가 된다.

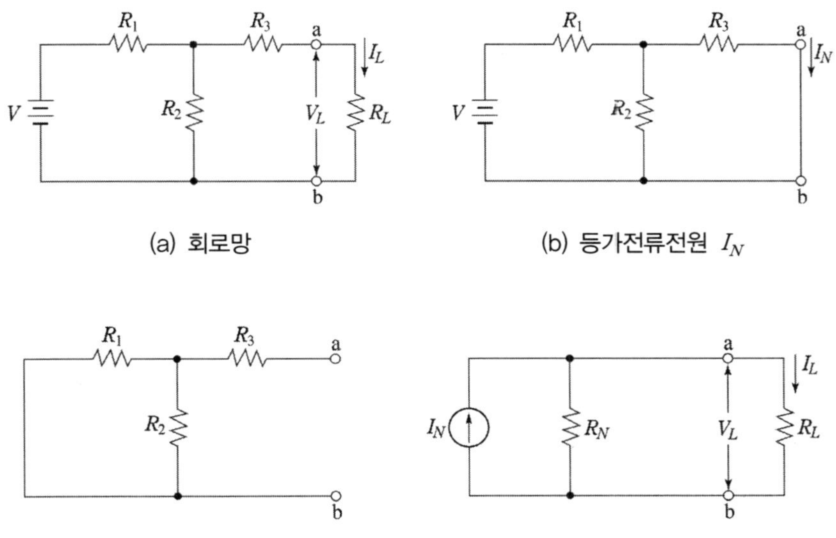

(a) 회로망 (b) 등가전류전원 I_N

(c) 등가저항 R_N (d) Norton 등가회로

그림 5-4 Norton 등가회로

만일 그림 5-2에서와 마찬가지로 $R_1 = R_2 = 2[\text{k}\Omega]$, $R_3 = R_4 = 1[\text{k}\Omega]$, $V = 12[\text{V}]$로 하면 식 (5)과 식 (6)에서 $I_N = 3[\text{mA}]$, $R_N = 2[\text{k}\Omega]$이고, 또한 식 (7)과 식 (8)에서 $I_L = 2[\text{mA}]$, $V_L = 2[\text{V}]$임을 쉽게 얻을 수 있으며, 이 값은 앞서 Thévenin 등가회로

에서 얻은 값과 일치한다.

3. Thévenin 등가회로와 Norton 등가회로의 상호관계

위 예에서 식 (2)와 식 (6)을 비교하면, 양쪽 경우의 등가저항이 그 크기가 같음을 알 수 있다. 즉,

$$R_{Th} = R_N \tag{9}$$

가 되고, 식 (1)과 식 (5)를 정리하여 비교해 보면

$$I_N = \frac{V_{Th}}{R_{Th}} \tag{10}$$

$$V_{Th} = I_N R_N \tag{11}$$

의 관계가 있음을 쉽게 알 수 있다. 따라서 Thévenin 등가회로를 그린 후 Norton 등가회로를 구하고자 할 때는 단순히 식 (9)와 식 (10), 식 (11)에 의해서, 또 그 역의 경우에도 쉽게 구해질 수 있다.

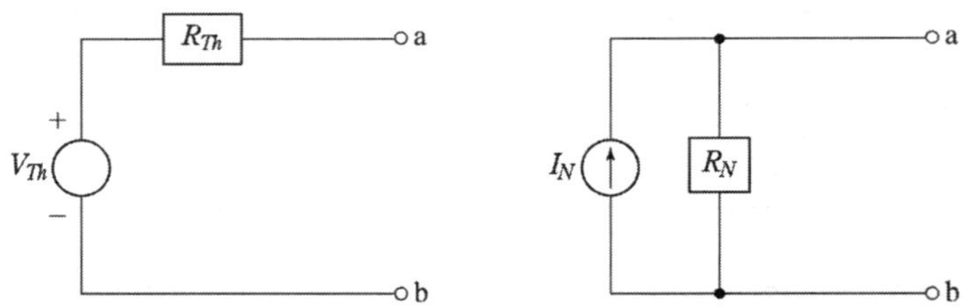

(a) Thevenin 등가회로 (b) Norton 등가회로

그림 5-5 Thévenin과 Norton 상호관계

4. 중첩의 원리(principle of superposition)

우리가 실제로 사용하는 회로 내에는 다수의 전원을 포함하는 경우가 많아 회로를 해석하는데 상당히 복잡하다. 여러 개의 전원을 포함하는 선형 회로망에 있어서 회로 내 임의의 점의 전류 또는 두 점간의 전압은 개개의 전원이 개별적으로 적용될 때 흐르는 전류 또는 두 점간의 전압을 합한 것과 같다는 것이 중첩의 원리이다.

이때 전압원의 효과를 없애려면 전압원을 단락회로(short circuit)로 대치하고 전류원의 효과를 없애기 위해 전류원을 개방회로(open circuit)로 대치할 수 있다. 그림 5-6의 회로에 대해서도 이 원리를 이용하여 각각의 전류 및 저항에서의 전압 강하를 구해

낼 수 있다.

그림 5-6 (a)에서와 같은 회로에서 각 지로에 흐르는 전류 I_1, I_2, I_3는 그림 5-6(b)에서 I_1', I_2', I_3'을 구하고 그림 5-6(c)에서 I_1'', I_2'', I_3''을 구하여 $I_1 = I_1' - I_1''$, $I_2 = I_2'' - I_2'$, $I_3 = I_3' + I_3''$을 하면 된다.

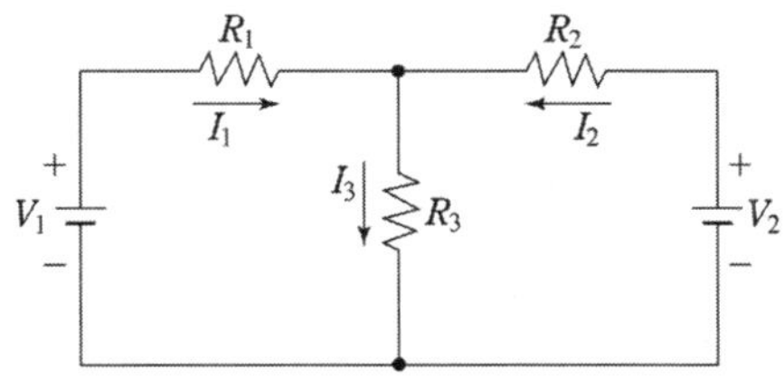

(a) 회로

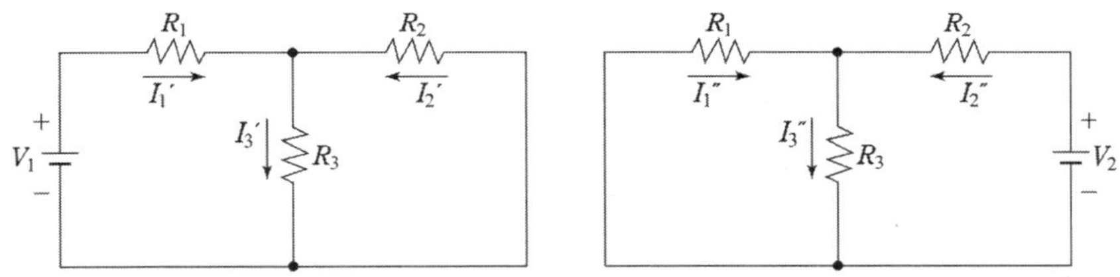

(b) V_2를 단락시킨 회로 (c) V_1를 단락시킨 회로

그림 5-6

5. 전원의 종류

전원은 부하나 주변 소자들의 영향을 받는지의 여부에 따라서 독립전원과 종속전원으로 분류하며 독립전원에는 정전압원과 정전류원이 있다. 이들 전원은 교류전원과 직류전원으로 분류하며 교류는 일반적으로 영문 이탤릭체로 표시한다.

(1) 정전압원(Constant Voltage Source)

출력 전압이 부하의 크기에 상관없이 부하의 영향을 받지 않아 일정한 전압을 출력하는 전원이다. 출력은 교류처럼 시간의 함수로 출력할 수 있으며 직류와 같이 시간에 불변일 수 있다.

(2) 정전류원(Constant Current Source)

부하의 상태에 관계없이 출력전류가 일정한 전류원이다. 출력전류는 시간에 대해 변할 수도 있고 불변일 수도 있다.

(3) 종속전원(Dependent Source)

회로망에 있어서 그 내부의 임의 전류 혹은 전압에 비례하는 크기를 가지는 전류전원 혹은 전압전원을 종속전원이라고 한다. 종속전원은 진공관, 트랜지스터 등의 능동소자(Active Element)를 해석하는데 사용되며, 종속관계에 따라서 전압 제어 전압원(Voltage Controlled Voltage Source : VCVS), 전압 제어 전류원(Voltage Controlled Current Source : VCCS), 전류 제어 전압원(Current Controlled Voltage Source : CCVS), 전류 제어 전류원(Current Controlled Current Source : CCCS) 등 네 가지로 분류된다. 여기서는 종속전원을 포함하는 회로에 대한 Thévenin 및 Norton 등가회로에 대해서만 간단히 살펴보기로 한다.

그림 5-7 (a)회로는 앞서 나온 그림 5-2 (a), 그림 5-5 (a)와 같은 회로에 종속전원 AV(전압 제어 전압원)를 하나 삽입한 회로이다. 이것에 대한 Thévenin 등가회로를 그리면 그림 5-7 (b)와 같이 되는데 여기서는

$$V_{Th} = \frac{AR_1 + R_2}{R_1 + R_2} \cdot V \tag{12}$$

$$R_{Th} = R_1 \ // \ R_2 + R_3 \tag{13}$$

가 되어, R_{Th}는 앞의 식 (2)와 같으나, V_{Th}는 종속전원의 영향을 받았기 때문에 앞의 식(1)과 서로 다름을 알 수 있다.

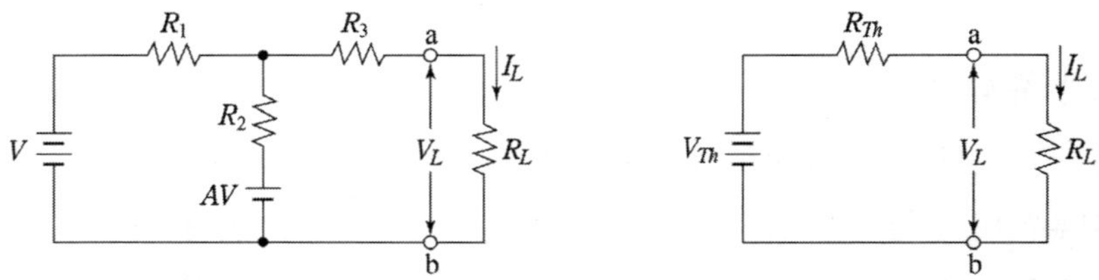

(a) 종속전원회로 (b) Thevenin 등가회로

그림 5-7 종속전원회로와 등가회로

정리사항

① 중첩의 원리는 회로에 전원이 한 개 이상 있을 때 이 회로를 논리적인 방법으로 해석하는 것이다. 이 원리는 각 전원의 회로에 미치는 영향을 한 전원에 국한시켜 고려하고 이 때 다른 전원을 단락상태로 간주한다. 이와 같이 각각의 전원에 의한 영향을 합성하여 모든 전원에 의한 회로 영향을 결정한다.

② Thévenin의 정리는 복잡한 2단자 회로망을 단일 전압근원이 단일저항에 직렬로 된 것으로 나타내어 주기 때문에 회로 해석을 용이하게 한다.
③ Norton의 정리는 복잡한 2단자 회로망을 단일 전류근원을 단일저항에 병렬로 된 것으로 나타내어 주기 때문에 회로 해석을 용이하게 한다.

안전 및 유의사항

(1) 전원 연결시 극성에 주의하라.

(2) 저항값은 표시된 것과 실제의 값이 조금 다르다는 것을 알고 정확한 값을 알아내어 실습한다.

실습 순서

(1) 그림 5-8의 회로를 구성하고 각각에 대하여 R_L 양단에 걸리는 전압(V_L)과 흐르는 전류(I_L)을 측정하여 표 5-1에 기록한다.

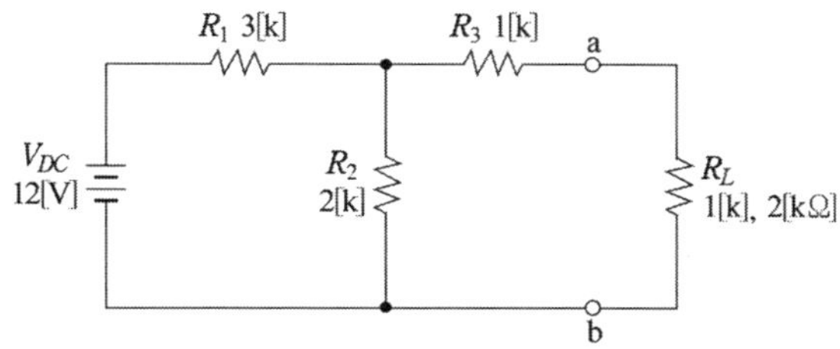

그림 5-8

(가) V_L, I_L : 표 5-1

	실 험		이 론	
	V_L	I_L	V_L	I_L
$R_L = 1[k\Omega]$				
$R_L = 2[k\Omega]$				

(2) R_L을 제거하여 개방된 a, b 단자에 걸리는 전압(V_{Th})을 측정하고, 또 전원 V_{DC}을 단락시키고 a, b 단자에 나타나는 등가저항(R_{Th})을 측정하여 표 5-2에 기록한다.

(나) V_{Th}, R_{Th} : 표 5-2

	실 험		이 론	
	V_{Th}	R_{Th}	V_{Th}	R_{Th}
$R_L = 1[\text{k}\Omega]$				
$R_L = 2[\text{k}\Omega]$				

(3) 표 5-2에서 구한 V_{Th} 및 R_{Th} 값을 이용하여 그림 5-9와 같은 Thévenin 등가회로를 구성하고, 이것에 의하여 (가)와 마찬가지로 R_L에 걸리는 전압(V_{LT})와 흐르는 전류 (I_{LT})를 측정하여 표 5-3에 기록한다.(V_{Th} =0~12[V], R_{Th} =10[kΩ](가변저항), R_N =10[kΩ](가변저항), R_H =100[kΩ])

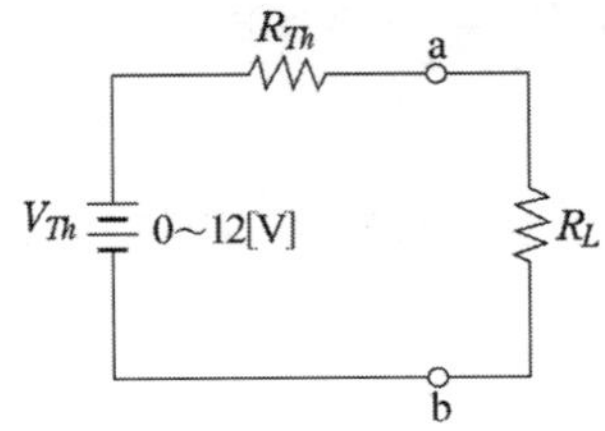

그림 5-9 Thévenin 등가회로

(다) V_{LT}, I_{LT} : 표 5-3

	실 험		이 론	
	V_{LT}	I_{LT}	V_{LT}	I_{LT}
$R_L = 1[\text{k}\Omega]$				
$R_L = 2[\text{k}\Omega]$				

(4) R_L을 제거하고 a, b 단자를 단락시켜서 흐르는 전류(I_N)을 측정하고, 또 전원 V_{DC}를 단락시키고 a, b 단자에 나타나는 등가저항(R_N)을 측정하여 표 5-4에 기록한다.

(라) I_N, R_N : 표 5-4

	실 험		이 론	
	I_N	R_N	I_N	R_N
$R_L = 1[\text{k}\Omega]$				
$R_L = 2[\text{k}\Omega]$				

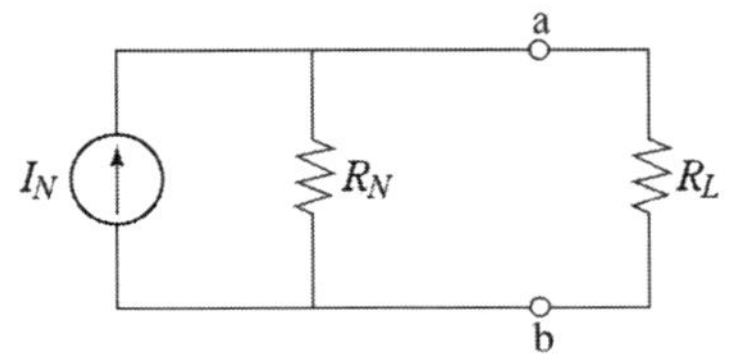

그림 5-10 Norton 등가회로

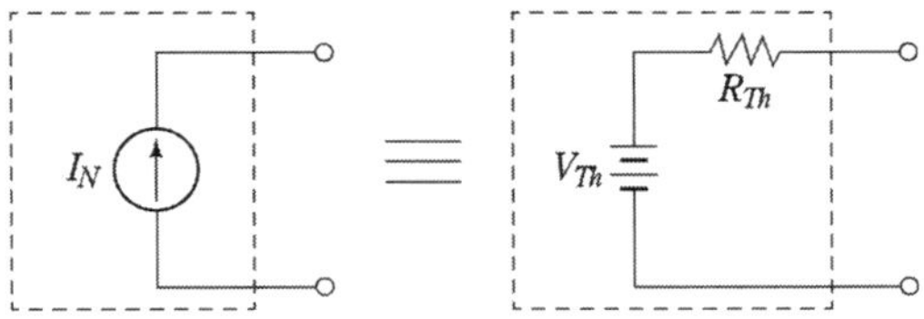

그림 5-11 직류전류 전원

(5) ㈑에서 구한 I_N 및 R_N값을 이용하여 그림 5-10과 같은 Norton 등가회로를 구성하고, 이것에 의하여 ㈎와 마찬가지로 R_L에 걸리는 전압 (V_{LN})과 흐르는 전류 (I_{LN})을 측정하여 표 5-5에 기록한다. 단, 그림 5-10의 전류전원은 그림 5-11과 같이 고전압전원 V_H와 큰 저항 R_H의 직렬합성으로 대치해서 사용하며 이 때 고전압전원 V_H는 $V_H = I_N \cdot R_H$의 값으로 한다.

㈒ V_{LN}, I_{LN} : 표 5-5

	실 험		이 론	
	V_{LN}	I_{LN}	V_{LN}	I_{LN}
$R_L = 1[\text{k}\Omega]$				
$R_L = 2[\text{k}\Omega]$				

(6) 그림 5-12와 같은 회로를 구성하고 각 지로에 흐르는 전류 I_1, I_2, I_3를 측정하여 표 5-6에 기록하라.

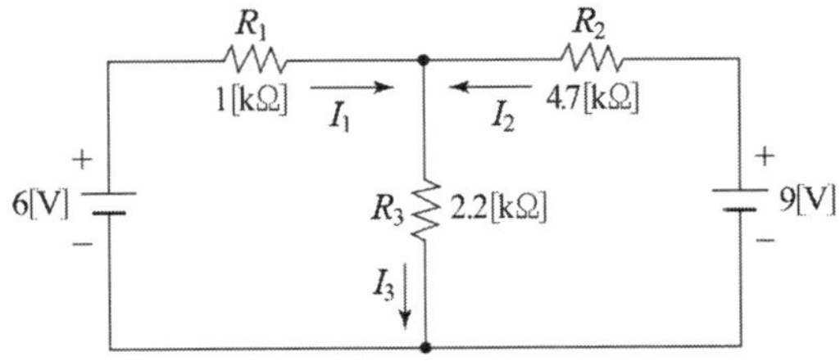

그림 5-12

(7) 그림 5-13 (a), (b)의 회로를 구성하고 각 지로에 흐르는 전류 I_1', I_2', I_3', I_1'', I_2'', I_3''을 측정하여 표 5-6에 기록하라.

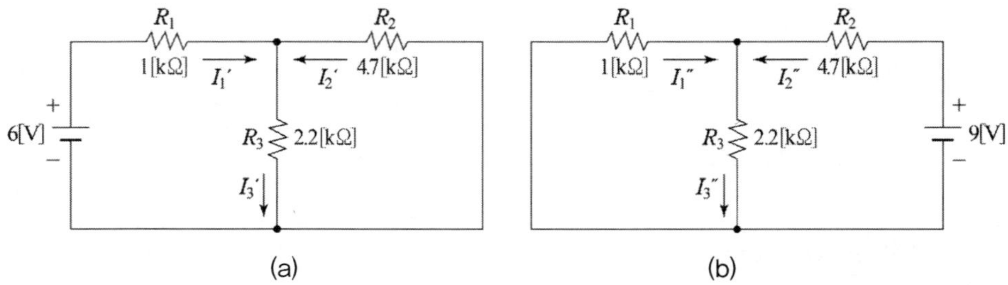

그림 5-13

(바) 표 5-6

	실 험[mA]	이 론[mA]
I_1		
I_2		
I_3		
I_1'		
I_2'		
I_3'		
I		
I		
I		

(8) 실습 순서 (6), (7)로부터 $I_1 = I_1' - I_1''$, $I_2 = I_2' - I_2''$, $I_3 = I_3' + I_3''$ 임을 확인하여라.

실습 6 다이오드(Diode)의 특성

실습 목적

(1) 다이오드에서 전류에 대한 순방향과 역방향 바이어스 효과를 측정한다.
(2) 다이오드의 전류-전압 특성을 실험적으로 확인한다.

재 료

(1) Ge 다이오드 : 1N60A 1개
(2) Si 다이오드 : 1N4001 1개
(3) 저항 : 100[Ω], 33[kΩ], (1/2[W]) 각 1개
(4) 가변저항 : 25[kΩ] (2[W]) 1개
(5) 리드선

계기 및 기구

(1) 직류전원공급장치(DC 0~30[V]) 1대
(2) 직류전원공급장치(DC 0~50[V]) 1대
(3) 회로시험기 1대
(4) 브레이드 보드 1개

관련 이론

1. 다이오드의 종류

(1) 게르마늄 다이오드에는 1N34, 1N60 등이 있으며 검파용으로 많이 사용된다.
(2) 정류용 다이오드에는 1N400X 등이 있으며 정류용으로 많이 사용된다.
(3) 스위칭 다이오드는 디지털 회로에 주로 사용된다.

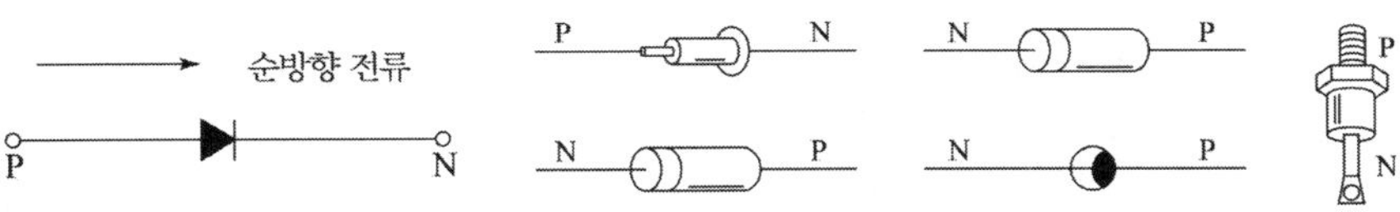

[기호] [외형]

그림 6-1 다이오드의 기호 및 외형

(4) 발광 다이오드(LED)

LED는 보통 10[mA]~20[mA]의 순방향 전류를 필요로 하며 순방향 전압 강하는 1.2[V]~2[V] 정도이다. 따라서 옴의 법칙에 의해 전류제한 저항값(R)을 구할 수 있다.

$$R = \frac{5[\mathrm{V}] - 2[\mathrm{V}]}{10[\mathrm{mA}]} \fallingdotseq 300[\Omega]$$

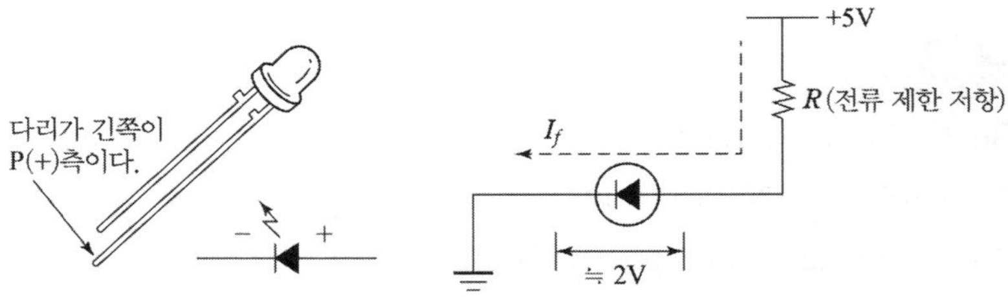

그림 6-2 발광다이오드

2. PN 접합 다이오드

PN 접합 다이오드는 개념적으로는 P형 반도체 덩어리와 N형 반도체 덩어리를 붙여놓은 구조를 가진 것으로서, 굳이 소자라고 할 것도 없는 간단한 모양이지만 P형, N형 반도체의 근본적인 특성에 기인한 매우 유용한 특성을 가지고 있다.

P형 반도체와 N형 반도체를 붙여놓으면, 접합면 근처에서는 P형 반도체에 많은 정공은 N형 반도체로 확산되고, N형 반도체에 많은 전자들은 P형 반도체로 확산된다. 그런데 전자들이 떠나버리면 N형 반도체의 접합면 근처의 5족 원소들은 양전하를 띠게 되고, 반면에 정공들이 떠나버리면(다시 말해 가전자대의 빈자리를 전자들이 채우게 되면) P형 반도체의 접합면 근처의 3족 원소들은 음전하를 띠게 된다. 이렇게 전하를 띤 불순물들이 지금까지는 자유로이 확산하던 전자와 정공에 대해 전기적 장벽으로 작용하여 더 이상의 반송자들의 이동을 막고 평형상태를 가져온다. 이와 같이 반송자들이 없어진 후에 생기는 접합면 근처의 전하를 띤 영역을 공핍영역이라 한다(그림 6-3).

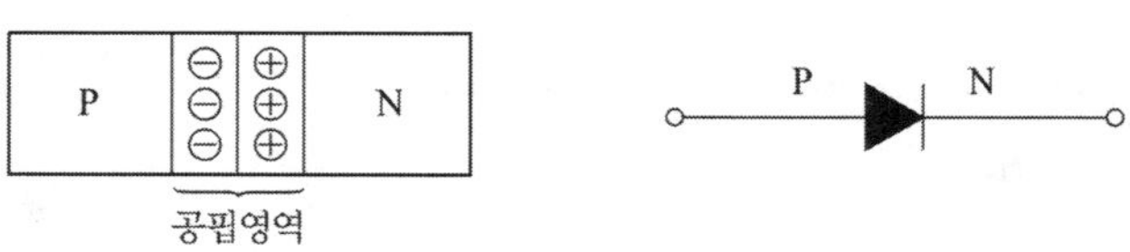

(a) 개념도 (b) 기호

그림 6-3 PN 접합 다이오드

PN 접합 다이오드를 통해서 전류가 흐른다는 것은 공핍영역의 전기적 장벽을 넘어서 반송자들이 이동한다는 것을 의미한다. 이러한 반송자들의 이동은 외부 바이어스(bias)에 의해 제어될 수 있다. 다이오드의 P 영역에 양전위를, N 영역에 음전위를 걸어주면, P 영역의 정공이 N 영역으로 흘러들어가고 N 영역의 전자가 P 영역으로 흘러들어가는 것을 도와주어 전류가 잘 통 할 수 있게 되는데, 이것을 순방향바이어스(forward bias)라 한다. 반면에 N영역에 양전위를, P 영역에 음전위를 가하면, 원래 형성되어 있는 공핍 영역의 다수 반송자에 대한 전기적 장벽을 더욱 높여주게 되어 전류의 흐름이 극히 부진하게 되는데, 이것을 역방향바이어스(reverse bias)라고 한다. 다이오드를 통과하는 전류는 주로 P 영역의 정공과 N 영역의 전자, 즉 다수 반송자들에 의한 것이지만, 다수 반송자들의 전류 성분과 반대 방향으로 흐르는 소수 반송자들에 의한 전류도 있다. 다수 반송자들은 숫자가 충분하기 때문에 그들에 의한 전류는 전기적 장벽, 바이어스의 방향과 대소에 의해 결정된다. 그러나 상대적으로 극소수인 소수 반송자들에 의한 전류는 그들의 수에 의해 결정될 뿐, 바이어스와는 거의 무관하다. 역방향바이어스가 가해져 다수 반송자들에 의한 전류를 역포화전류(reverse saturated current)라 하는데, 보통 [μA]나 [nA]정도의 미미한 양으로서, 반도체의 종류나 온도 등의 영향을 받는다.

그림 6-4는 다이오드의 전류-전압 특성 곡선이다. 그림 6-4에서 알 수 있듯이 다이오드는 한쪽 방향으로만 전류가 잘 흐르는 성질이 있으므로 정류기, 검파기 등에 이용된다.

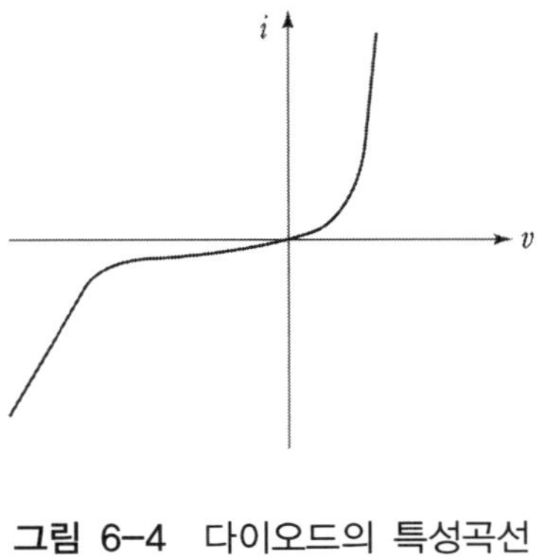

그림 6-4 다이오드의 특성곡선

3. 다이오드의 최대 정격

다이오드를 사용할 때는 전압·전류·전력·온도 등에 대하여 예를 들면 순방향 전압을 가했을 때에 흐르는 전류가 정해진 정격값을 넘지 않도록 한다. 또 정격값 이상의 역방향 전압(역내전압)은 이 값 이상의 전압을 가하지 않도록 하는 것이 중요하다.

다이오드의 최대 정격은 대략 다음과 같이 정해져 있다.

(1) 최대 첨두 역전압(또는 최대 직류 역방향 전압)
다이오드에 가할 수 있는 역방향 전압의 최대값

(2) 연속 순전류 : 다이오드의 순방향으로 계속해서 흐르게 할 수 있는 직류 전류의 최대값

(3) 최대 평균 정류 전류 : 저항 부하의 반파 정류회로에 끌어낼 수 있는 평균 정류전류의 최대값

(4) 최대 서지 전류 : 다이오드의 순방향으로 흐르게 할 수 있는 과도적인 전류의 최대값

(5) 접합 부분 온도 : PN 접합의 접합부 온도

(6) 허용 전력 손실 : 열에 의한 전력 손실의 한계이며 주위 온도가 높을수록 작다.

4. 테스터에 의한 다이오드의 양부 판정법

다이오드가 파손되지 않았는지를 테스트 할 때는 회로 시험기(circuit tester)를 사용하여 간단히 점검할 수 있다. 그림 6-5를 보면서 그 순서를 설명한다.

(1) 테스터의 저항 레인지를 1[kΩ]에 맞춘다.

(2) 테스터 봉(적색과 흑색)을 단락시켜 0옴 조종을 한다.

(3) 테스트하는 다이오드의 애노드(A)에 흑색 테스터 봉을 대고 캐소드(K)에 적색 테스터 봉을 땐다.

(4) 그림 6-5와 같이 바늘이 0까지 가지 않고 도중에서 정지하면 이상이 없는 것이다.

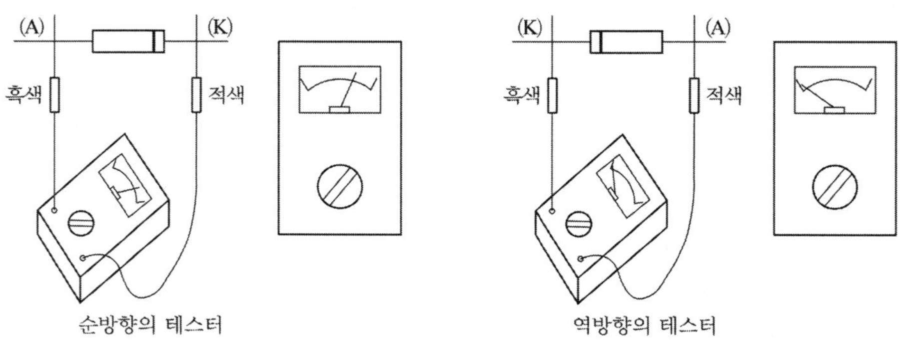

그림 6-5 다이오드의 "양부" 판정법

안전 및 유의사항

(1) 다이오드의 극성을 유의한다.

(2) 각 측정에 대해서 계기의 용량을 알맞게 설정한다.

(3) 다이오드에 최대 정격 전류 및 전압 이상을 가하지 않는다.

실습 순서

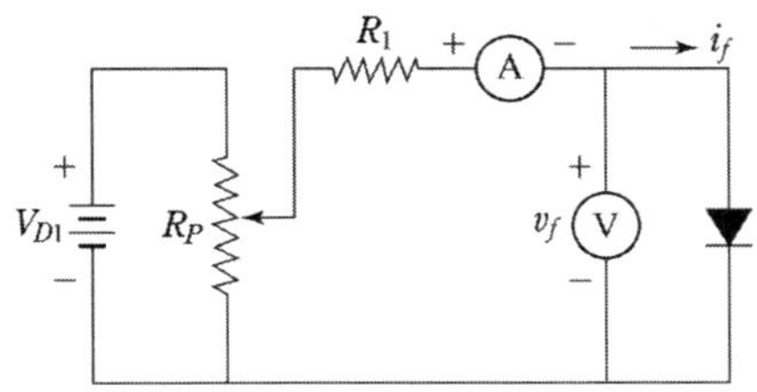

그림 6-6 순방향 바이어스 회로

$V_{D1} = 6[\text{VDC}]$
$R_1 = 100[\Omega]$
$R_p = 25[\text{k}\Omega]$

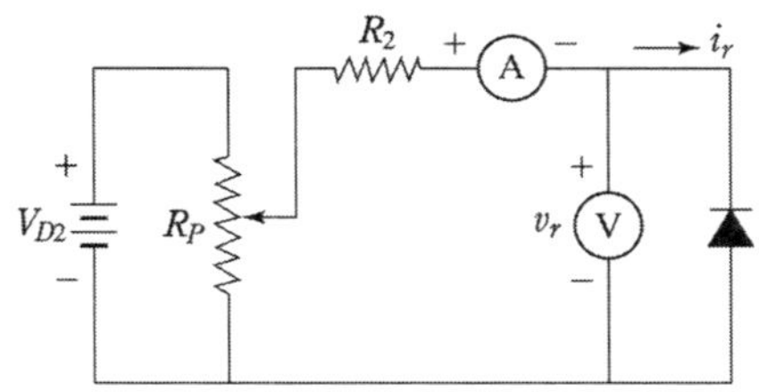

그림 6-7 역방향 바이어스 회로

$V_{D2} = 50[\text{VDC}]$
$R_2 = 33[\text{k}\Omega]$
A : 직류 전류계
V : 직류 전압계

(1) Ge 다이오드를 사용하여 그림 6-6의 회로를 구성하고, R_p을 최저값으로 둔다.

(2) R_p를 서서히 증가시켜 i_f가 10[mA]까지 증가하도록 하면서 v_f을 측정하여 표 6-1에 기록한다.

표 6-1 기록표(Ge 다이오드)

v_f [V]											
i_f [mA]	0.1	0.2	0.4	0.6	0.8	1.0	2.0	4.0	6.0	8.0	10.0
v_r [V]	5	10	15	20	25	30	35	40	45		
i_r [μA]											

(3) i_f를 0.1, 0.2, 0.4, 0.8, 1.0, 2.0, 4.0, 6.0, 8.0, 10.0[mA]로 변화시키면서 v_f을 측정하여 표 6-1에 기록한다.

(4) Si 다이오드를 사용하여 (1)~(3)을 반복해서 표 6-2에 기록한다.

표 6-2 기록표(Si 다이오드)

v_f [V]											
i_f [mA]	0.1	0.2	0.4	0.6	0.8	1.0	2.0	4.0	6.0	8.0	10.0
v_r [V]	5	10	15	20	25	30	35	40	45		
i_r [μA]											

(5) Ge 다이오드를 사용하여 그림 6-7의 회로를 구성하고, R_p을 최저값으로 둔다.

(6) R_p을 서서히 변화시켜 v_r이 50[V]까지 증가하도록 하면서 i_r이 증가하는 것을 그냥 관찰한다.

(7) v_r을 5, 10, 15, 20, 25, 30, 35, 40, 45[V]로 변화시키면서 i_r을 측정하여 표 6-1에 기록한다.

(8) Si 다이오드를 사용하여 (5)~(7)을 반복해서 표 6-2에 기록한다.

(9) 표 6-1과 표 6-2를 이용하여 Ge 다이오드와 Si 다이오드의 특성 곡선을 그려라.

실습 7 제너 다이오드(Zener Diode)의 특성

실습 목표

(1) 제너 다이오드의 특성을 이해한다.
(2) 제너 다이오드의 특성 측정 방법을 익힌다.

재 료

(1) 제너 다이오드 : 8.0[V]용 1개
(2) 저항 : 500[Ω], 10[kΩ] (1/4[W]) 1개
(3) 리드선

계기 및 기구

(1) 직류 전압계(3[V], 30[V]) 각 1대
(2) 직류 전류계(100[mA], 100[μA]) 각 1대
(3) 직류전원공급장치(DC 0 ~ 30[V]) 1대
(4) 회로 시험기 1대

관련 지식

제너 다이오드(Zener diode)를 정전압 다이오드라고 부르며 순방향 특성은 일반 PN 접합 다이오드와 별 다를 바가 없다. 그러나 역방향 바이어스 상태에서는 전혀 다른 특성을 가지고 있다.
그림 7-1에서 보는 바와 같이 역방향 바이어스를 차차 증가시켜 어떤 한계값에 도달하게 되면, 전압은 거의 변화하지 않고 전류만 증가하게 되는 브레이크다운(break-down) 현상이 일어난다. 이와 같은 브레이크다운 현상은 다음과 같은 두 가지 원인에 의하여 발생한다.

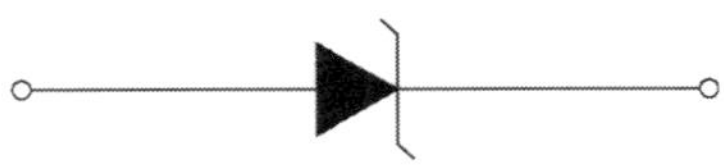

(a) 기호

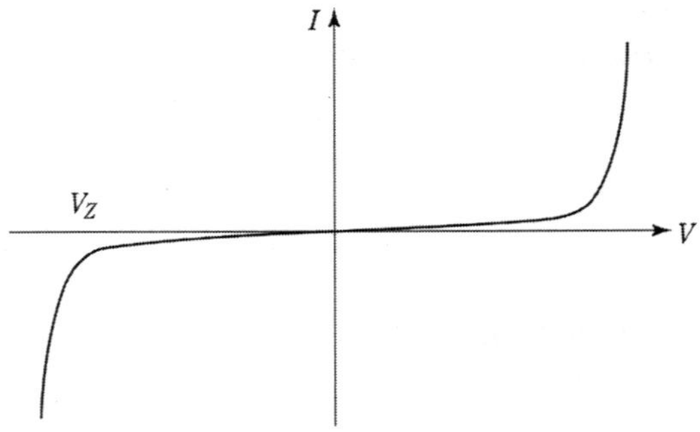

(b) 특성곡선

그림 7-1 제너 다이오드

첫째로는, 공핍층 내에 생긴 강전기장에 의하여 공유 결합을 이루고 있는 전자가 결합으로부터 이탈하면, 다수의 전자와 정공이 생기기 때문에 전기 전도율이 높아진다. 이와 같은 현상을 제너 브레이크다운(Zener break down)이라 부르는데, 불순물 농도가 큰 PN접합에서는 공핍층은 좁아지고, 전기장은 강하게 되기 때문에 제너 브레이크다운 현상이 두드러지게 나타난다.

둘째로는, 전자와 정공이 공핍층을 통과할 때 충분히 가속되어 직접 공유 결합을 이루고 있는 전자에 충동함으로써 전자를 결합으로부터 이탈시키는 것이다.

이와 같은 현상을 애벌란시 브레이크다운이라 부른다. PN 접합체에서 브레이크 다운 영역에서는 전류가 광범위하게 변화하더라도 전압은 거의 일정하게 유지되기 때문에 이런 현상을 이용하여 만든 것이 제너 다이오드이며, 주로 정전압 소자로 쓰인다.

정전압 범위는 불순물 농도에 따라 크게 변화되며, 실리콘(si) 다이오드의 경우 수[V]에서 1000[V] 정도까지 변화시킬 수 있다.

안전 및 유의사항

(1) 제너 다이오드의 극성에 유의한다.

(2) 제너 다이오드의 최대 정격 전압 이상을 가하지 않도록 한다.

실습 순서

(1) 그림 7-2(a)와 같이 순방향으로 결선한다.

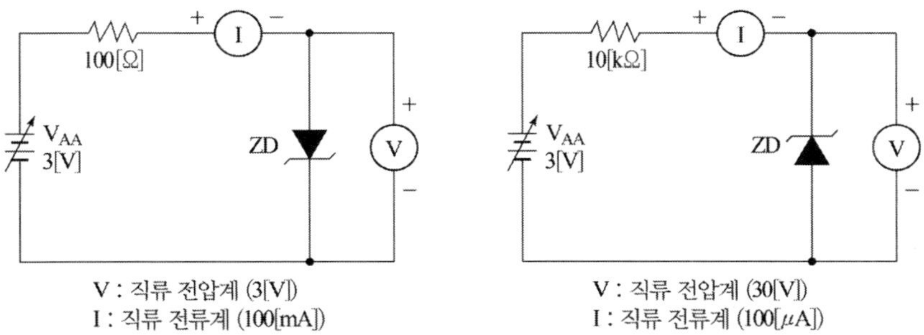

(a) 순방향　　　(b) 역방향

그림 7-2 제너 다이오드의 특성 측정 회로

(2) V_{AA}를 가변시켜 표 7-1과 같이 전압에 따른 전류를 해당란에 기록한다.

표 7-1 순방향 특성 측정 기록표

V[V]	0	0.05	0.10	0.15	0.20	0.25	0.30	…	0.80	0.85
I[mA]										
R[Ω]										

(3) 저항값($R = \dfrac{V}{I}$)을 계산하여 해당란에 기록한다.

(4) 표 7-1에 준하여 제너 다이오드의 순방향 특성 곡선을 그린다.

(5) 그림 7-2 (b)와 같이 회로를 결선한다.

(6) V_{AA}를 가변시켜 표 7-1과 같이 전압에 전류를 측정하여 해당란에 기록한다.
(전류가 흐르기 시작하면, 100[μA] 전류계를 100[mA] 전류계로 교환해야 한다.)

(7) 저항값($R = \frac{V}{I}$)을 계산하여 기록한다.

(8) 표 7-2에 준하여 제너 다이오드의 역방향 특성 곡선을 그린다.

표 7-2 역방향 특성 측정 기록표

V[V]	0	0.5	1	1.5	2	3	4	5	6	8	10	12	14
I [mA]													
R [Ω]													

(9) 제너 다이오드의 용도는 무엇인가?

(10) 제너 다이오드와 일반 다이오드와의 차이점을 설명하라.

(11) 브레이크 다운 현상에 대하여 설명하라.

실습 8 트랜지스터(Transistor)의 특성

실습 목표

(1) 접합 트랜지스터의 구조 및 전압과 전류 관계를 이해한다.
(2) 트랜지스터의 회로 시험기를 통한 판별법을 이해한다.

재 료

(1) 저항 : 100[Ω], 820[Ω] (1/4[W]) 각 1개
(2) 가변저항 : 3[kΩ] (2[W]) 1개
(3) 트랜지스터 : 2SC1815 (NPN형) 1개
(4) 스위치 2개
(5) 리드선

계기 및 기구

(1) 직류전원공급장치(DC 0～30[V]) 1대
(2) 전류계(밀리암페어) 2대
(3) 회로 시험기 1대

관련 이론

1. 트랜지스터의 구조

트랜지스터는 1개의 반도체 결정 중의 얇은 N형 반도체를 2개의 P형 반도체로 또는 얇은 P형 반도체를 2개의 N형 반도체로 감싸서 만든 2개조의 접합을 형성시킨 소자이다. 대부분의 트랜지스터는 실리콘으로 만들어져 있으며 구성하는 과정에 따라 성장 접합형, 합금 접합형, 표동 전계형, 메사형, 에피택시 메사형 및 평면 트랜지스 등의 접합 트랜지스터와 접촉 트랜지스터로 분류된다. 트랜지스터는 이미터(Emitter), 베이스(Base), 컬렉터(Collector)로 되어 있으며 2개의 접합면을 형성하고 있다. 이 두 접합면의 상호작용으로 트랜지스터 작용이 이루어진다. 그림 8-1은 트랜지스터의 구조 및 기호를 나타낸다. 그림 8-1 (a)을 PNP형 트랜지스터라 하고 그림 8-1 (b)을 NPN형 트랜지스터라 한다.

PN 접합면의 베이스 영역은 매우 얇고 약하게 도핑되어 있으며 이미터는 강하게 도핑하고 컬렉터 영역은 베이스와 컬렉터 중간 정도로 도핑되어 있다. 물리적 구조는 컬렉터가 보통 대전력 트랜지스터의 경우 케이스와 전기적으로 접속되어 컬렉터 영역에서의 열을 발산시키도록 되어 있다.

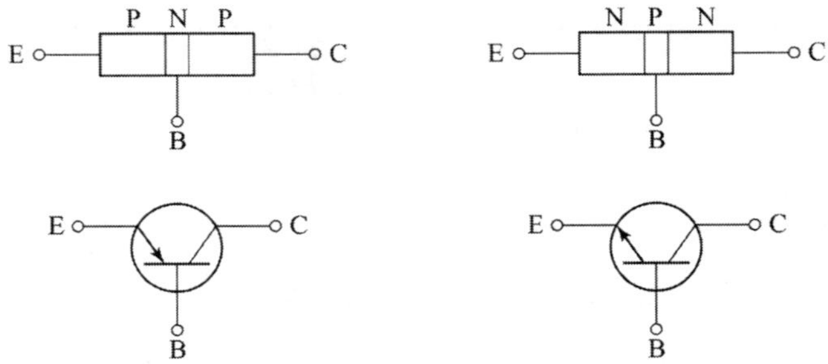

(a) PNP 형 (b) NPN 형

그림 8-1 트랜지스터의 구조 및 기호

2. 트랜지스터의 바이어스 접속 방법

그림 8-2는 트랜지스터의 바이어스 방법을 보인 것으로서 (a)는 PNP형, (b)는 NPN형의 경우이다. 이로부터 어느 경우에든지 이미터-베이스 사이에는 순방향바이어스(forward bias), 컬렉터-베이스 사이에는 역방향바이어스(reverse bias)가 걸리는 것을 볼 수 있다. 이러한 바이어스를 정상바이어스(normal bias)라고 한다.

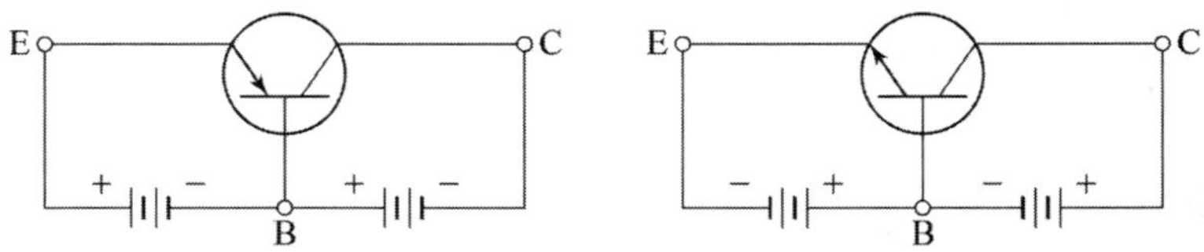

(a) PNP형 (b) NPN형

그림 8-2 정상 바이어스

그림 8-3의 (a), (b), (c)는 NPN형 트랜지스터에서의 바이어스 접속법을 나타내고 있는데 그림 8-3에서 (a)는 베이스 단자를 공통으로 하고 이미터를 입력단, 컬렉터를 출력단으로 하고 있기 때문에 이를 베이스 공통회로라 하며, 이미터 단자를 공통으로 하고 베이스를 입력단, 컬렉터를 출력단으로 하는 그림 8-3 (b)를 이미터 공통회로라 한다. 컬렉터 단자를 공통으로 하고 베이스를 입력단, 이미터를 출력단으로 하는 그림 8-3 (c)는 컬렉터 공통 회로라 한다.

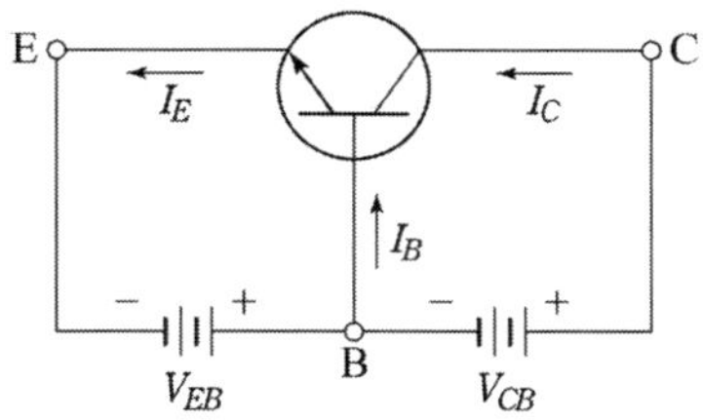

(a) 베이스 공통회로

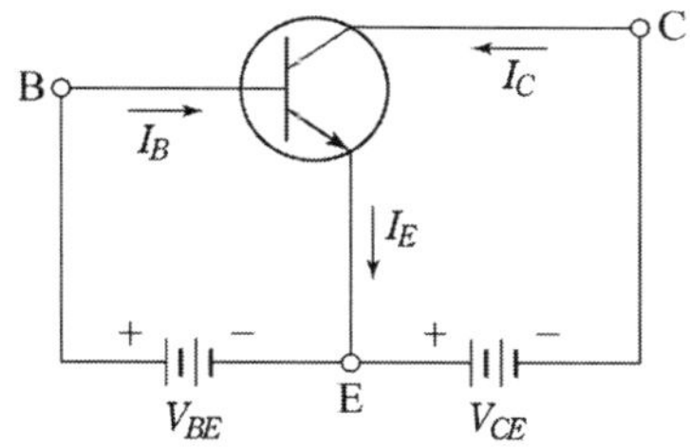

(b) 이미터 공통 회로

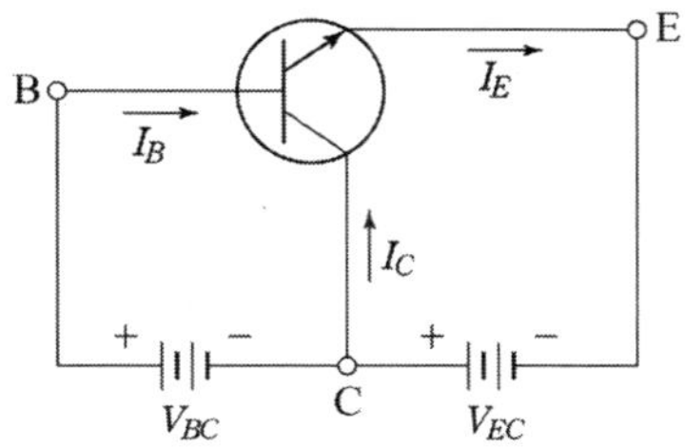

(c) 컬렉터 공통회로

그림 8–3 NPN형 트랜지스터의 바이어스 접속 방법

그림 8–4의 (a), (b), (c)는 PNP형 트랜지스터에서의 바이어스 접속법을 나타낸다.

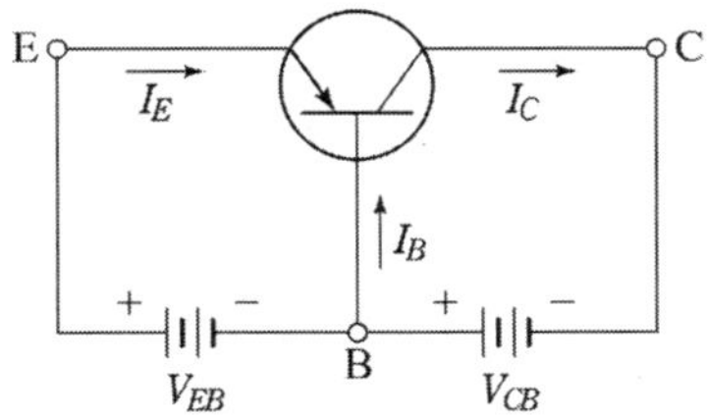

(a) 베이스 공통회로

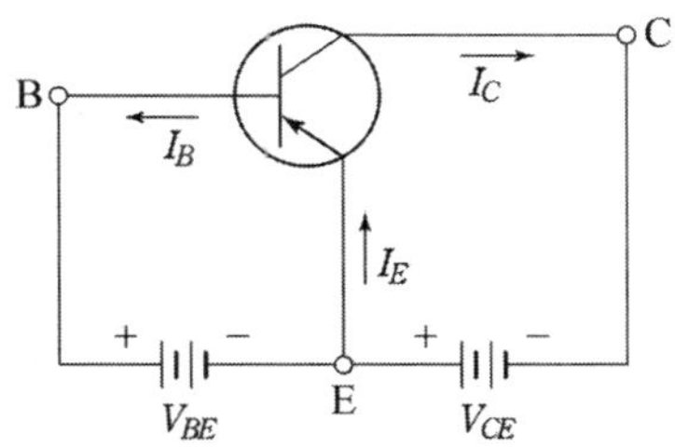

(b) 이미터 공통회로

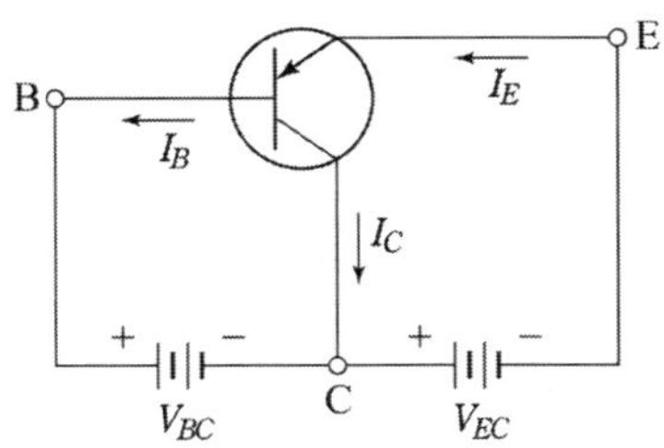

(c) 컬렉터 공통회로

그림 8–4 PNP형 트랜지스터의 바이어스 접속 방법

3. 트랜지스터의 동작 특성

트랜지스터는 그림 8-5와 같이 활성 영역(Active region), 포화 영역(Saturation region), 항복 영역(Breakdown region) 등 3개의 서로 다른 모드로 동작한다.

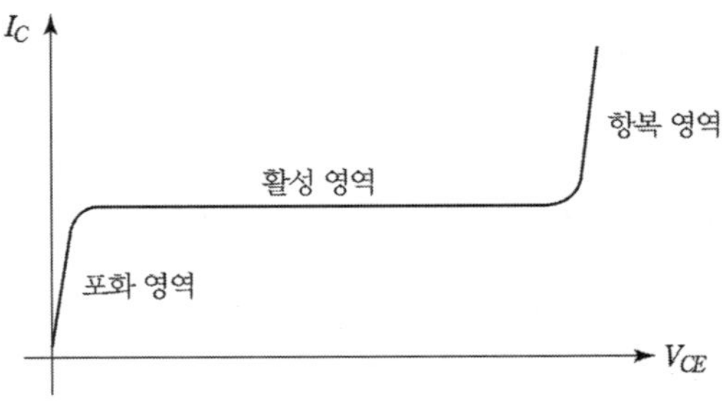

그림 8-5 트랜지스터의 3 영역

포화 영역에서 컬렉터 다이오드는 순방향 바이어스가 되며 이 때문에 정상적인 트랜지스터로 동작을 하지 못하며 베이스 전류를 더 이상 증가시켜도 컬렉터 전류의 증가를 가져오지 못한다.

트랜지스터의 활성 영역에서는 항상 베이스-이미터 다이오드가 순방향 바이어스되고 컬렉터-베이스 다이오드는 역방향 바이어스가 된 상태에서 동작한다. 그러므로 베이스-이미터 접합은 보통 100[Ω] 이하의 저항을 가지며 컬렉터-베이스 접합은 100[kΩ] 이상의 저항을 나타낸다.

4. 트랜지스터의 극성 판별

트랜지스터의 극성은 베이스-이미터 접합과 베이스-컬렉터 접합을 회로 시험기의 저항계로 쉽게 식별할 수 있다. 만일 측정하는 어느 접합이 순, 역방향 바이어스 상태에서 모두 낮은 저항을 나타내면 그 접합은 단락되어 있고 모두 높은 저항을 나타내면 개방되어 있을 의미한다.

트랜지스터의 PNP형과 NPN형 트랜지스터를 식별하는 방법은 그림 8-6과 그림 8-7에 나타내고 있다. 우선 회로 시험기의 저항계를 R×100 Range에 놓고 트랜지스터의 임의의 두 단자에 회로시험기를 적생봉과 흑생봉을 교대로 접속하여 본다.

그림 8-9에서 보는 바와 같이 PNP 트랜지스터를 판별하는 방법은 다음과 같은 순서로 측정할 수 있다.

(1) 테스터의 손잡이를 최고 저항 레인지로 돌린다.

(2) 0Ω 조정을 한다.

(3) B에 적색 테스터 봉을 댄다.

(4) E에 흑색 테스터 봉을 대고, 테스터의 바늘이 움직이면 좋다.

(5) C도 (4)와 같이 되면 좋다.

(6) B에 흑색 테스터 봉을 댄다.

(7) E에 적색 테스터 봉을 대고 바늘이 움직이지 않으면(∞) 좋다.

(8) C도 (7)과 같이 되면 좋다.

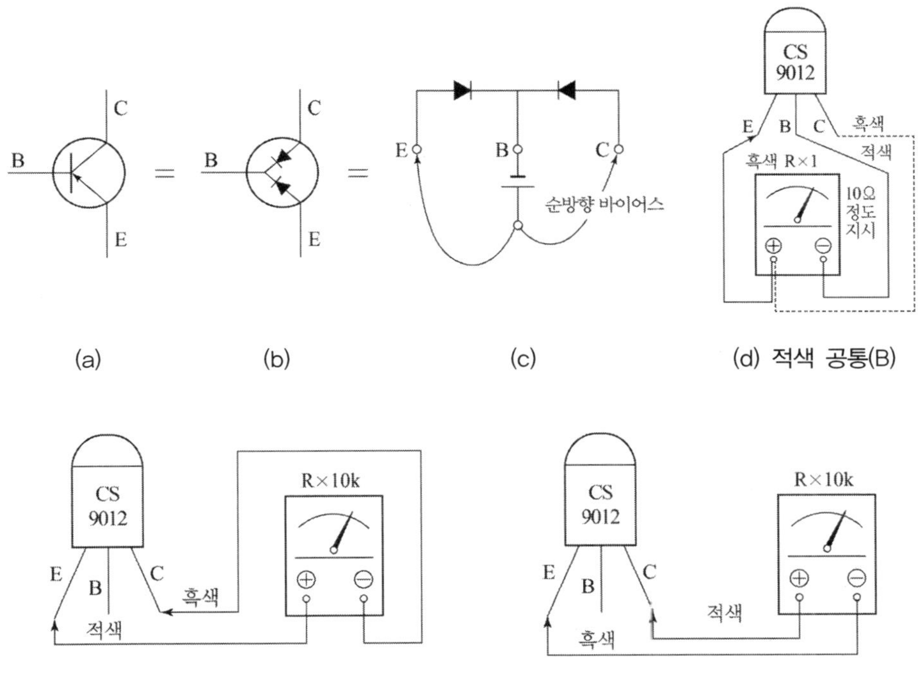

(a) (b) (c) (d) 적색 공통(B)

(e) 많이 움직임 (f) 약간 움직임

그림 8-6 PNP형 트랜지스터 측정법

그림 8-7에서 보는 바와 같이 PNP 트랜지스터를 판별하는 방법은 다음과 같은 순서로 측정할 수 있다.

(1) 테스터의 손잡이를 최고 저항 레인지로 돌린다.

(2) 0Ω 조정을 한다.

(3) B에 흑색 테스터 봉을 댄다.

(4) E에 적색 테스터 봉을 대고, 테스터의 바늘이 움직이면 좋다.

(5) C도 (4)와 같이 되면 좋다.

(6) B에 적색 테스터 봉을 댄다.

(7) E에 흑색 테스터 봉을 대고, 테스터의 바늘이 움직이지 않으면 좋다.
(8) C도 (7)과 같이 되면 좋다.

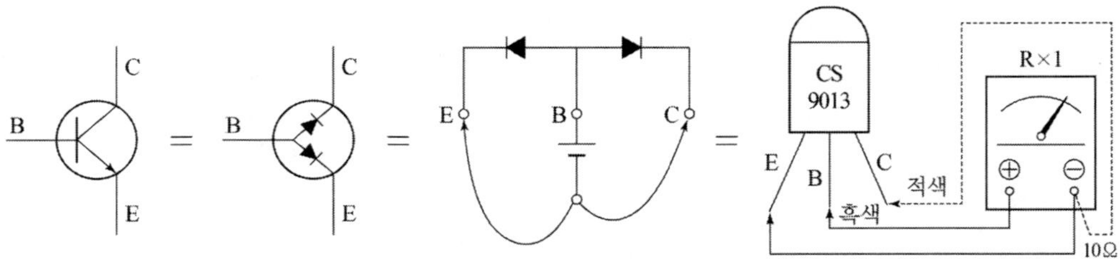

(a) (b) (c) (d) 흑색 공통(B)

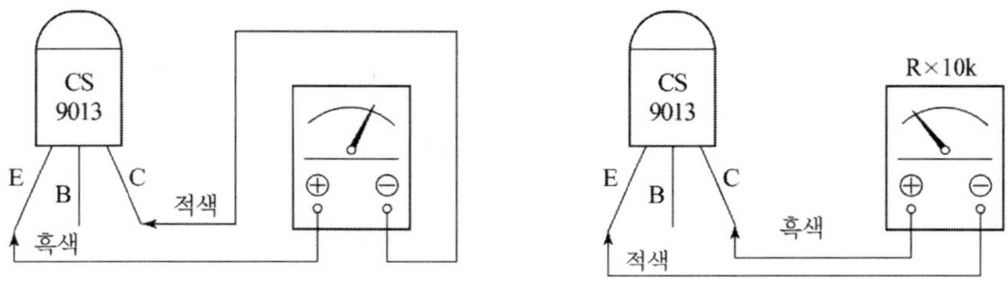

(e) 많이 움직임 (f) 약간 움직임

그림 8-7 NPN형 트랜지스터 측정법

5. 트랜지스터의 종류

트랜지스터에는 NPN형과 PNP형이 있다는 것은 앞에서 설명하였다. 이들 트랜지스터를 세밀히 분류하면 2SB528, 2SC1213, 2SD189 등 번호가 주어져 있다. 모두 공통으로 2S부터 시작하고 있는데 일본제의 트랜지스터에는 모두 2S가 앞에 붙어 있지만 다른 나라 제품에는 2S가 붙어 있지 않으므로 주의할 필요가 있다. 그림 8-8은 트랜지스터의 종류를 나타내고 있다.

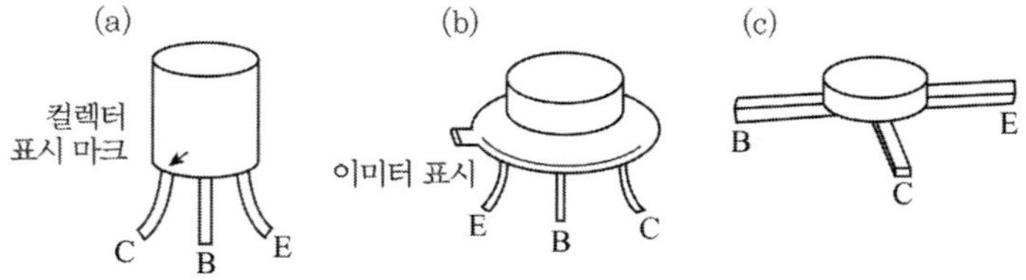

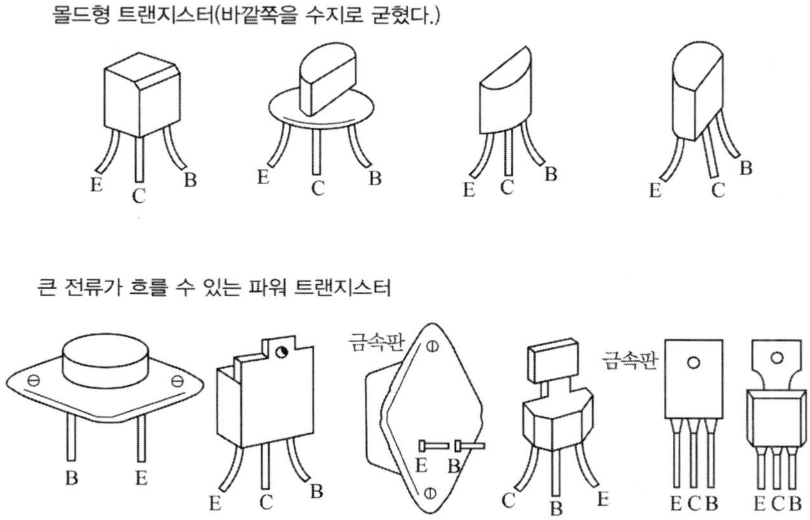

※ 금속판은 방열용이며 컬렉터와 연결되어 있다.
[주] E, B, C의 위치는 같은 형식이라도 A, B, C의 형태에 따라 모두 다르다.

그림 8-8 트랜지스터의 종류

6. 트랜지스터의 최대 정격

트랜지스터를 사용할 때, 반드시 준수해야 할 사항은 트랜지스터의 최대 정격이라는 것이 있다. 트랜지스터는 발열하여 파괴되는 경우도 있으나 발열하지 않고 자연히 파괴되는 경우도 많기 때문에 외관상 변화는 나타나지 않는다.

이렇게 되지 않기 위해서는 반드시 최대 정격 내에서 트랜지스터를 사용하지 않으면 안 된다. 최대 정격의 의미는 순간적이라 하더라도 초과해서는 안 되는 것을 말하며 기준이 되는 것은 주위온도 25℃일 때의 값이다. 반도체는 온도에 따라 특성이 변하기 때문에 25℃일 때의 값으로 최대 정격을 정하고 있다.(표 8-1)

표 8-1 트랜지스터의 최대정격

항목	최대 정격의 기호		기호의 의미	단위
		부호		
컬렉터~베이스간 전압	VCBO	NPN은 + PNP는 −	이미터를 개방으로 했을 때 컬렉터와 베이스가 걸리는 최대 전압	V
컬렉터~베이스간 전압	VCEO	NPN은 + PNP는 −	베이스를 개방으로 했을 때 컬렉터와 이미터 간에 걸리는 최대 전압	V
이미터~베이스간 전압	VEBO	NPN은 + PNP는 −	컬렉터를 개방으로 했을 때 이미터와 베이스 간에 걸리는 최대 전압	V

항목	최대 정격의 기호		기호의 의미	단위
		부호		
컬렉터 전류	IC	NPN은 + PNP는 −	최대로 흐르게 할 수 있는 컬렉터 전류	A
컬렉터 손실	PC		트랜지스터에서 소비할 수 있는 최대 전력	W
접합부분온도	T		접합부분 온도의 최대값	
보존온도	Tstg		보존온도의 온도 범위	

※ 개방이란 단자에 아무것도 접속하지 않는 상태를 말한다.

7. 트랜지스터 사용상의 주의사항

(1) 트랜지스터는 부주의하게 취급하면 쉽게 파손된다. 그리고 저전력 트랜지스터의 리드선은 끊어지기 쉽다.

(2) 상당한 시간 동안 과부하를 견딜 수 있는 진공관과는 달리 트랜지스터는 순간적으로 파손된다. 베이스와 컬렉터를 단락시키는 경우에는 거의 예외 없이 트랜지스터는 파괴된다. 그러므로 전압계 또는 전류계, 프로브(probe)나 공구에 의한 이들 두 단자의 단락에 주의해야 한다.

(3) 직류 전원을 넣어둔 체 트랜지스터를 회로에 접속하거나 또는 회로에서 제거 시키지 말아야 한다.

(4) 컬렉터 바이어스 전압의 극성이 올바른가를 확인하고 전원을 넣어야 한다. 즉, 컬렉터는 역방향 바이어스가 되어야 한다. 또한 컬렉터와 이미터의 바이어스 전압이 정격치를 초과하지 않아야 한다.

(5) 트랜지스터는 그 내부 저항을 측정할 때 파괴될 수 있다. 특히 저항계를 저저항 범위에서 사용하면 트랜지스터에 과도한 전류가 흐르게 될 우려가 있으므로 저항계를 사용하여 트랜지스터의 극성을 조사할 때는 저항계의 높은 범위(R×100)를 사용해야 한다.

(6) 트랜지스터를 회로에 연결할 때는 반드시 전류를 제한하는 적당한 값의 보호 저항을 연결해야 한다.

(7) 신호발생기의 큰 출력이 트랜지스터를 파괴 할 수 있다. 그러므로 신호 발생기 출력은 낮은 값에서 시작하여 점차로 적당한 값으로 높이도록 주의해야 한다.

안전 및 유의사항

(1) 각 계기의 극성이 바뀌지 않도록 한다.

(2) 트랜지스터에 최대 정격값 이상이 걸리지 않도록 한다.

반도체 소자의 형식명

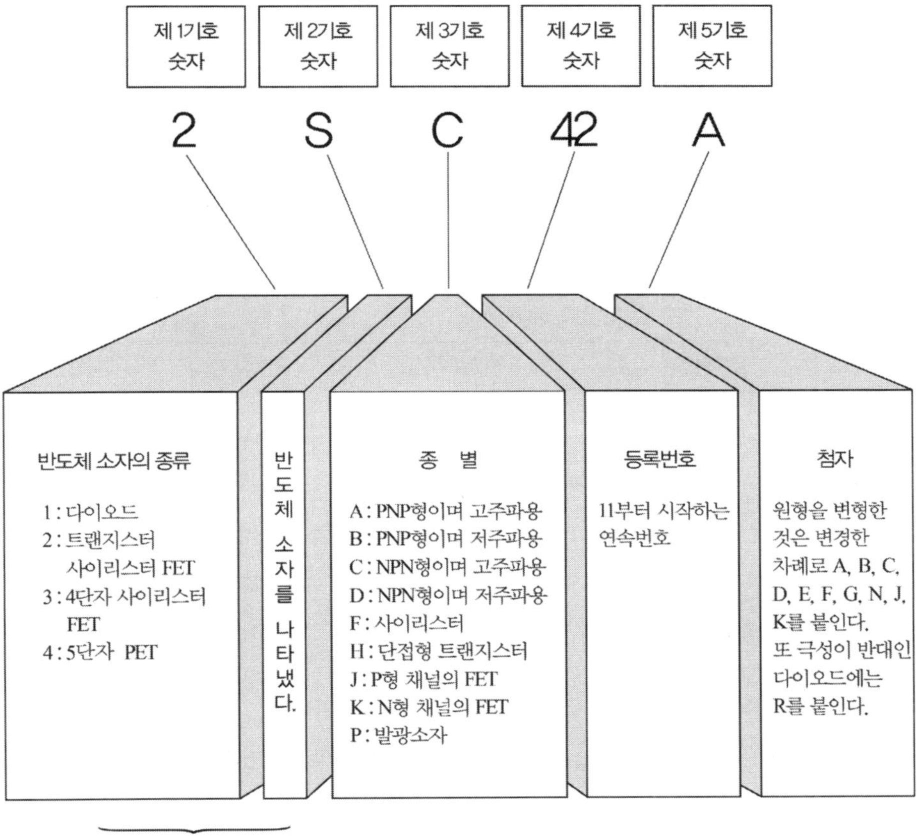

이 부분은 일본에서만 사용한 형식이며 다른 나라에서는 표기하지 않음

※ 제5기호의 첨자안에 알파벳의 "I"가 없는 것은 숫자의 "1"과 혼동하지 않기 위해서이다.

그림 8-9 반도체 소자의 형식명

실습 순서

(1) 그림 8-10의 회로를 구성하고 전원 스위치 SW_1을 OFF 한다. R_2를 최대 저항으로 M_1과 M_2를 높은 전류 범위에 놓고 전원을 인가한다. 적합할 때 까지 측정기의 범위를 감소시키고, 회로시험기로 이미터-베이스 전압(V_{EB}), 전류(I_{EB}) 및 컬렉터

–베이스 전압(V_{BC}), 전류(I_{BC})를 측정하여 표 8–1에 기록하라.

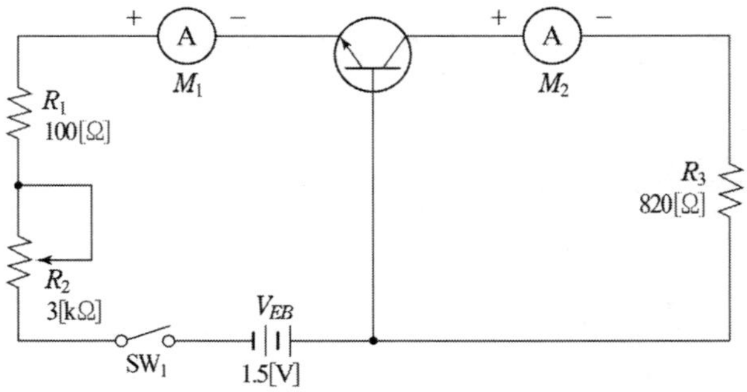

그림 8–10 이미터–베이스 회로에서 전류–전압 측정회로

표 8–1

순서	이미터– 베이스		컬렉터–베이스	
	전류(I_{EB})	전압(V_{EB})	전류(I_{BC})	전압(V_{BC})
(1)				
(2)				
(3)				
(4)				
(5)				

(2) 그림 8–10의 회로에 V_{BC}와 스위치 SW_2를 추가하여 그림 8–11와 같이 한 다음 전원을 넣고 R_2를 최대값으로 하여, 회로 시험기로 이미터–베이스 전압(V_{EB}), 전류(I_{EB}) 및 컬렉터–베이스 전압(V_{BC}), 전류(I_{BC})를 측정하여 표 8–1에 기록하라.

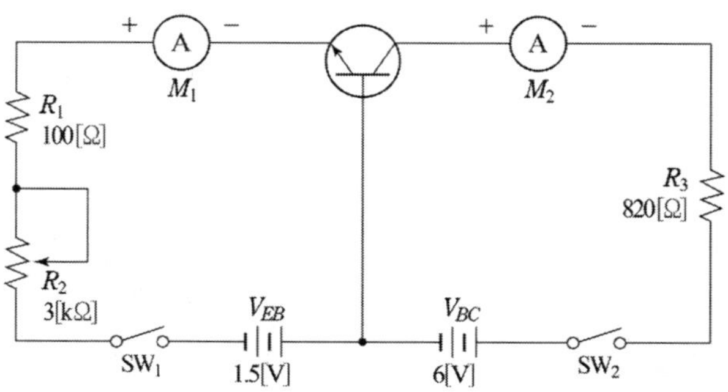

그림 8–11 이미터–컬렉터 회로에서 전류–전압 측정회로

(3) 가변저항 R_2를 최대값으로 맞추면 이미터 바이어스는 최대가 된다. 측정기의 범위를 적절히 하여 (2)와 같이 전류와 전압을 측정하라.

(4) 이미터 전지 V_{EB}의 극성과 전류계 M_1의 접속을 그림 8-12와 같이 하고 R_2를 최소값으로 놓는다. 전원을 넣고 회로시험기로 이미터-베이스 전압(V_{EB}), 전류(I_{EB}) 및 컬렉터-베이스 전압(V_{BC}), 전류(I_{BC})를 측정하여 표 8-1에 기록하라.

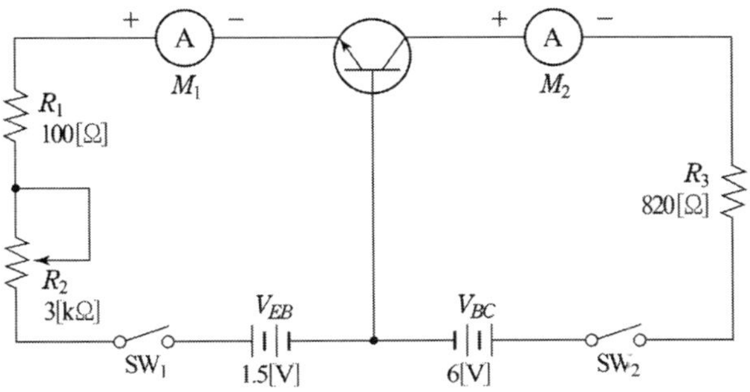

그림 8-12 역방향 이미터 바이어스

(5) 스위치 SW_2를 닫고, 스위치 SW_1를 개방하여 이미터-베이스 회로를 개방시킨다. 이때 컬렉터 전류를 측정하여 표 8-1에 기록하라. 이것이 이회로 조건에서 I_{CBO}의 전류값이다. 컬렉터-베이스 전압(V_{BC}), 전류(I_{BC})를 측정하여 표 8-1에 기록하라.

실습 9 반파 정류 회로 실험

실습 목표

(1) 반파 정류 회로의 원리를 이해한다.

(2) 반파 정류 회로의 특성 측정 방법을 익힌다.

재 료

(1) 전원 변압기 : 1차 : 220[V], 2차 : 0, 3, 6, 12[V] 1개

(2) 다이오드 : IN4001(정류용) 1개

(3) 저항 : 500[Ω], 1/4[W] 1개

(4) 플러그(2P) 1개

(5) 리드선

계기 및 기구

(1) 교류 전압계(15[V]) 1대

(2) 교류 전류계(10[mA]) 1대

(3) 직류 전압계(15[V]) 1대

(4) 직류 전류계(10[mA]) 1대

(5) 오실로스코프(20[MHz]) 1대

(6) 브래드 보드 1개

관련 이론

1. 정류 회로

교류에서 직류를 얻는 회로를 정류 회로라 하며, 블록 다이어그램은 그림 9-1과 같다. 정류 회로는 다이오드의 한 방향으로 도통되는 현상을 이용하여 교류를 한 방향의 전류로 변환하고, 평활 회로에서는 전류 속에 포함되어 있는 교류분을 제거하여 평탄한 직류전원으로 만든다.

또한, 전원이나 부하의 변동에 의하여 직류 출력 전압이 변동하기 때문에 정전압 회로를 달아 일정한 직류 전압을 얻는 것을 직류 정전압 전원 또는 직류 안정화 전원이라

한다. 정류 전원의 특성을 나타내는 데에는 다음과 같은 것들이 쓰인다.

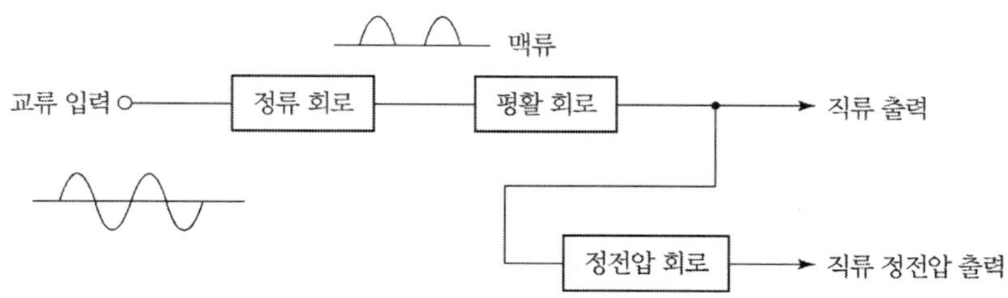

그림 9-1 정류 전원의 구성

$$\text{전압 변동률} : \alpha = \frac{V - V_0}{V_0} \times 100[\%] \quad (1)$$

여기서, V : 무부하시의 출력 전압

V_0 : 전부하시의 출력 전압

$$\text{맥동률} : \gamma = \frac{\text{출력 파형에 포함된 교류분의 실효값}}{\text{출력 파형의 평균값(직류 성분)}} \quad (2)$$

$$\text{정류 효율} : \eta = \frac{\text{부하에 전달되는 직류 출력 전력}}{\text{교류 입력 전력}} \times 100[\%] \quad (3)$$

2. 반파 정류 회로

반파 정류 회로의 기본 회로는 그림 9-2와 같으며, 변압기의 1차 측은 교류 압력에 연결되고, 2차 측은 다이오드를 거쳐 부하 저항에 연결된다.

정류기의 동작은 (+) 반주기 동안 다이오드가 통전 상태가 되며, 순방향에서 다이오드의 저항값은 매우 작다. 또한, (−) 반주기 동안은 다이오드가 통전되지 못하고, 여기에 흐르는 역방향 전류도 거의 무시된다. 그러므로 V_S가 (+) 반주기 동안에만 전류 i_L이 흐르게 된다.

입력 전압과 부하전류는 그림 9-3과 같은 파형으로 나타난다. 반파 정류 회로의 맥동률은 1.21이며, 정류 효율 η는 무부하($R_L = \infty$)일 때 40.6[%]가 되고, 부하가 있으면 이 값보다 작아진다.

(1) 각 계기의 극성이 바뀌지 않도록 한다.

(2) 다이오드에 최대 정격값 이상이 걸리지 않도록 한다.

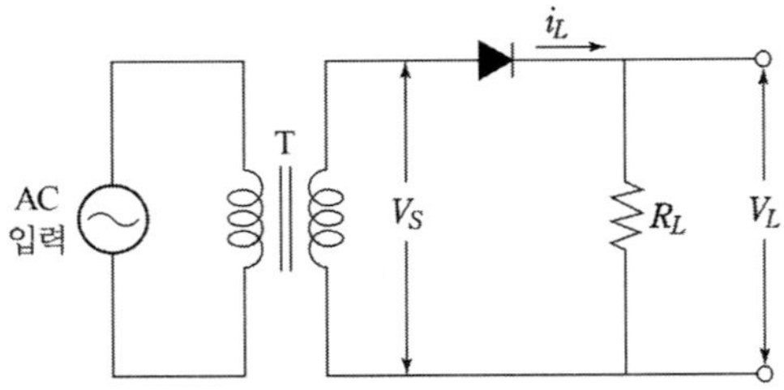

그림 9-2 반파정류회로

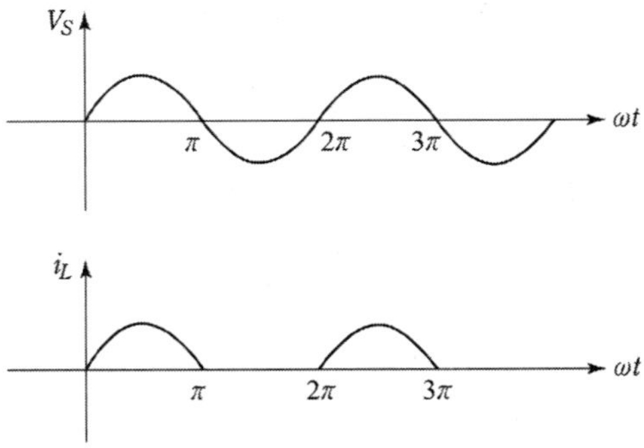

그림 9-3 반파 정류 회로의 입력 전압과 출력 전류

안전 및 유의사항

(1) 각 계기의 극성이 바뀌지 않도록 한다.

(2) 다이오드에 최대 정격값 이상이 걸리지 않도록 한다.

실습 순서

(1) 그림 9-4와 같이 회로를 접속한다. (단, 변압기의 2차 측은 3[V] 단자에 연결한다.)

(2) 스위치 SW를 닫는다.

(3) I_a, V_a, I_d, V_d를 각각 측정하여 기록표의 해당란에 기록한다.

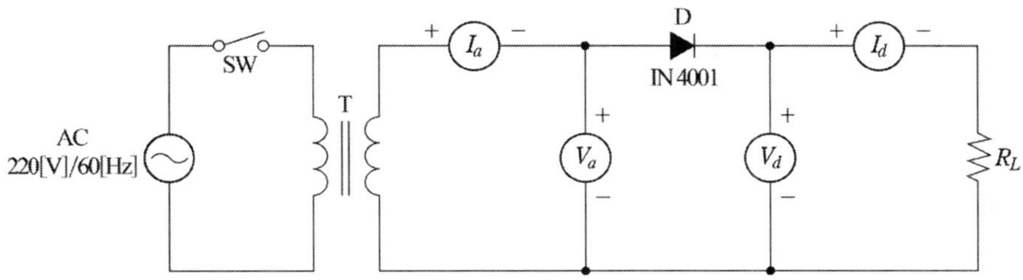

그림 9-4 반파 정류 회로의 특성 측정 회로

T : 전원 변압기(1차 : 220[V], 2차 : 3[V], 6[V])
I_a : 교류 전류계(10[mA]) V_a : 교류 전압계(15[V])
I_d : 직류 전류계(10[mA]) V_d : 직류 전압계(15[V])
R_L : 500[Ω]

(4) 이때, 오실로스코프로 V_a 및 V_d의 파형과 V_{P-P} 전압을 측정하여 표 9-1의 해당란에 그린다.

표 9-1 기록표

트랜스 2차측 연결 상태	I_a[mA]	V_a[V] 및 파형	I_d[mA]	V_d[V] 및 파형	P_{ai}[mW]	P_{do}[mW]	η
3[V]							
6[V]							

(5) 위의 자료를 이용하여 직류 출력 전력(P_{do})와 교류 입력 전력(P_{ai})를 계산하여 기록표에 기록하고, 정류 효율(η)를 구하여 표 9-1의 해당란에 기록한다.

(6) 스위치 SW를 열고 변압기 2차측을 3[V] 단자에서 6[V] 단자로 옮겨 결선 한다.

(7) 실습 순서 (2)에서부터 (5)까지를 되풀이한다.

실습 10 전파 정류 회로 실험

실습 목표

(1) 전파 정류 회로의 원리를 이해한다.
(2) 전파 정류 회로의 특성 측정 방법을 익힌다.

재 료

(1) 전원 변압기 : 1차 : AC 220[V], 2차 : 0, 3, 6, 9, 12[V] 1개
(2) 다이오드 : 1N4001 2개
(3) 토글 스위치 (2P) 2개
(4) 저항 : 500[Ω] (1/4[W]) 1개
(5) 플러그 (2P) 1개
(6) 리드선
(7) 모눈종이

계기 및 기구

(1) 오실로스코프(20[MHz]) 1대
(2) 브래드 보드 1개

관련 이론

2개의 반파 정류 회로를 같은 부하에 대하여 동작시키면, 다이오드는 각각 반주기마다 교대로 통전된다. 이런 회로를 전파 정류 회로(full wave rectifier circuit)라고 하며, 기본 회로는 그림 10-1과 같다.

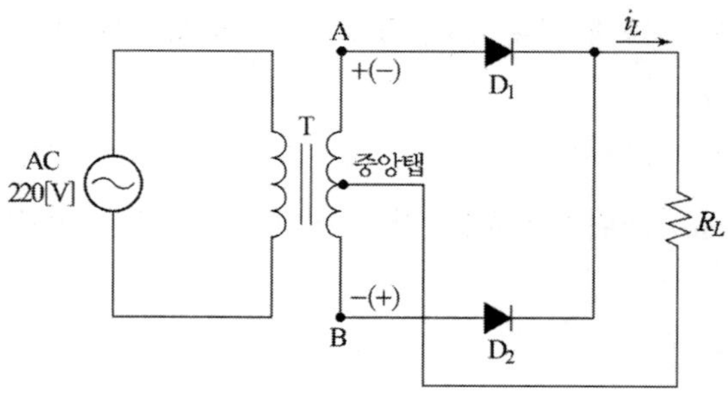

그림 10-1 전파 정류 회로

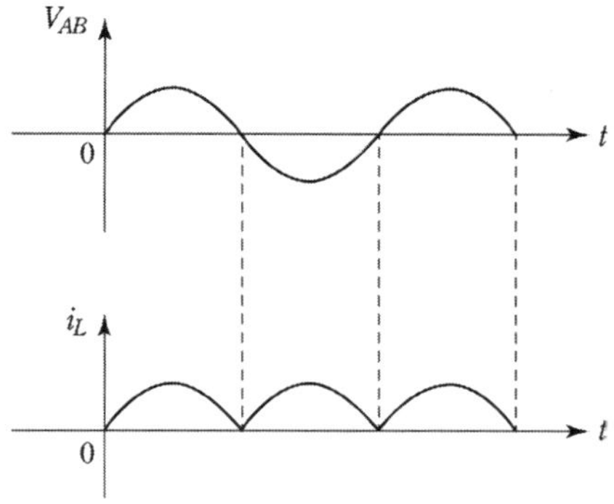

그림 10-2 전파 정류 회로의 출력 파형

전파 정류기는 사인파 교류의 (+), (−)의 두 반파를 모두 직류로 바꾸기 때문에 반파 정류 회로보다 효율이 더 좋다. 이것은 그림 10-1에 나와 있듯이 중앙 탭이 있는 변압기를 사용하는데, 단자 A의 극성이 중앙 탭에 대해서 (+)라면, D_1이 순방향으로 바이어스 되고, D_2는 역방향으로 바이어스 된다.

이 때, 전류는 D_1을 통하여 흐르며, D_1의 통전은 A단자 → D_1 → R_L → 중앙 탭으로 회로를 구성하게 한다. 또한, 단자 B의 극성이 중앙 탭에 대해서 (+)라면, D_2가 통전이 되고, B단자 → D_2 → R_L → 중앙 탭으로 이어지는 회로를 구성하게 된다. 이 때, R_L에 흐르는 전류는 사인파 입력의 두 반파를 시간적으로 합성한 파가 나오게 되어 파형은 그림 10-2와 같이 된다.

전파 정류 회로의 맥동률은 0.482가 되며, 정류 효율은 81.2[%]가 된다. 따라서, 정류 효율이 반파 정류 회로의 2배이며, 맥동률도 반파 정류 회로보다 많이 좋아진다.

안전 및 유의사항

(1) 정류기에 최대 정격값 이상을 가하지 않도록 한다.

(2) 정류기의 극성에 유의한다.

실습 순서

(1) 그림 10-3과 같이 회로를 접속한다. (이 때, 전원 변압기 2차 측에 0, 6, 12[V]세 단자가 있는데, 6[V]단자를 중앙 탭으로 사용하고, 0[V]단자는 B단자에, 12[V]단자는 A단자에 연결한다.)

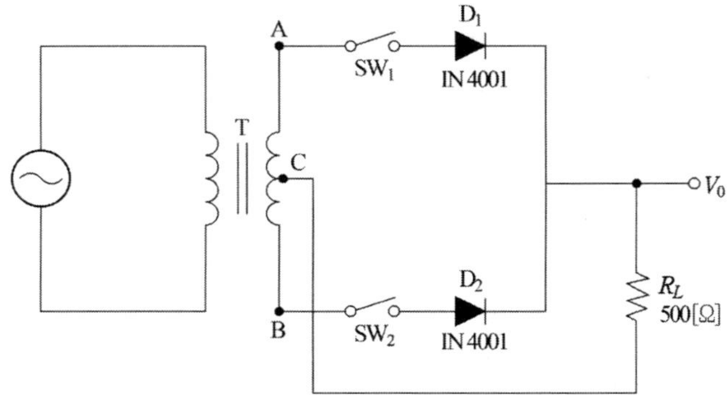

그림 10-3 전파정류 특성 측정 회로

(2) 스위치 SW_1은 ON시키고, SW_2는 OFF시켜 놓는다.

(3) 오실로스코프로 V_{AC}의 파형을 측정하여 표 10-1에 기록하고, 모눈종이에 그린다. (V_P, V_{P-P}도 기록)

(4) 스위치 SW_2은 닫고, SW_1은 열어 놓은 다음, 오실로스코프로 V_{AC}의 전압과 파형을 측정하여 표 10-1에 기록하고, 모눈종이에 그린다.

(5) 스위치 SW_1, SW_2를 모두 닫는다.

(6) 오실로스코프로 V_O의 전압과 파형을 측정하여 표 10-1에 기록하고, 모눈종이에 그린다.

표 10-1 기록표

측정 위치		V_p	V_{p-p}
V_{AC}			
V_{CB}			
V_O	(SW_1 단락)		
	(SW_2 단락)		
	(SW_1, SW_2 단락)		

실습 11 브리지 정류 회로 실험

실습 목표

(1) 브리지 정류 회로의 특성을 이해한다.

(2) 브리지 정류 회로의 특성 측정 방법을 익힌다.

재 료

(1) 전원 변압기 : 1차 : AC 220[V], 2차 : 6[V] 1개

(2) 다이오드 : 1N4001 4개

(3) 저항 : 1[kΩ] (1/4[W]) 1개

(4) 플러그(2P) 1개

(5) 리드선

계기 및 기구

(1) 오실로스코프 (20[MHz]) 1대

(2) AC 전원(220[V]) 1개

(3) 브래드 보드 1개

관련 이론

브리지(bridge)정류 회로는 전파 정류 회로의 일종이며, 정류 다이오드를 4개 사용하였는데, 기본 회로는 그림 11-1과 같다.

그림 11-1의 회로에서 AC 입력의 (+) 반사이클 동안에는 D_1과 D_3이 통전하여 전류가 흐르는 길은 B점 → D_1 → R_L → D_3 → D점으로 구성된다. 반면, AC 입력의 (−) 반사이클 동안에는 D_2, D_4가 통전하며, 전류가 흐르는 길은 D점 → D_4 → R_L → D_2 → B점으로 구성된다. 출력 파형은 그림 11-2에 나와 있으며, 이와 같은 브리지 정류 회로의 특징은 다음과 같다.

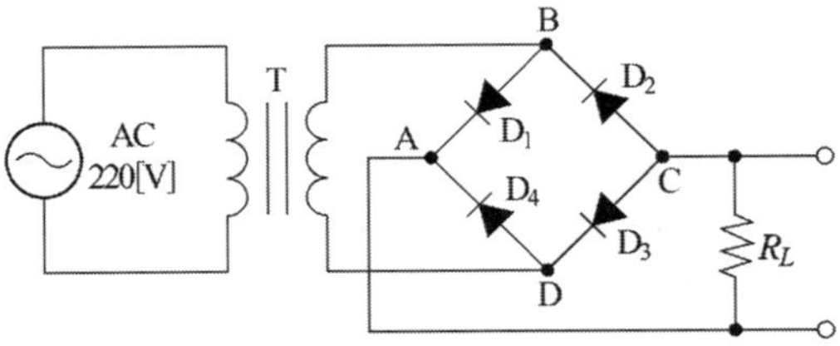

그림 11-1 브리지 정류 회로

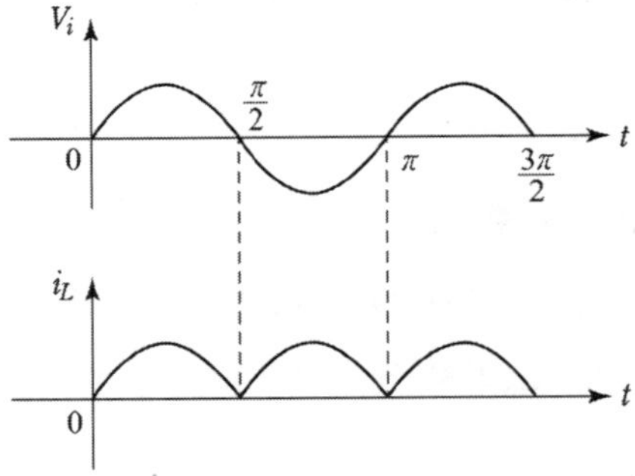

그림 11-2 브리지 정류 회로의 출력 파형

(1) 장점

① 같은 출력을 얻고자 할 경우 소형 변압기 사용 가능

② 각 다이오드에 걸리는 최대 역전압비는 전파 정류 회로의 반이므로 고압 정류에 적합하다.

(2) 단점

① 다른 정류 회로보다 구조가 복잡하다.

② 정류 효율이 낮다.

브리지 정류 회로에 대한 제반 설명은 전파 정류 회로와 거의 같고, 차이점은 각 다이오드의 최대 역전압 값이 전파 정류 회로에 사용한 다이오드 전압값의 1/2이 되며, 특히 브리지 정류 회로는 전원 변압기에 중간 탭을 필요로 하지 않는다.

안전 및 유의사항

(1) 변압기의 1차 측에는 AC 220[V]가 공급되므로 감전에 주의한다.

(2) 다이오드의 극성이 바뀌지 않도록 한다.

실습 순서

(1) 그림 11-3과 같이 회로를 결선한다.

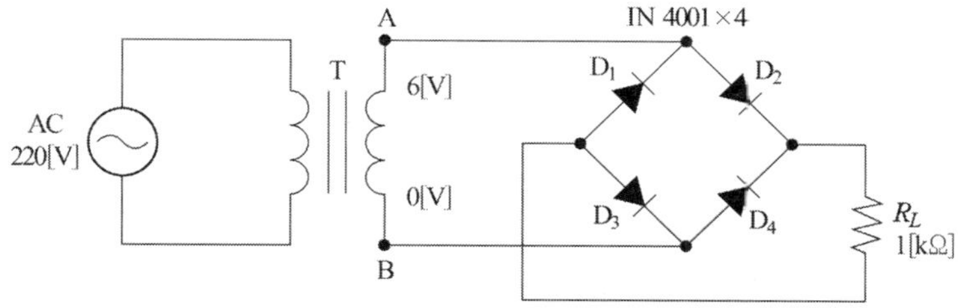

그림 11-3 브리지 정류회로 특성 측정회로

(2) 오실로스코프 A-B점(V_{AB})의 AC파형(입력전압)을 관찰하여 기록표에 그린다.

(3) 오실로스코프로 부하 R_L양단의 전압을 측정하여 그린다.

(4) 그림 11-3의 회로 중 다이오드 D_1을 차단시키고, 부하 R_L 양단의 파형을 그린다.

(5) 그림 11-3의 회로 중 다이오드 D_1을 통전시키고, 부하 R_L 양단의 파형을 그린다.

(6) 부하 저항을 통하여 흐르는 직류전류 I_{DC}를 계산하고 측정하여라.

$$I_{DC} = V_{DC}/R_L$$

(7) D_1, D_3 및 D_2, D_4를 통하여 흐르는 직류 전류를 계산하여라.

$$I(D_1,\ D_3) = I(D_2,\ D_4) = \frac{I_{RL}}{2}$$

(8) 그림 11-4와 같이 전류계를 이용하여 다이오드에 흐르는 전류를 측정하여라.

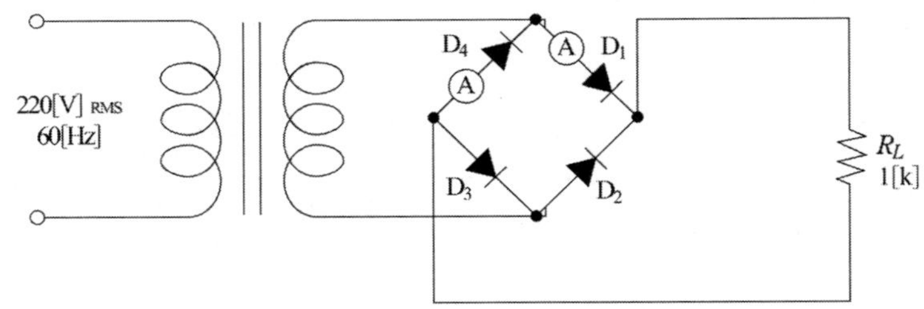

그림 11-4 브리지 정류 회로 전류 측정 회로

(9) 부하에서 리플 전압 V_{AC}를 계산하고 교류전압계로 측정하여라.

$$V_{AC} = 0.3077 \times V_P$$

(10) 부하에서 총 실효값을 계산하여라.

$$V_{RMS} = \frac{V_P}{\sqrt{2}} \text{ 또는 } V_{RMS} = \sqrt{V^2_{+\ V^2_{AC}DC}}$$

실습 12 배전압 정류 회로 실험

실습 목표

배전압 정류 회로의 원리를 이해하고, 특성 측정 방법을 익힌다.

재 료

(1) 전원 변압기 : 1차 : AC 220[V], 2차 : 0, 12[V] 1개
(2) 다이오드 : 1N4001 2개
(3) 전해 콘덴서 : 100[μF] (25[V]) 2개
(4) 저항 : 500[Ω], 1[kΩ] (1/4[W]) 각1개
(5) 플러그(2P) 1개
(6) 토글 스위치 1개
(7) 리드선

계기 및 기구

(1) 오실로스코프(20[MHz]) 1대
(2) 브래드 보드

관련 이론

1. 반파 배전압 정류회로

배전압 정류 회로란, 입력 교류 전압에 대하여 2배 또는 3배 이상의 출력 직류 전압을 얻는 회로를 말하는데, 그림 12-1은 반파 배전압 정류 회로이다.

입력 신호가 그림 12-1과 같이 a-b 단자에 들어 왔다고 가정하면, 처음 반주기 동안, 즉 단자 b가 (+)되는 동안에는 D_1이 통전 되고, 전해 콘덴서 C_1에 교류의 최대 값까지 충전, 유지될 것이고, 다음에 단자 a가 (+)가 되는 반주기 동안에는 다이오드 D_2가 통전 상태가 되어 콘덴서 C_2에는 콘덴서 C_1의 충전 전압과 단자 a-b사이에 공급되는 교류의 최대 값이 합해져 충전되므로 결국 까지 된다. 이 경우는 물론 부하가 없는 경우의 설명이며, 만일 부하 저항이 있는 경우에는 콘덴서 C_2에 충전된 전하가 R_L을 통하여 방전하는 순간이 있으므로 출력 전압 E_0는 보다 작게 된다.

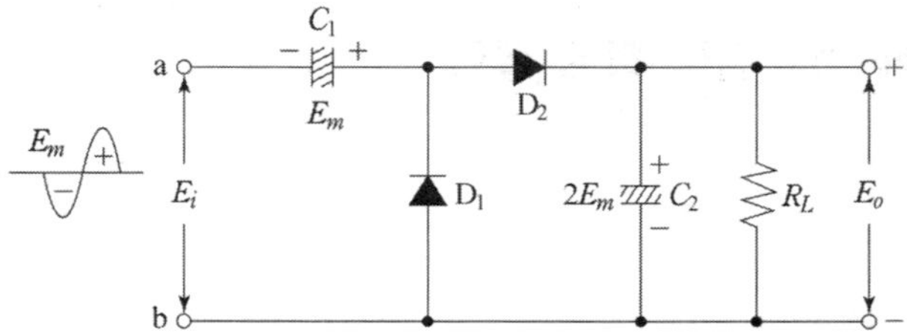

그림 12-1 반파 배전압 정류 회로

2. 전파 배전압 정류 회로

전파 정류 회로를 그림 12-2에 나타내었는데, 출력 단자에 부하 저항 R_L이 없다고 가정하고, 이 회로의 동작을 살펴보자.

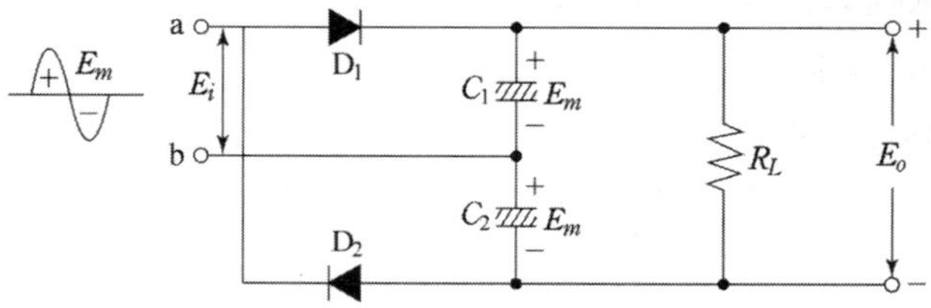

그림 12-2 전파 배전압 정류 회로

그림 12-2에서 단자 a가 (+)가 되는 교류의 반주기 동안에 콘덴서 C_1은 다이오드 D_1을 거쳐서 교류 전원 입력의 최대값 E_m까지 충전될 것이다. 일단 충전된 전하는 부하 저항이 없는 상태이므로 방전할 수 없어 계속 E_m으로 유지된다. 다음에 단자 b가 (+)가 되는 교류의 반주기 동안에는 콘덴서 C_2가 다이오드 D_2를 거쳐 E_m까지 충전될 것이다. 그러므로 출력 전압 E_o는 콘덴서 C_1 및 C_2의 충전 전압의 합인 $2E_m$이 된다. 반파 배전압 정류 회로와 마찬가지로 부하 저항 R_L이 있는 경우에 출력 전압 E_o는 $2E_m$보다 약간 감소하게 된다. 더구나 부하 저항이 작거나 콘덴서의 용량이 작으면, 출력 전압은 더욱더 감소하게 된다.

안전 및 유의사항

(1) 콘덴서의 충전 전압이 콘덴서의 내압을 넘지 않도록 한다.

(2) 콘덴서 및 다이오드의 극성에 유의한다.

실습 순서

(1) 그림 12-3과 같이 반파형 배전압 정류 회로를 결선 한다.

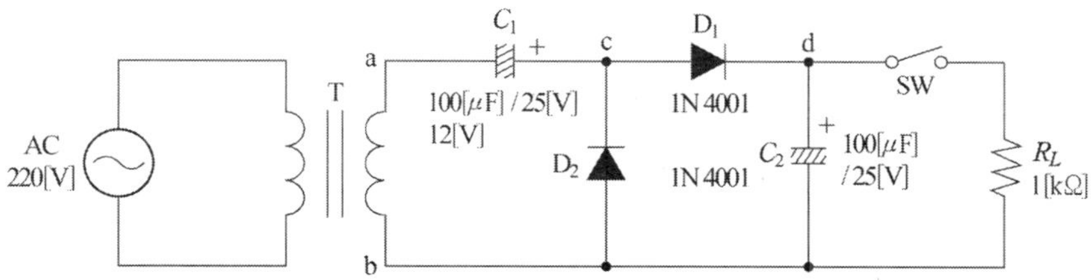

그림 12-3 반파 배전압 정류 특성 실험 회로

(2) 스위치 SW를 연다.

(3) 오실로스코프 단자 a-b, 단자 d-b의 파형을 측정하여 모눈종이에 그리고, V_P 및 리플(ripple) 전압도 기록한다.

(4) 스위치 SW를 닫는다. (이 때, R_L은 1[kΩ]으로 연결되어 있다.)

(5) 실습 순서 (3)을 되풀이 한다.

실습 13 평활 회로 실험

실습 목표

(1) 각종 평활 회로의 원리를 이해한다.
(2) 평활 회로의 특성 측정 방법을 익힌다.

재 료

(1) 전원 변압기 : 1차 : 220[V], 2차 : 0, 12[V] 1개
(2) 다이오드 : 1N4001 1개
(3) 전해 콘덴서 : 100[μF], 470[μF] (25[V]) 각1개
(4) 저항 : 500[Ω], 1[kΩ] (1[W]) 각1개
(5) 전원 플러그(2P) 1개
(6) 토글 스위치 1개
(7) 리드선

계기 및 기구

(1) 오실로스코프(20[MHz]) 1대
(2) 브래드 보드

관련 이론

1. 커패시터 평활 회로

정류회로에서 나온 출력은 순수한 직류가 아니고 맥류와 같은 모양이다. 보통, 이것을 리플(ripple)이라고 하는데, 이 리플 분을 줄이고 DC에 가까운 출력을 얻기 위해 사용하는 회로를 평활 회로 또는 여파기라고 한다.

평활 회로의 원리는 진폭이 최대점에 있을 때에는 커패시터(capacitor)를 이용하여 전하를 축적시키고, 진폭이 낮은 곳에 있을 때에는 커패시터에 축적된 전하를 방전시키는 것이다.

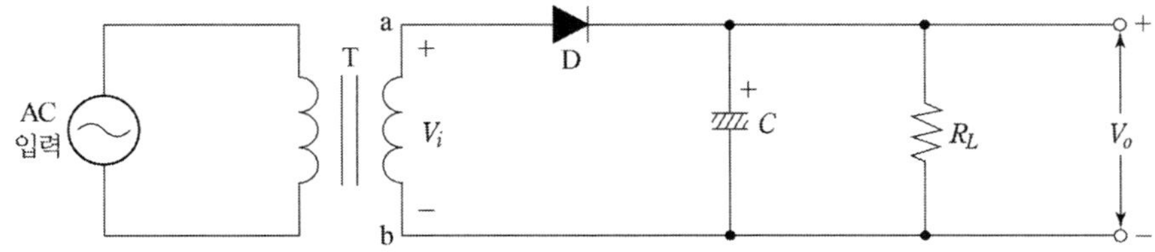

그림 13-1 C-입력 평활 회로

이 종합적인 효과는 진폭에 있어서 아주 작은 변화를 가지는 DC 출력 전압을 얻을 수 있다는 것이다. 정류 회로에 사용되는 평활 회로에는 L-입력 평활 회로(유도성), C-입력 평활 회로(용량성), LC 평활 회로, π형 평활 회로, RC 평활 회로 등이 있다. 그림 13-1에서 부하 저항 R_L의 값이 콘덴서 C의 리액턴스 값 보다 크다고 가정하면 V_o는 V_i의 최대 전압까지 충전하게 되고, V_i가 교류이므로 (−) 전압으로 변하게 되면 다이오드에는 역방향 전압이 걸리게 되어 회로는 동작하지 않게 된다. 반면, 콘덴서에 저장된 전하는 저항 R_L을 통하여 방전하게 되는데, 방전 속도는 시상수 $R_L C$에 의하여 결정된다.

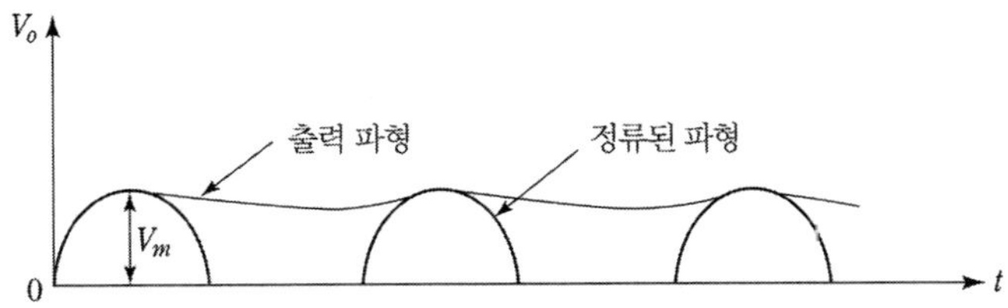

그림 13-2 평활 회로의 출력 파형

반파 정류 회로에서 콘덴서 입력 평활 회로를 사용했을 때의 출력 파형이 그림 13-2에 나와 있으며, 맥동률은 부하 저항 R_L 또는 콘덴서 용량 C가 증가할수록 감소되기 때문에 용량이 큰 콘덴서는 맥동률을 낮게 하는 데 사용된다.

2. π형 평활 회로

콘덴서 입력 평활 회로는 평활 효과에 있어서 만족할 만한 것이 못된다. 정류 회로에서 가장 보편화된 평활 회로는 π형과 RC형 평활 회로이다.

그림 13-3에 나와 있는 것이 π형 평활 회로인데, 매우 평활한(맥동이 적은) 출력 전압을 얻을 수 있다. π형 평활 회로는 그림 13-3에 나와 있듯이 2개의 커패시터와 인덕

터 또는 저항이 서로 연결되어 있다. 커패시터 C_1은 먼저 충전되고, 그 때 C_2는 방전된다. 교번하는 이들 커패시터의 충·방전 운동이 맥동이 있는 DC 출력을 순수한 DC 출력으로 만든다.

π형 평활 회로는 인덕터 입력형 평활 회로의 경우보다 낮은 출력 전압이 요구되는 경우 및 적은 맥동이 요구되는 경우에 쓰인다. 이 회로의 동작은 결국 콘덴서 평활 회로의 출력에 포함되는 맥동 전압을 $L-C_2$ 평활 회로로 감소시키는 셈이다.

또한, 그림 13-4에 나와 있듯이 인덕터를 사용하지 않고 저항 R를 사용할 수도 있는데, 이런 경우 C_1, R_1, C_2가 평활 회로를 형성하며, 이를 π형 RC 평활 회로라고 한다.

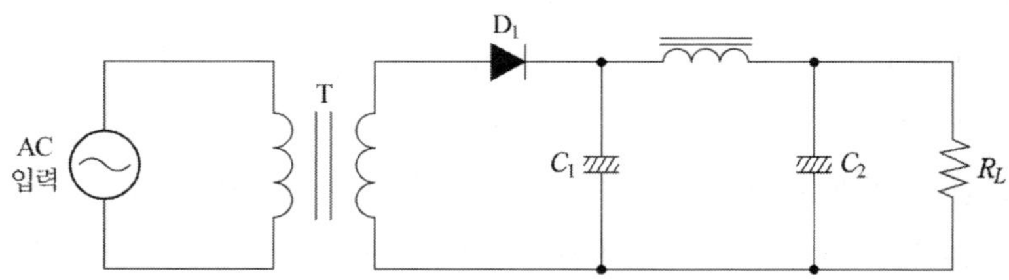

그림 13-3 π형 평활 회로

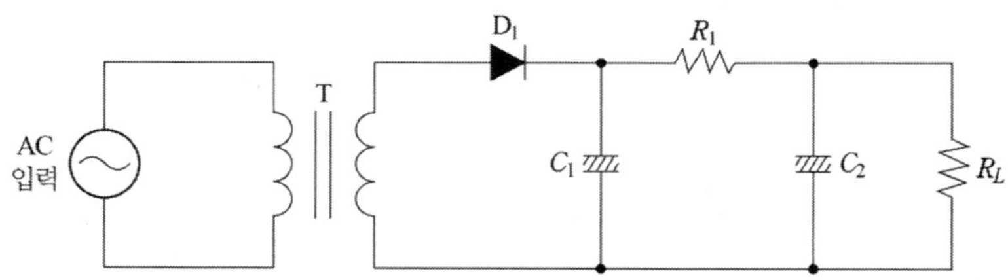

그림 13-4 π형 RC 평활 회로

LC 평활 회로는 철심을 가진 인덕터를 사용하기 때문에 값도 비싸고, 차지하는 공간이 커서 불편하다. π형 RC 평활 회로는 이런 점을 보완한 것이며, 이는 콘덴서 입력 평활 회로에 R_1-C_2 평활 회로를 붙인 결과로 볼 수 있다. 이 π형 RC 평활 회로는 저항 R_1 때문에 내부 직류 전압 강하가 크다는 결점은 있지만, 일반적으로 가장 많이 사용된다.

안전 및 유의사항

(1) 콘덴서에 걸리는 전압이 콘덴서의 내압을 초과하지 않도록 한다.

(2) 콘덴서의 극성에 유의한다.

⑶ 계기의 파손에 유의한다.

실습 순서

⑴ 그림 13-5와 같이 회로를 결선한다.(단, $C=100[\mu F]$, $R_L=500[\Omega]$)

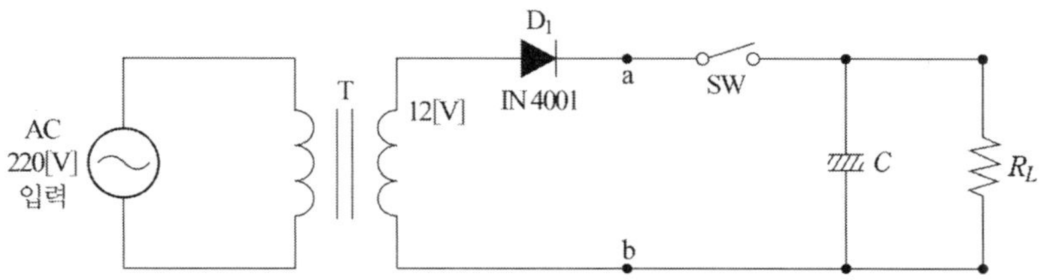

그림 13-5 평활 회로 특성 측정 회로

⑵ 스위치 SW를 열고, 오실로스코프로 전압을 a-b 간의 파형을 관찰하고 전압을 측정하여 모눈종이에 기록한다.

⑶ 스위치 SW를 닫고 오실로스코프로 V_{a-b}를 측정하여 모눈종이에 기록한다.

⑷ C를 470[μF]으로 바꾸고, 실습 순서 ⑶을 되풀이한다.

실습 14 정전압 전원 회로 실험

실습 목표

(1) 정전압 전원 회로의 원리를 이해한다.
(2) 정전압 전원 회로의 종류와 장·단점을 이해한다.
(3) 정전압 전원 회로의 특성 측정 방법을 익힌다.

재 료

(1) 트랜지스터 : 2SD234 1개
(2) 제너 다이오드 : RD 5[A], 5[V]용 1개
(3) 저항 : 1[Ω], 1[kΩ], 500[Ω], 250[Ω] (1/4[W]) 각1개
(4) 전원 트랜스 : 1차 : AC 220[V], 2차 AC 12[V]
(5) 리드선

계기 및 기구

(1) 직류 전압계(10[V]) 1대
(2) 직류 전류계(30[mA]) 1대
(3) 직류전원공급장치(DC 0~30[V]) 1대
(4) 브래드 보드

관련 이론

정류 회로와 평활 회로를 조합하면, 리플이 작은 직류 출력 전압을 얻을 수 있다. 그러나, 전원 전압이나 부하의 변동에 대하여 더욱 안정된 전압을 필요로 하는 경우에는 전압 안정과 회로를 사용해야 한다.
안정화 전원은 다이오드의 일정한 전압 특성을 이용하는데, 이 전압을 기준으로 하여 입력 전압에 따른 출력 전압의 변화를 상쇄하여 주는 원리로 동작한다. 전압 안정화 회로에는 그 제어 방식에 따라 병렬 제어형과 직렬 제어형의 두 가지가 있는데, 요즘에는 정전압 IC를 사용하여 정전압 회로를 많이 구성하고 있다.

1. 직렬 제어형 정전압 회로

그림 14-1에 간단한 직렬 제어형 회로를 나타내었는데, 제어용 트랜지스터와 부하가 직렬로 연결되어 있다. 그림 14-1에서 만일 입력 전압이나 부하의 변동으로 출력 전압 V_0가 상승한다고 하면, V_2는 일정하므로 키르히호프의 제 2법칙에 의하여 TR의 V_{be}는 감소하게 된다. V_{be}가 감소하면, i_L이 감소하게 되어 출력 전압이 낮아진다.

더욱 감도가 높은 안정화 전원을 얻기 위해서는 출력에서의 변동분을 한 번 증폭한 다음, 제어용 트랜지스터에 가하면 되는데, 그림 14-2는 직렬 제어형 정전압 회로로서 TR_1은 증폭형이고, TR_2는 제어용으로 쓰이고 있다.

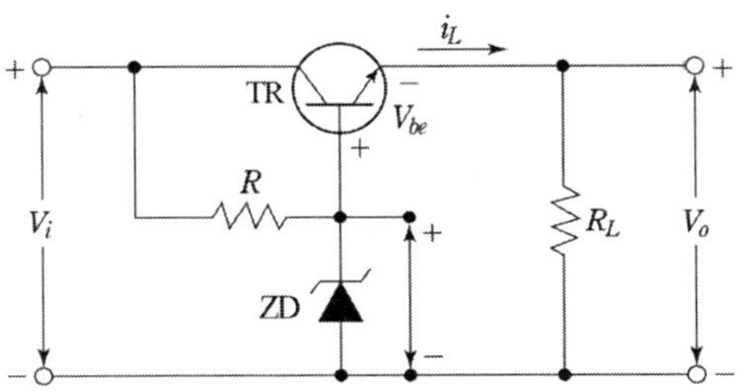

그림 14-1 직렬 제어형 정전압 기본 회로

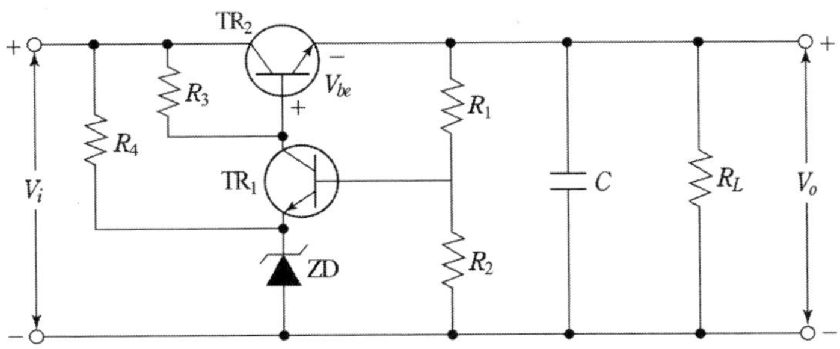

그림 14-2 직렬 제어형 정전압 전원 회로

2. 병렬 제어형 정전압 회로

그림 14-3에 병렬 제어형 정전압 회로를 나타내었는데, 제어용 트랜지스터와 부하 저항이 병렬로 연결되어 있다. 이런 병렬형 정전압 회로는 부하가 없는 경우에도 전력의 소모가 있어서 대용량에는 부적합하다.

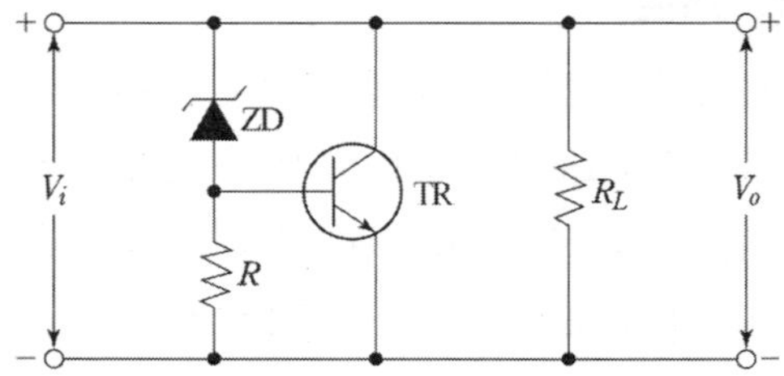

그림 14-3 병렬 제어형 정전압 회로

3. 정전압 IC 회로

최근 많이 사용하는 정전압 전원용의 3단자 IC를 그림 14-4에 나타내었다. 이의 사용에는 (+) 전원용과 (−) 전원용의 핀 접속이 전혀 다르므로 주의할 필요가 있다. 일반적으로, IC 7805는 +5[V]의 전압을, IC 7905는 −5[V]의 출력 전압을 얻는 데 사용되고, 출력 전압을 가변하고자 할 때에는 그림 14-5와 같이 가변저항을 사용할 수도 있다.

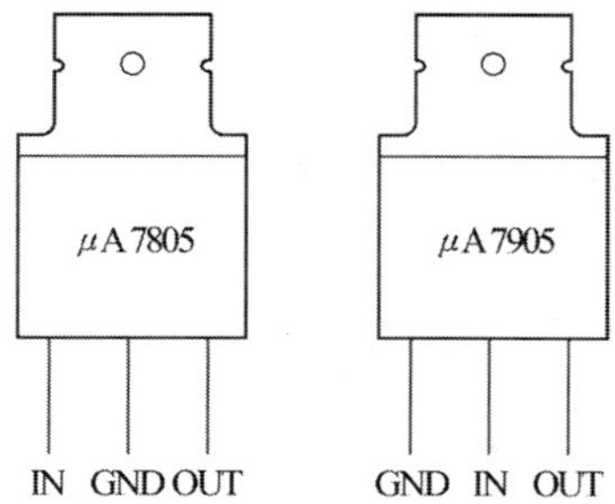

그림 14-4 3단자 정전압 IC의 외형

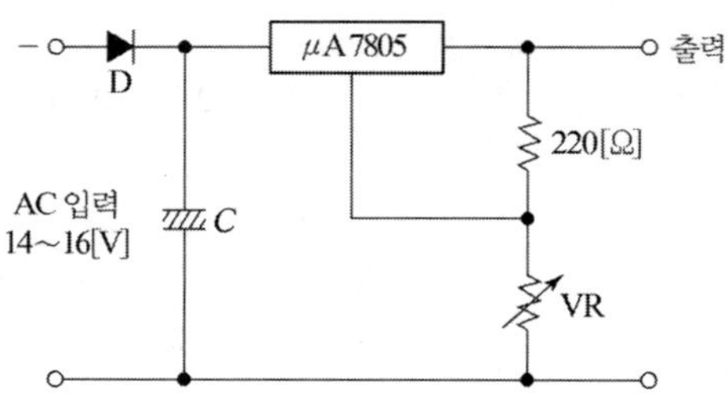

그림 14-5 가변용 정전압 IC 회로

안전 및 유의사항

(1) 기준 전압보다 높은 전압에서만 안정화가 이루어지는 것에 유의한다.

(2) 계기와 콘덴서의 극성에 유의한다.

(3) 트랜지스터의 정격에 유의한다.

실습 순서

(1) 그림 14-6과 같이 회로를 결선한다.(이 때, R_L은 1[kΩ]으로 한다.).

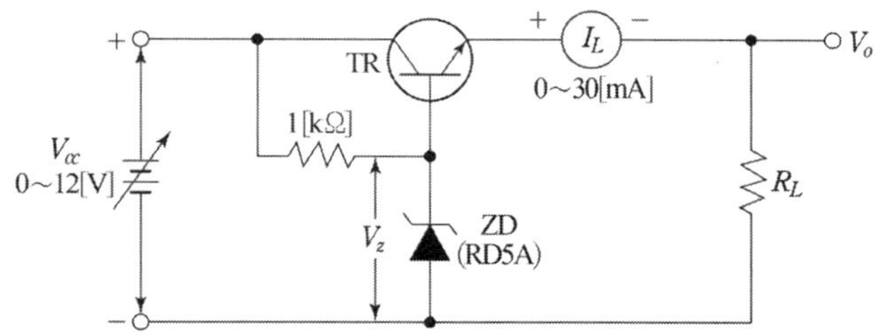

그림 14-6 정전압 특성 측정 회로

(2) V_{CC}를 10[V]에 고정시킨다.

(3) 직류 전압계로 V_Z, V_0를 측정하여 표 14-1 기록표에 기록한다.

표 14-1 기록표

V_{CC} 전압	부하 저항	V_Z [V]	V_0 [V]	I_L [mA]	I_L [mA](출력 단자시)
10[V]	1 [kΩ]				
	500 [Ω]				
8[V]	1 [kΩ]				
	500 [Ω]				

(4) 직류 전류계로 I_L을 측정하여 기록한다.

(5) 부하 저항을 500[Ω]으로 바꾸어 실습 순서 (2)에서부터 (4)까지를 되풀이 한다.

(6) V_{CC}를 8[V]에 고정시킨다.

(7) 부하 저항을 1[kΩ]으로 바꾸고, 실습 순서 (3), (4)를 되풀이한다.

(8) 부하 저항을 500[Ω]으로 바꾸고, 실습 순서 (3), (4)를 되풀이한다.

(9) 출력을 단락 시키고 I_L을 측정하여 본다.

(10) 직병렬 제어형 실험

① 직렬 제어형 정전압 회로 실험을 한다.

㉮ 그림 14-7의 회로와 같이 결선 한다.

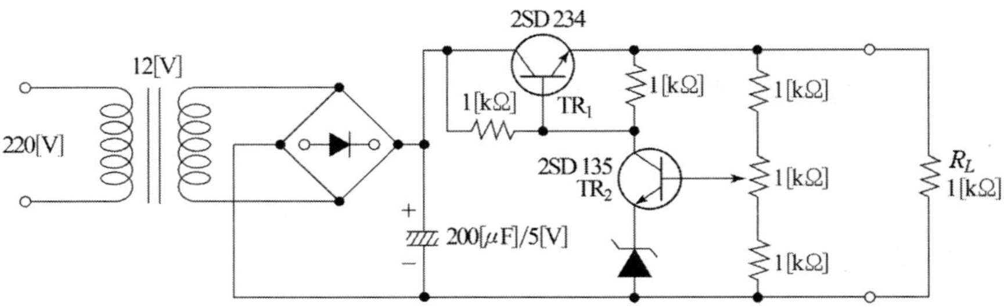

그림 14-7 직렬 제어형 실험회로

㉯ 결선 상태를 점검한 다음 전원을 넣는다.

㉰ 입력 전압을 오실로스코프나 회로 시험기로 측정하고, 표 14-2에 기록한다. (TR1 켈렉터 전압).

표 14-2 직렬 제어형 기록표

항목 / 볼륨	V_i	V_0	오차 증폭 TR1			직렬 제어 TR1	
			V_B	V_B	V_C	V_{BB}	V_{CB}
최소							
최대							
조정		5[V]					

㉱ 출력 전압을 측정하여 기록한다.

㉲ 볼륨 VR를 최소로 조정하고, 출력 전압을 측정하여 기록한다.

㉳ TR2(2SD135)의 V_E, V_B, V_C를 측정하여 기록한다.

㉳ 직렬 제어용 TR_1의 V_{BB}, V_{CB}를 측정한다.

㉴ VR를 최대로 조정되고, 실습 순서 ㉲, ㉳를 반복 측정하여 기록한다.

㉵ 출력 전압이 5[V]가 되도록 VR를 조정하고, 위의 사항을 반복 측정하여 기록한다.

㉶ 측정 결과를 분석하고, 직렬 제어형 정전압 회로의 동작을 이해한다.

② 병렬 제어형 실험을 한다.

㉮ 그림 14-8의 회로와 같이 결선한다.

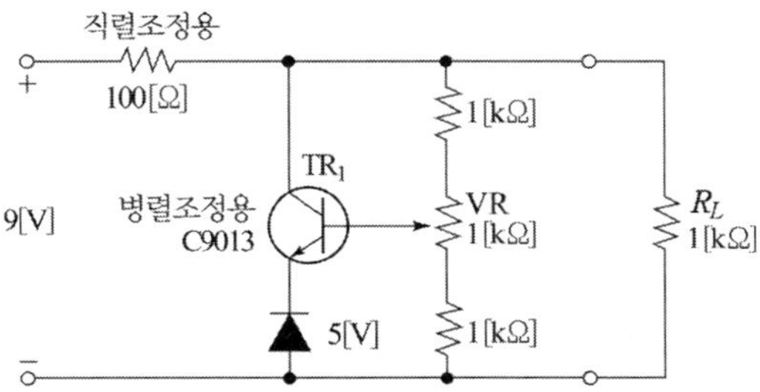

그림 14-8 병렬 제어형 실험 회로

㉯ 입력 전압을 9[V]로 맞추고, 회로에 전원을 연결한다.

㉰ VR를 최소로 조정하고 TR_1의 V_C, V_B, V_E를 측정하고, 표 14-3에 기록한다.

㉱ VR를 최대로 조정되고, 실습 순서 ㉰를 반복 측정하여 기록한다.

㉲ 출력 전압이 5[V]가 되도록 V_B를 조정하고, 위의 사항을 반복 측정하여 기록한다.

㉳ 측정 결과를 분석하고 병렬 제어형 정전압 회로의 동작을 이해한다.

표 14-3 병렬 제어형 기록표

항목 / 볼륨	V_i	V_0	병렬 제어 TR_1		
			V_C	V_B	V_E
최소					
최대					
조정		5[V]			

실습 15 비안정 멀티 바이브레이터

실습 목표

트랜지스터를 사용한 비안정 멀티바이브레이터의 동작 원리를 이해하고, 그 특성을 이해한다.

재 료

(1) 트랜지스터 : 2SC1815 1개
(2) 저항 : 1[kΩ], 22[kΩ](1/4[W]) 각 2개
(3) 세라믹 콘덴서 : 0.01[μF] (50[V]) 2개
(4) 리드선

계기 및 기구

(1) 오실로스코프 1대
(2) 펄스 발생기 1대
(3) 회로 시험기 1대
(4) 직류전원공급장치(DC 0~30[V] 1대
(5) 브래드 보드

관련 이론

비안정 멀티바이브레이터는 한쪽 단이 통전할 때 다른 쪽 단은 불통이 되는 2단계 발진기로서 직사각형파 펄스 발생에 이용된다.
어떤 순간의 각 단의 동작은 서로 그 조건이 반대이고, 이 조건은 스스로 뒤 바뀌므로, 통전하고 있던 단은 불통이던 단은 통전하게 된다.

(1) 그림 15-1에 나타낸 비안정 멀티바이브레이터는 RC 결합 이미터 접지 증폭기로서 각 단의 입력과 출력의 결합은 콘덴서 C_1과 C_2로, 첫째 단의 출력은 다음 단의 입력에 결합되고, 둘째 단의 출력은 첫째 단의 입력에 결합되어 있다. 이들 콘덴서의 충·방전은 그 통로의 저항과 함께 스위칭 주파수를 결정하기 때문에 매우 중요하다.

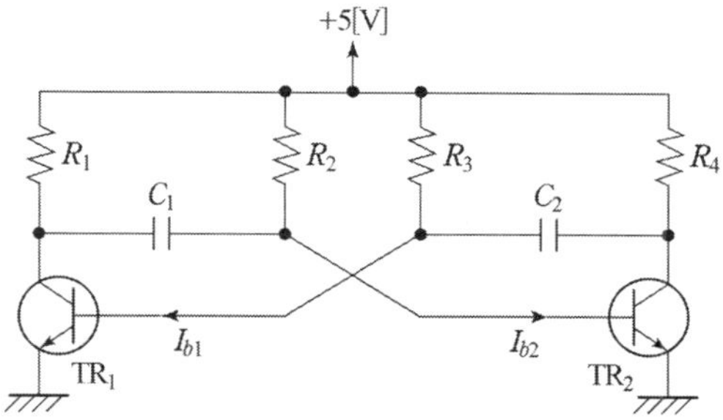

그림 15-1 비안정 멀티바이브레이터

(2) 어떤 순간 트랜지스터 TR_1이 불통인 상태에서는 TR_1의 컬렉터에 높은 양(+) 전압이 걸리고, 콘덴서 C_1은 그림 15-2 (a)와 같이 TR_2와 R_{L1}을 통해 충전하게 된다. 또한, TR_2는 통전 상태이므로 C_2에 충전된 전압은 그림 15-2 (b)와 같이 R_2를 통해서 방전된다.

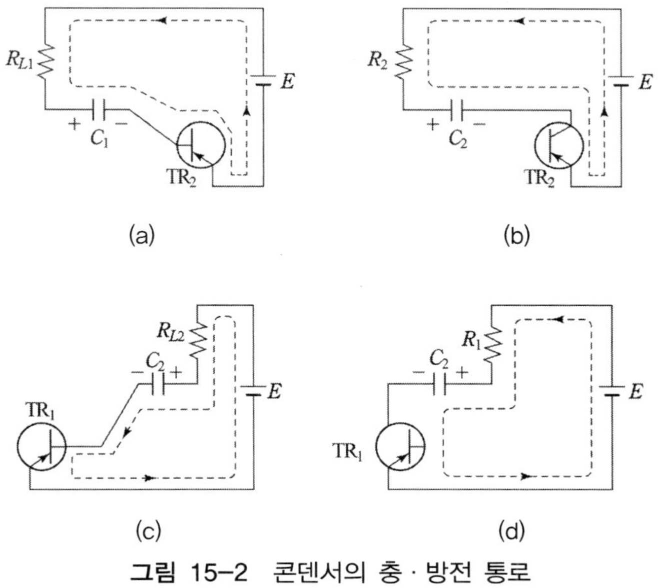

그림 15-2 콘덴서의 충 · 방전 통로

(3) 전도된 상태, 즉 TR_2가 불통이 되면 TR_2의 컬렉터에 높은 양(+) 전압이 걸리게 되고, C_2는 그림 15-2(c)와 같이 충전하게 되면 충전 통로는 TR_1과 R_{L2}를 통과한다. 또한, TR_1이 통전하고 있으므로 C_1은 그림 15-2(d)와 같이 R_1과 TR_1을 통해서 방전된다. 즉, TR_2가 통전하게 되면 C_1은 TR_2를 통해 충전하고, C_2는 TR_2를 통하여 방전한다. TR_1이 통전하게 되면 C_2는 충전하고, C_1은 TR_1을 통하여 방전한다.

(4) C_2의 방전으로 인하여 TR_1의 베이스에 양(+) 전압이 걸리게 되면 TR_1은 통전하게 되며, R_{L1} 전압 강하가 커진다. 따라서 TR_1의 컬렉터는 점차 음(−)이 된다. 또한, TR_2의 베이스는 C_1을 통해서 역방향 전압이 인가하므로, TR_2의 컬렉터 전류는 감소한다. 이 전류의 감소는 TR_2의 컬렉터 전압을 보다 더 양(+)으로 만들고, 이 양전위는 C_2를 통해서 TR_1의 베이스에 가해져 TR_1의 컬렉터 전류를 더욱 증가시킨다. 이러한 동작은 TR_2가 불통이 되고, TR_1이 포화될 때까지 계속된다.

(5) 반대인 경우를 생각하면 C_1에 충전된 전압이 R_1을 통하여 방전이 이루어진 다음, TR_2의 베이스 전압은 서서히 양(+)이 되어 최초의 상태를 전도시키는 동작이 다시 일어나게 된다. 그림 15-3 (a)와 (b)는 멀티바이브레이터 회로에서 각 트랜지스터의 베이스와 컬렉터의 전압 파형을 나타낸 것이다. 트랜지스터의 포화 상태에서는 컬렉터 전압이 거의 0에 가깝다. 그러나 불통 상태에서는 컬렉터 전압은 거의 전원 전압과 같아진다.

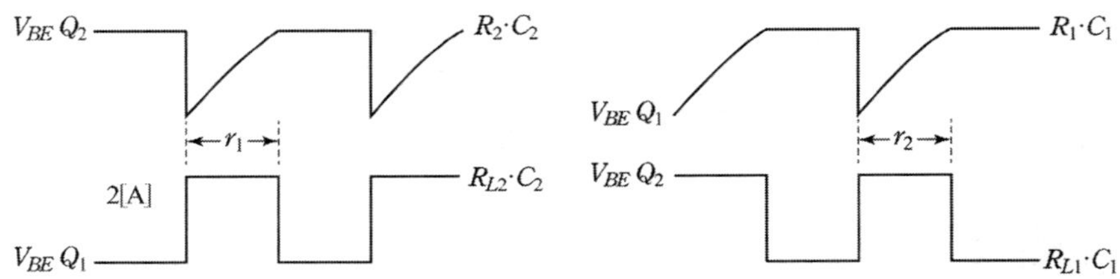

(a) 베이스 전압파형 (b) 컬렉터 전압파형

그림 15-3 멀티바이브레이터 회로

안전 및 유의사항

(1) 기준 전압보다 높은 전압에서만 안정화가 이루어지는 것에 유의한다.
(2) 계기와 콘덴서의 극성에 유의한다.
(3) 트랜지스터의 정격에 유의한다.

실습 순서

(1) 그림 15-4와 같은 회로를 결선하고 확인한다.

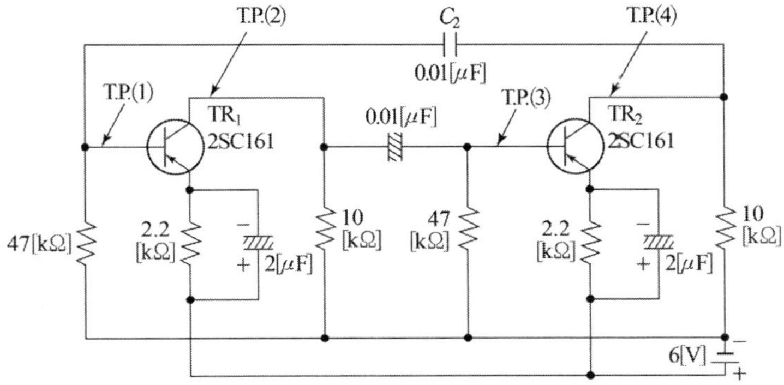

그림 15-4 비안정 멀티바이브레이터

(2) 다음과 같은 TP의 전압을 측정하여 기록한다.

① TR_1에 있어서

㉮ 컬렉터 – 접지 사이의 전압

㉯ 베이스 – 접지 사이의 전압

㉰ 이미터 – 접지 사이의 전압

② TR_2에 있어서

㉮ 컬렉터 – 접지 사이의 전압

㉯ 베이스 – 접지 사이의 전압

㉰ 이미터 – 접지 사이의 전압

(3) 그림에 나타난 각 TP에서 파형을 관찰하여 기록한다. 이때, 위상 관계를 잘 맞춘다.

(4) 멀티바이브레이터의 반복 주파수를 결정한다.

(5) TR_1과 TR_2 사이의 0.01[μF] 콘덴서 하나를 0.1[μF]으로 바꾼다.

(6) 주파수를 측정하고, TR_2의 컬렉터 – 접지 사이의 파형을 관찰하여 기록한다.

(7) 원래의 0.01[μF] 콘덴서로 다시 바꾸어 놓는다.

(8) 접지 – 이미터 사이를 연결해서 TR_2의 이미터 저항을 감소시켜 출력 파형의 변화를 관찰한다.

(9) 저주파 발진기의 발진 주파수를 멀티바이브레이터의 그것의 정수(1, 2, 3, 4)배 부근에 맞추고, 그 출력을 TR_1의 베이스에 가한 다음 동기를 잡을 수 있는 범위를 측정하여 기록한다. (이 때, 발진기의 출력도 가변 시켜 본다.)

실습 16 단안정 멀티바이브레이터

실습 목표

트랜지스터를 사용한 단안정 멀티바이브레이터의 구성과 동작 원리를 이해하고 그 특성을 측정하여 파악한다.

재 료

(1) 트랜지스터 : 2SC372 1개
(2) 다이오드 : 1S1588 2개
(3) 저항 : 1[kΩ], 10[kΩ], 3.3[kΩ], 30[kΩ], 60[kΩ] (1/4[W] 각 2개
(4) 가변 저항기 : 10[kΩ] 1개
(5) 콘덴서 : 10[pF], 47[pF], 0.01[μF], 33[μF] (16[V]) 각 1개
(6) 리드선

계기 및 기구

(1) 오실로스코프 1대
(2) 펄스 발생기(100[Hz]~100[kHz]) 1대
(3) 직류전원공급장치(DC 0~30[V]) 1대
(4) 브래드 보드

관련 이론

단안정 멀티바이브레이터는 하나의 시정수 회로를 가지고, 하나의 비안정 상태와 하나의 안정 상태를 가진 회로이다.

즉, 입력 신호가 없을 때 회로는 안정 상태 그림 16-1에서 트랜지스터 TR_2는 불통, TR_1은 통전을 유지하는데, 입력 트리거 펄스가 들어오면 회로는 비약해서 비안정 상태 그림 16-1에서 TR_2는 통전, TR_1은 불통)로 된다. 그러나 RC에 따라 정해지는 일정한 시간을 경과하면 펄스가 없어도 자동적으로 다시 안정 상터로 되며, 다음의 입력 펄스가 올 때까지 이 상태를 유지하는 회로로서 동작은 다음과 같다.

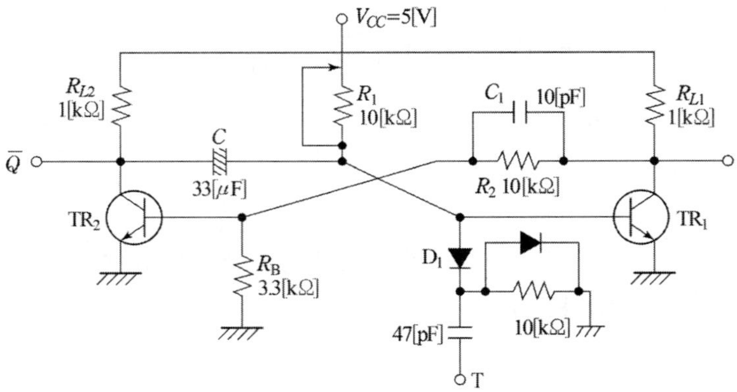

그림 16-1 단안정 멀티바이브레이터

(1) 그림 16-1에서 전원을 넣는 순간 TR_1의 베이스에는 $R_{L1}-C$를 통하여 V_{CC}가 바이어스되고, TR_2의 베이스에는 R_{L2}와 R_B로 분배된 전압이 바이어스 된다. 그러나, C는 10[pF]이 되므로, 10[pF]은 바로 충전되어 TR_2의 베이스는 1[kΩ]과 3.3[kΩ]에 의하여 분배된 전압이 걸려 베이스 전류가 TR_1에 비하여 현저히 작게 된다. 즉, TR_2의 컬렉터 전류가 감소하면 TR_2의 컬렉터 전위가 상승하므로 TR_1의 베이스 전류는 더욱 증가한다. 따라서, 이들의 상승 작용은 결국 TR_1을 ON, TR_2를 OFF 상태로 만든다.

(2) TR_1의 동작 상태에서 콘덴서 C에는 4.3[V]의 전압이 충전되고 이 때의 TR_1의 I_b는 R을 통하여 흐른다. 이 때, 입력신호 T를 '1'에서 '0'으로 떨어지는 펄스가 가해지면 47[pF]에 충전되었던 전하가 다이오드 D_1의 음극에 가해져서 D_1이 ON되고, 그 전압은 바로 TR_1의 베이스에 가해져서 TR_1이 OFF 상태가 된다.

(3) 트리거 입력 신호에 의하여 TR_1의 베이스에 역바이스가 가해지면 TR_1의 컬렉터 전위는 서서히 V_{CC}로 증가하며, TR_2의 베이스 전류가 흘러 TR_2가 ON 상태가 되면 C에 충전되었던 전하는 TR_1의 베이스와 이미터에 역으로 가해져서 계속 OFF 상태를 유지한다.

(4) C에 충전된 전압은 $\tau = RC$의 시정수를 가지면서 $C-R-TR_2$를 통하여 -4.3[V]+0.2[V]=-4.1[V]에서 +5[V]를 향하여 방전되며, 방전 종료와 동시에 역방향으로 재충전된다.

(5) C의 방전 전압이 0.5[V]가 넘으면 $V_{CB2}+V_C = 0.2+0.5 = 0.7$[V]가 되어 TR_1의 베이스 전류가 흐르기 시작하고, TR_1의 컬렉터 전위는 감소한다.

(6) TR_2의 베이스 전류가 감소하면 TR_1의 컬렉터 전류가 감소하고, TR_2의 컬렉터 전위가 증가하면 TR_1의 베이스 전류가 증가된다. 이들의 상승 작용으로 TR_2는 OFF, TR_1은 ON인 본래의 단안정 상태로 복귀한다.

그림 16-2, 그림 16-3, 그림 16-4는 각 부의 동작 파형을 나타낸 것으로, 비안정 상태의 계속 시간 T는 대략 다음과 같다.

$$T \fallingdotseq 0.7RC[\mathrm{s}]$$

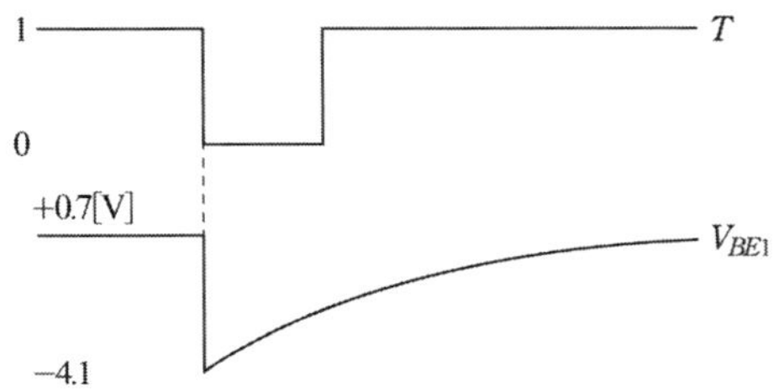

그림 16-2

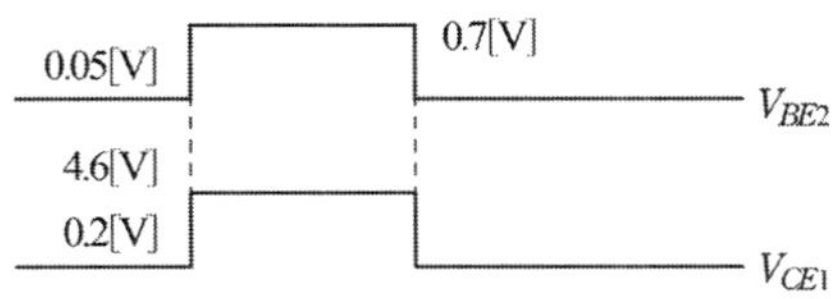

그림 16-3

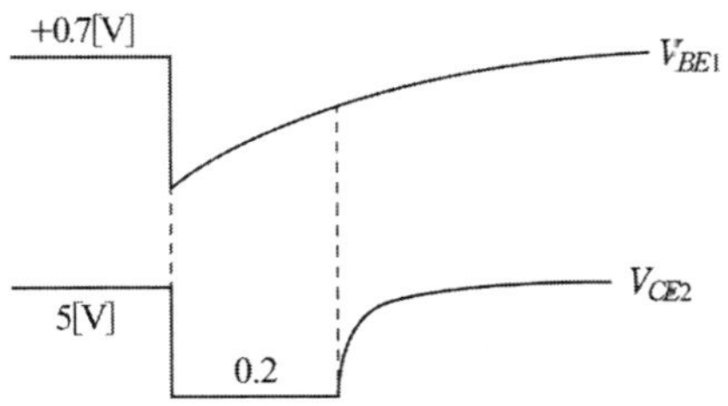

그림 16-4

안전 및 유의사항

(1) 기준 전압보다 높은 전압에서만 안정화가 이루어지는 것에 유의한다.

(2) 계기와 콘덴서의 극성에 유의한다.

(3) 트랜지스터의 정격에 유의한다.

실습 순서

(1) 그림 16-1과 같은 회로를 결선하고 확인한다.

⑵ 출력 단자에 오실로스코프를 접속하고, 이 회로에 규정 전압을 가한다.

⑶ 입력 단자에 펄스 발생기를 접속하고, 200[Hz]의 반복 주파수의 양(+)의 트리거 펄스를 가한다.

⑷ 비안정 상태의 계속시간, 즉 출력 펄스폭을 오실로스코프로 측정한 다음 그 결과를 표 16-1에 기록한다.

⑸ R_1 및 C_1의 값을 $R_1 = 30[\text{k}\Omega]$, $C_1 = 0.01[\mu\text{F}]$와 $R_1 = 60[\text{k}\Omega]$, $C_1 = 0.1[\mu\text{F}]$으로 바꾸고, 실습 순서 ⑵에서부터 ⑷까지를 되풀이한 다음, 측정 결과를 표 16-1에 기록한다.

표 16-1 출력 펄스폭의 측정 결과표($V_C \fallingdotseq 12$[V], $V_B = 12$[V])

입력 트리거 주파수 f[Hz]	R_1[kΩ]	C_1[μF]	$\tau = R_1C_1$[ms]

⑹ 발진 주파수를 점차 증가시키면서 회로의 발진 동작을 오실로스코프로 관찰하고, 각 부의 파형을 검토한다.

(7) 저항 R_2에 병렬로 100～1000[pF]의 스피드업 콘덴서(speed-up condenser)를 접속하고, 그 때의 동작을 비교한다.

(8) 측정 결과 $T \fallingdotseq 0.7RC$ [s]가 어느 정도 성립되는지를 검토한다.

(9) 표 16-1에 따라 그림 16-5와 같은 그래프를 모눈종이에 그린다.

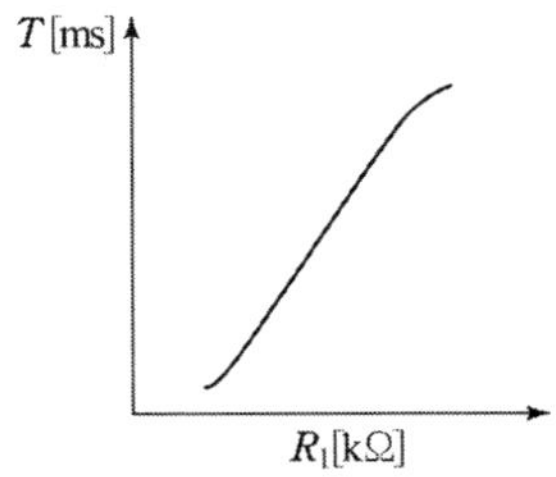

그림 16-5 저항 R_1과 비안정 상태 지속 시간과의 관계

실습 17 쌍안정 멀티 바이브레이터

실습 목표

트랜지스터를 사용한 쌍안정 멀티바이브레이터의 동작 원리를 이해하고, 그의 특성을 측정하여 파악한다.

재 료

(1) 트랜지스터 : 2SC372 2개
(2) 다이오드 : 1s1588 2개
(3) 저항 : 1[kΩ], 3.3[kΩ], 10[kΩ] (1/4[W]) 각 2개
(4) 콘덴서 : 50[pF], 100[pF], 200[pF], 0.001[μF], 10[μF] (16[V]) 각 2개
(5) 리드선

계기 및 기구

(1) 오실로스코프 1대
(2) 펄스 발생기(10[Hz]~500[kHz]) 2대
(3) 직류전원공급장치(DC 0~30[V]) 1대
(4) 브래드 보드 1개

관계 지식

쌍안정 멀티바이브레이터는 비안정 멀티바이브레이터와는 달리 그림 17-1과 같이 직류로 결합된 멀티바이브레이터이다. 좌우 트랜지스터의 어느 한쪽은 통전 상태에 있고, 다른 쪽은 불통 상태로 되어 있다. 그대로 두면 이 상태를 계속 유지하지만 세트와 리셋 단자에 입력 펄스가 1개 들어오면 지금까지 통전이었던 것이 불통으로, 불통이었던 것이 통전으로 반전한다. 그리고 다음 펄스가 들어올 때까지 이 상태를 유지하며, 두 번째의 펄스가 들어오면 처음의 상태로 되돌아온다. 이것은 2개의 안정 상태를 가지므로 쌍안정 멀티바이브레이터라고 한다. 또, 2진수에서 1자리의 계수 회로로도 사용할 수 있으므로 2진 계수기(binary counter)라고도 한다.

그림의 동작은 트랜지스터 TR_1이 ON, TR_2가 OFF 상태에서 세트에 '1'의 신호가 가해

지면 OFF 상태의 TR_2는 ON 상태로 바뀌고, 10[kΩ]에 병렬로 연결된 10[pF]의 콘덴서에 충전되었던 전압은 TR_2를 ON으로 동작시키므로, TR_1의 이미터나 베이스 사이에는 역방향 바이어스가 증가되어 TR_1은 OFF상태로 돌아간다.

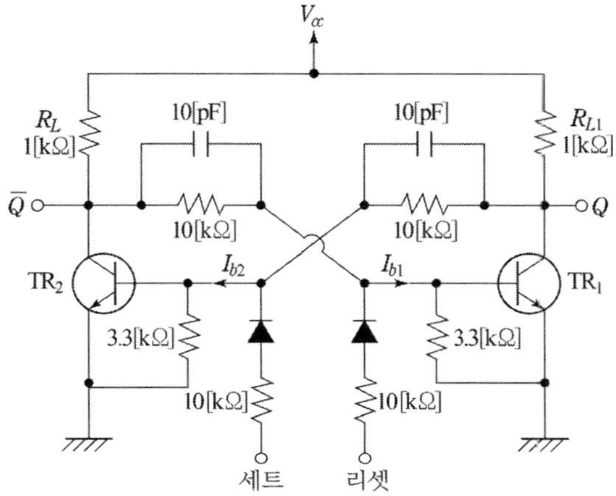

그림 17-1 쌍안정 멀티바이브레이터

이에 따라 TR_1의 컬렉터 전위는 상승하게 되어 TR_2의 베이스 전류는 차츰 증가하게 되고, 그에 따라 TR_2의 컬렉터 전류는 증가하여 TR_2의 컬렉터 전위는 감소한다. 따라서, TR_1의 이미터와 베이스 사이에는 역전압이 더욱 커지게 된다. 이와 같은 상승 작용에 의하여 TR_2는 순식간에 포화 상태가 되고, TR_2는 차단 상태(OFF)로 되어 안정 상태에 이르러 다음 신호를 기다리게 된다.

안전 및 유의사항

(1) 기준 전압보다 높은 전압에서만 안정화가 이루어지는 것에 유의한다.
(2) 계기와 콘덴서의 극성에 유의한다.

실습 순서

(1) 쌍안정 멀티바이브레이터 회로
① 그림 17-1과 같은 회로에서 세트와 리셋 단자를 결선하고 확인한다.
② 입력 단자에 펄스 발생기를 접속한 다음 양(+)의 펄스를 가한다.
③ 트랜지스터 2SC372의 컬렉터 전압과 입력 파형을 2현상 오실로스코프로 관찰하고, 완전한 2진 동작이 이루어지는가를 확인한다.

④ 스피드업 콘덴서 C를 10[pF]에서 50[pF]으로 바꾼 다음 실습 순서 ②, ③를 되풀이한다.

⑤ 스피드업 콘덴서 C를 50[pF]에서 100[pF]으로 바꾼 다음 실습 순서 ②, ③를 되풀이한다.

⑥ 측정한 파형이 그림 17-2와 같이 되는지를 확인한다.

⑦ 펄스 발생 주파수를 점차 증가시키면서 그의 동작이 어느 정도까지 가능한지를 조사한다.

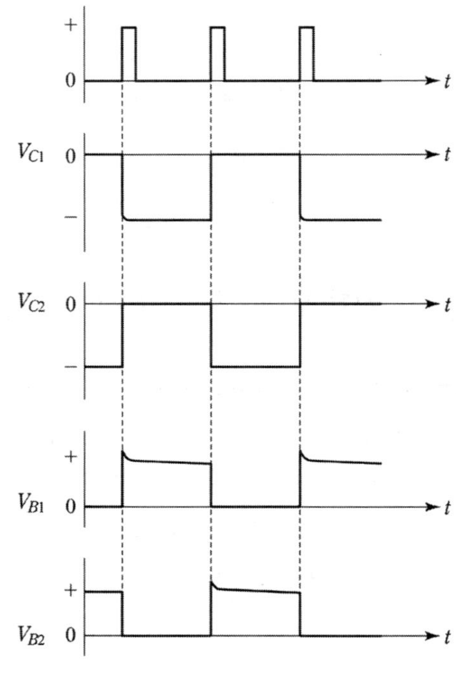

그림 17-2 쌍안정 멀티바이브레이터의 파형

(2) 입력 쌍안정 멀티바이브레이터 회로

그림 17-3의 회로는 입력을 같이 걸어 주지 않는(따로 걸어 준) 회로이다.

① 그림 17-3과 같은 회로를 결선하고, 확인한다.

② 2개의 펄스 발생기의 출력을 각각 통전 입력 단자와 불통 입력 단자에 가한다.

③ 통전 입력 펄스와 불통 입력 펄스의 반복 주파수를 변화시키면서 각 단의 출력과 베이스 파형을 2현상 오실로스코프로 관찰하여 기록한다.

④ 한쪽 펄스 발생기의 출력을 제 2펄스 발생기의 입력에 가해서 동기시킨다.

⑤ 제 1펄스 발생기 출력과 제 2펄스 발생기 출력에 지연 시간을 가한 출력을 통전 입력 펄스와 불통 입력 펄스 신호로 가한다.

⑥ 펄스 반복 주파수, 지연시간 등을 변화시키면서 각 단의 컬렉터와 베이스의 파형을 관찰하여 기록한다.

⑦ 관측할 수 없는 주파수의 범위를 찾는다.

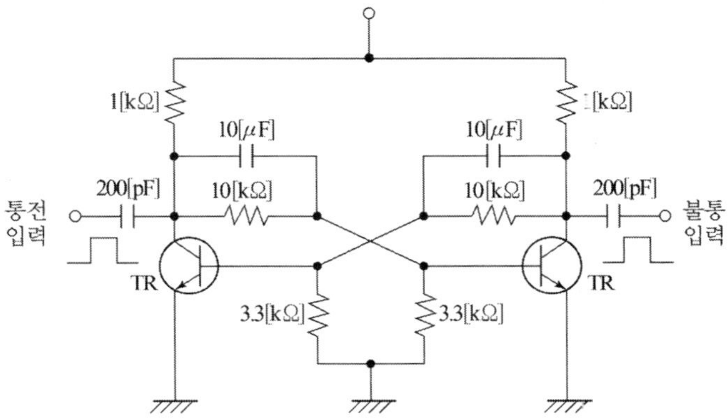

그림 17-3 입력 쌍안정 멀티바이브레이터

(3) 쌍안정 멀티바이브레이터의 동작 원리를 설명하라

(4) 쌍안정 멀티바이브레이터의 특성을 설명하라.

(5) 비안정, 단안정, 쌍안정 멀티바이브레이터를 비교하여 설명하라.

실습 18 발진기 응용회로 실험

1. 1석 새소리 발진기

▸ 동작설명

OPT에서 0.1[μF]의 3개 콘덴서로 LC 발진을 시키며 220[μF]의 콘덴서와 50[kΩ]의 가변저항과 470[Ω]의 저항에 의해 뻑뻑하는 블로킹 발진을 시켜 새소리를 나도록 한 회로이다.

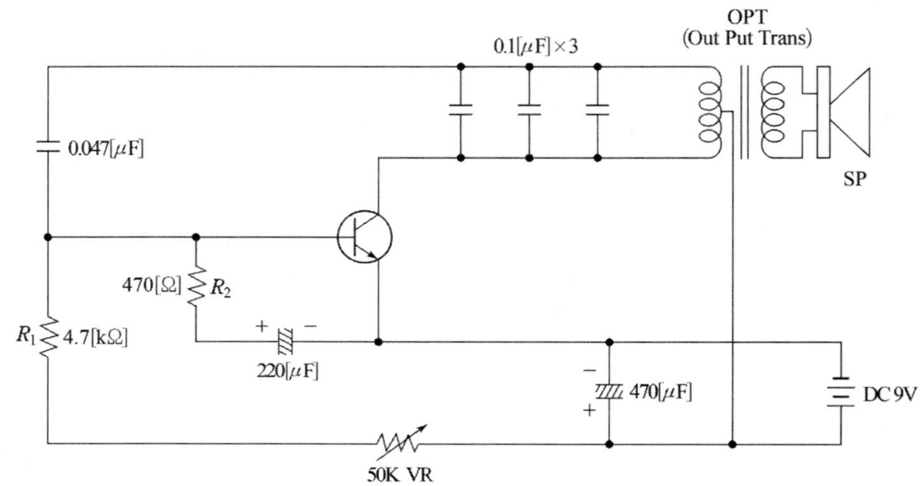

그림 18-1 1석 새소리 발진기 회로

2. 해가 뜨면 소리나는 발진기

▸ 동작설명

OPT와 0.47[μF]의 콘덴서로서 LC 발진을 시키며 100[μF]의 콘덴서와 50[kΩ]의 가변저항 및 CDS의 저항으로 블로킹 발진을 시켜 빛의 밝기에 의하여 새소리가 나도록 하는 회로

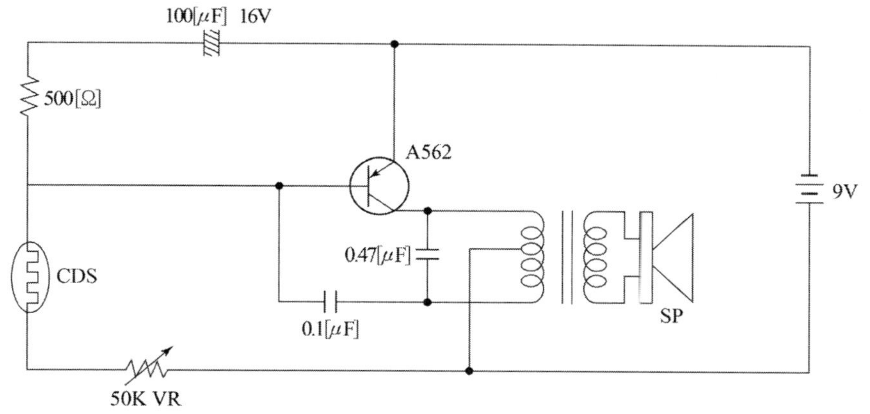

그림 18-2 해가 뜨면 소리나는 발진기 회로

3. 2석 멀티 깜박이

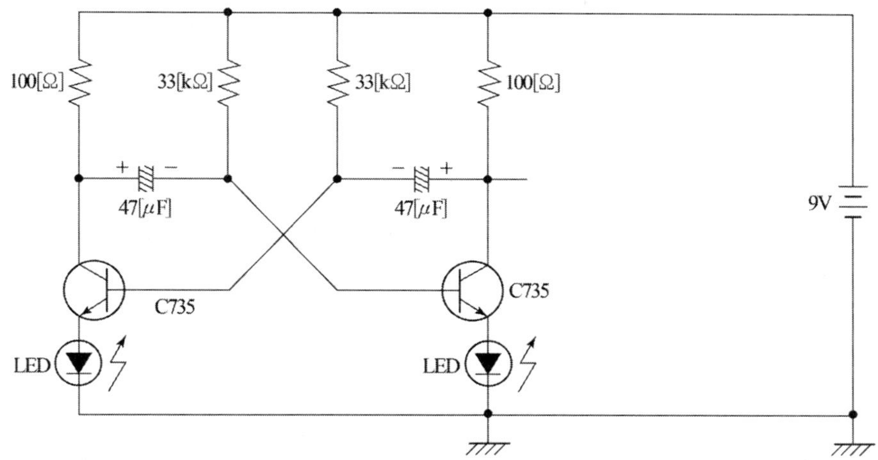

그림 18-3 2석 멀티 깜박이 회로

4 전자 종달새 소리

▸ 동작설명

TR_1과 TR_2를 무안정 M/V로 TR_3의 발진음을 짹짹하는 단속음이 되게 한다. 발진 주기는 C_1, C_2, R_2, R_3을 변화시키면 발진이 변하는데 C를 변화시키는 것보다 R를 변화시키는 것이 더 쉽다. TR_3는 블로킹 OSC 회로이며 톱니파 파형이 단속되며 발진된다. G_5를 변화시키면 음이 변화되며 VR를 조정하면 다른 새소리도 낼 수가 있다.

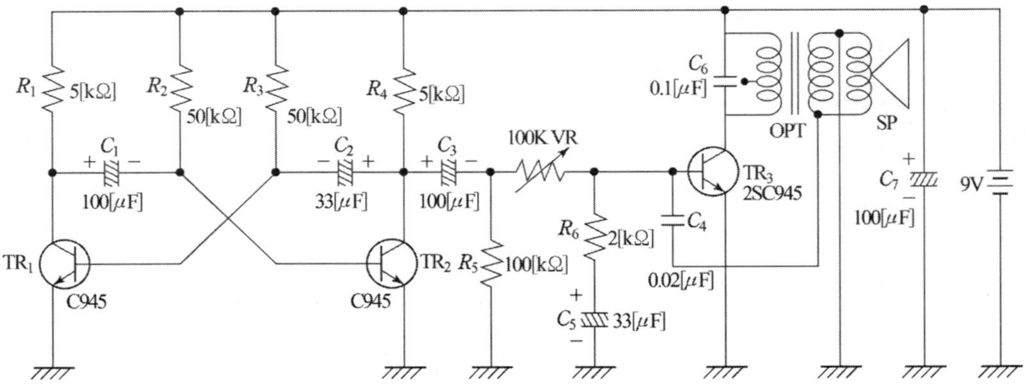

그림 18-4　전자 종달새 소리 회로

5. 패트롤 혼(PATROL HORN)

▸ 동작설명

① 2개의 발진 회로를 조합하여 0.5~1초의 일정한 주기를 고음과 저음으로 변화하여 발진한다.

② TR_1과 TR_2는 기준음을 발진하는 멀티바이브레이터이며 TR_4와 TR_5는 CR 발진기로 수 Hz의 극히 낮은 주파수로 R_3, R_4를 통하여 멀티 발진 회로의 Bias를 변화시킨다.

③ C_1과 C_2의 용량을 변화시키면 사이렌 음의 기본 피치가 변화되고, 반복주기의 변화는 C_4와 C_5, C_6의 용량과 R_3, R_4, R_7의 값에 의해 결정된다.

④ 변조 파형은 C_3을 통하여 TR_3에 결합되며 증폭되어 SP를 구동한다.

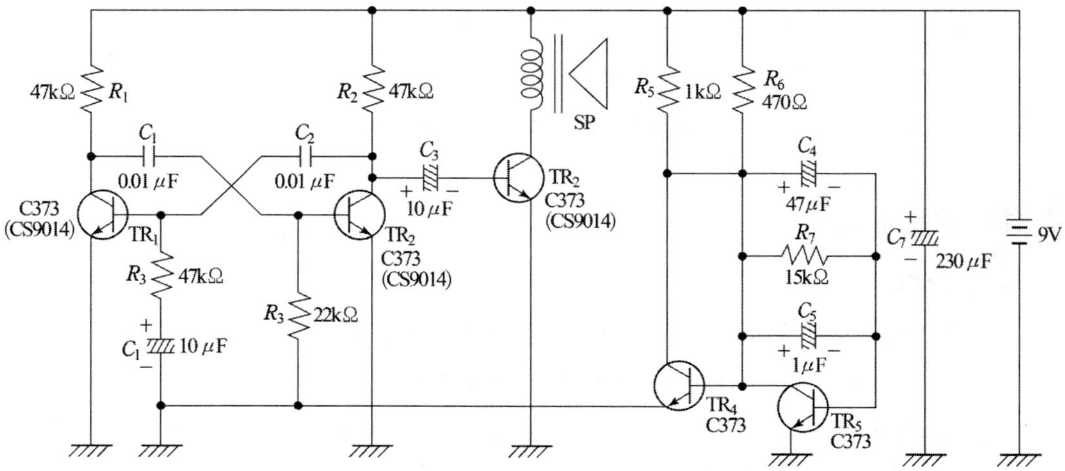

그림 18-5　패트롤 혼(PATROL HORN) 회로

실습 19 FET(Field Effect Transistor)의 특성

실습 목표

(1) FET의 구조와 동작을 이해한다.
(2) FET의 드레인 특성 측정 방법을 익힌다.

재 료

(1) FET : 2SK30 1개
(2) 가변 저항기 : 20[kΩ] 1개
(3) 리드선

계기 및 기구

(1) 직류 전압계(3[V], 20[V]) 각 1대
(2) 직류 전류계(30[mA]) 1대
(3) 직류전원공급장치(DC 0~30[V]) 2대
(4) 오실로스코프 1대
(5) 회로 시험기 1대
(6) 브래드 보드 1대

관련 이론

전기장 효과 트랜지스터(Field Effect Transistor, FET)는 접합 트랜지스터와 같이 증폭, 발진, 스위치 등을 할 수 있는 반도체 소자로서, 일반적으로 접합 트랜지스터에 비하여 열잡음이 적고, 입력 임피던스가 높기 때문에 외부의 잡음 영향을 잘 받지 않으며 신뢰성이 풍부하고 방사성 손상에 강하며, 고신호원 임피던스로 저잡음 증폭기에도 많이 쓰인다. 또한 FET는 다수 캐리어의 이동에만 의존하는 단극성 소자로서 제조 과정이 간단하여 직접도를 아주 높게 할 수 있다.

FET는 구조상 접합 FET(Junction FET, JFET)와 절연 게이트형 FET(Insulated Gate FET, IGFET)가 있다.

특히, 절연 게이트형 FET를 MOS-FET(Metal-Oxide-Semiconductor FET)라고도 한다.

1. 접합형 FET

접합형 FET의 동작은 PN 접합에서의 역방향 바이어스 전압이 증가할수록 공핍층(depletion-layer)이 두껍게 된다는 현상에 기초 원리를 두고 있다.

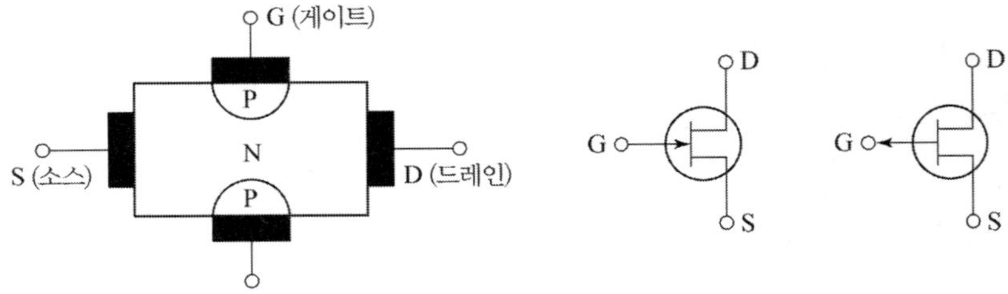

(a) 구조 (b) N채널 (c) P채널

그림 19-1 JFET의 구조와 기호

그림 19-1에서 보는 바와 같이, JFET의 구조는 N형 반도체의 직육면체의 양끝이 소스(Source, S)와 드레인(Drain, D)이고, 이 반도체의 중간에 P형 반도체에 의해 PN 접합을 이루고 있는 게이트(Gate, G)라는 단자로 되어 있다. 이 중 소스와 드레인 사이의 긴 통로를 채널(Channel)이라고 하는데, N 채널 JFET란 채널이 N형 반도체이고, 게이트가 P형 반도체인 반면, P채널 JFET는 채널이 P형, 게이트가 N형 반도체로 되어 있다. 동작 상태를 살펴보기 위해 그림 19-2 (a)와 같이 게이트와 소스가 함께 접지되어 있다고 가정해 보자.

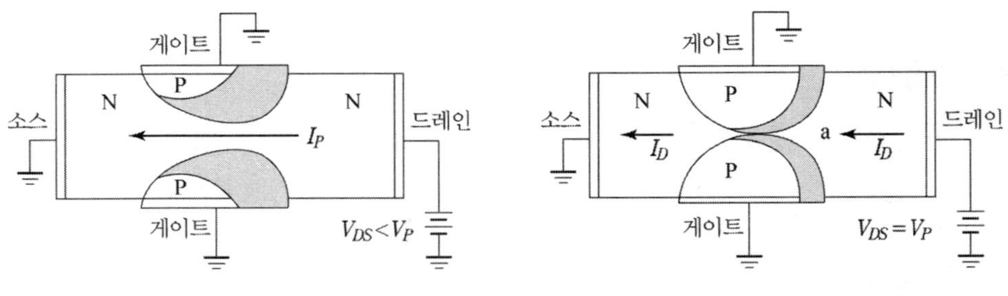

(a) (b)

그림 19-2 V_{DS}에 따른 채널 변화

그림 19-2 (a)와 같이 V_{DS}를 가해 주면 드레인과 게이트 사이에는 역방향 바이어스가 걸리게 되어 전류는 게이트로 거의 흐르지 않게 되고, 채널에 따라 소스로 흐르게 될 것이다. 또한 V_{DS}를 차차 증가시키면, 채널과 게이트 사이의 PN 접합부에는 역방향

바이어스가 더욱 커지고 공핍영역은 더욱 늘어나게 된다.

공핍 영역이 늘어나거나 채널의 폭이 좁아지고 채널 저항이 증가하게 되므로, V_{DS}의 증가율만큼 드레인 전류 I_D는 감소한다.

그림 19-2 (b)의 경우와 같이 V_{DS}가 어느 정도 이상이 되면 공핍층은 더욱 더 증가하여 채널이 막히게 되고, V_{DS}가 더욱 커져도 I_D는 더 이상 증가하지 않는다.

이 때, I_D 전류가 일정하게 되기 시작한 점의 핀치 오프 전압(pinch-off-voltage)이라 하며, V_P로 표시하고, 임계 전압이라고도 불린다. 만일, V_{DS}를 더욱 크게 하여 채널과 게이트 사이의 PN 접합부에서 절연 파괴 현상이 일어나면, 드레인 전류 I_D는 갑자기 증가한다. 그림 19-3 (a)는 $V_{GS} = 0$[V]일 때 JFET의 드레인 특성 곡선이고, 그림 19-3 (b)는 V_{GS}를 변화시켰을 때 JFET의 드레인 특성 곡선이다.

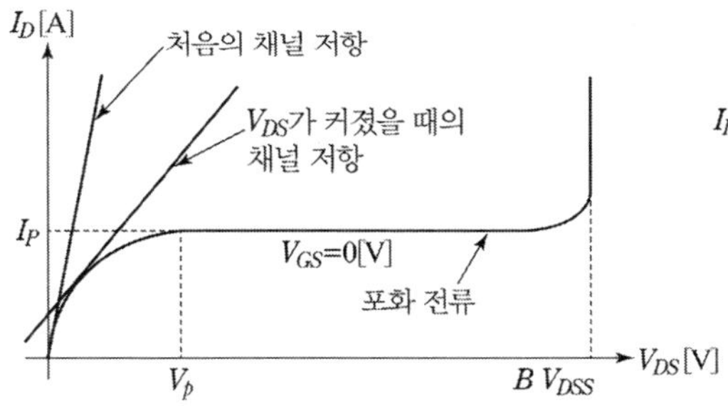

(a) $V_{GS} = 0$

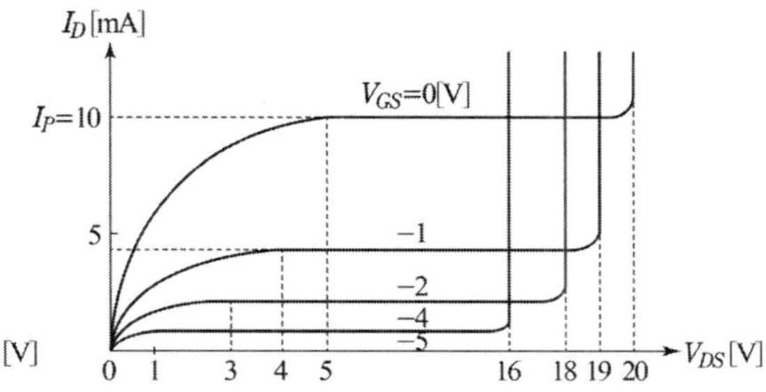

(b) V_{GS} = 변화

그림 19-3 JFET의 특성

FET의 가장 큰 특징은 입력 저항이 크다는 것이다. 보통, 접합 트랜지스터의 입력 저항은 보통 1[kΩ] 정도인데 반해, JFET의 입력 저항은 108~1012[kΩ] 정도이고, 또한 접합 트랜지스터에서 전류의 흐름은 전자 및 전공에 의하여 흐르게 되지만, JFET에서는 전자나 정공 중 어느 하나만으로 구성된다. 그리고 접합 트랜지스터에는 컬렉터 전류를 베이스 전류에 의해 제어하지만, JEFT에서는 드레인 전류를 게이트 전압에 의해 제어하게 된다.

2. MOS형 FET

구조는 그림 19-4와 같이 절연 게이트의 구조가 위로부터 차례로 Metal → Oxide (Silicon Oxide, 산화실리콘) → Silicon으로 되어 있다. P형 실리콘의 기본재료 위에 N형 영역을 2개소 만들어, 그 사이의 실리콘 산화막 위에 전극을 놓은 것만의 간단한 구조이다.

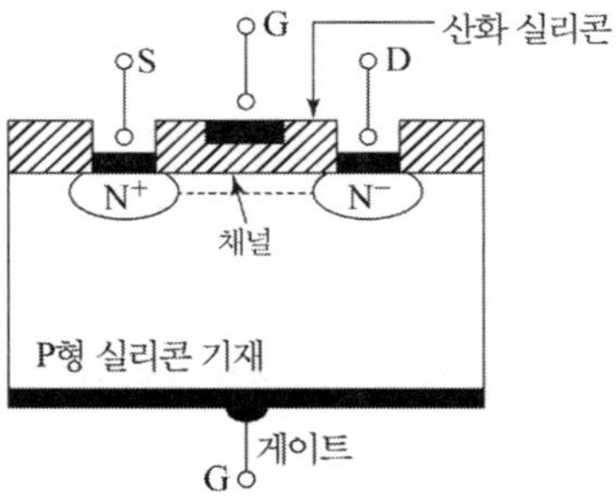

그림 19-4 MOS형 FET의 회로 구조

접합형과 마찬가지로 N형 영역의 한쪽을 소스라 하고 다른 쪽을 드레인이라 하며, 산화막 전극을 게이트라 부른다. 또 기본재료 P형 실리콘은 일반적으로 소스와 같은 전위로 사용된다. MOS형 FET에 있어서 기재에 P형 실리콘을 사용하여 채널이 N형인 것을 N채널 MOS-FET라 하고, 기재에 N형 실리콘을 사용하여 P형 채널로 한 것을 P채널 MOS-FET라 한다(N채널 FET, P채널 FET라고도 한다).

금속의 게이트 전극이 절연 피막을 통해 반도체에 부착되어 있으므로 MOS형 FET는 다른 명칭으로 절연 게이트형 FET라고도 한다. 이 반도체의 표면에 만들어진 절연막 위에 금속 전극에 가하는 전압에 따라 드레인과 소스 간에 흐르는 전류를 제어할 수 있다. 그림 19-5는 MOS형 FET의 회로 기호를 나타낸 것이다.

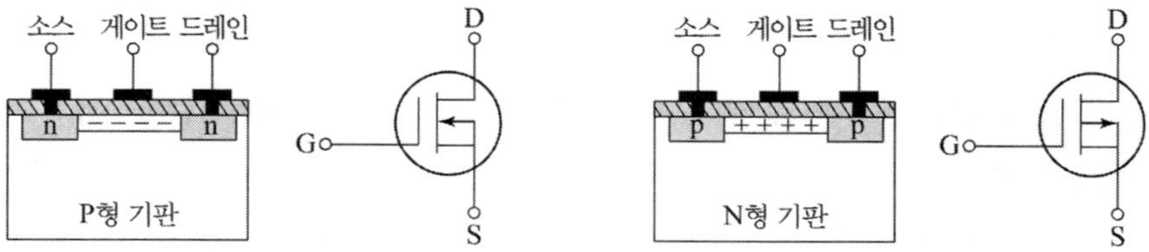

(a) P 채널　　(b) N 채널

그림 19-5 MOS형 FET

3. FET의 종류

외형적으로는 보통의 트랜지스터와 비슷하다. FET는 접합형과 절연 게이트형(MOS형)이 있고, 다시 각각 n채널형과 p채널형으로 나눈다. 전극명은 드레인(Drain), 소스(Source) 및 게이트(Gate)로 3단자이다. MOS형은 취급할 때 주의가 필요하다.

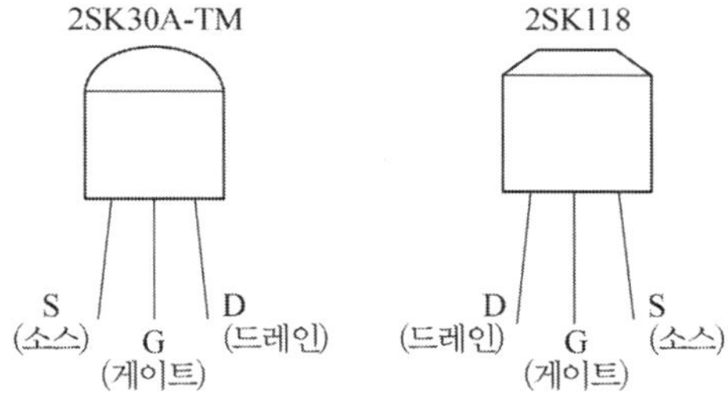

그림 19-6 FET의 외형

표 19-1 FET의 종류

P형	2SJ○○○	[접합형] 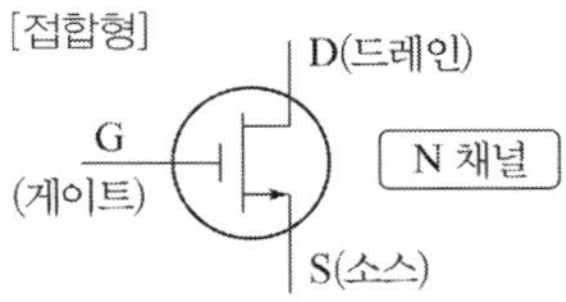	[MOS형] 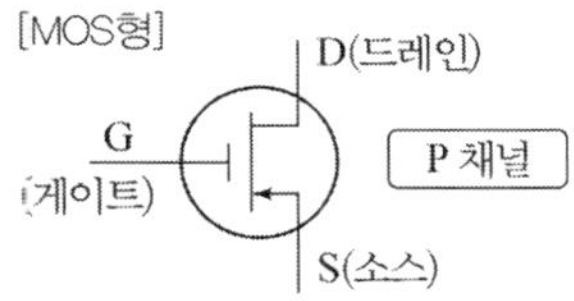
N형	2SK×××	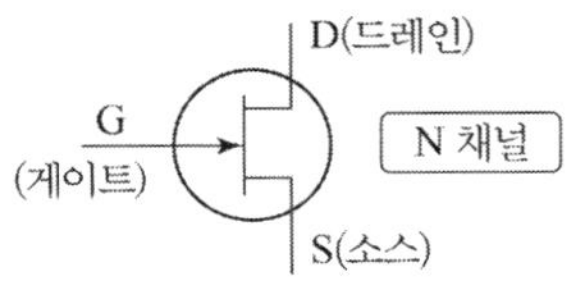	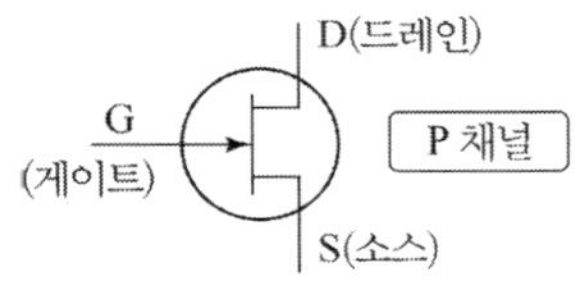

4. 극성 찾는 법

(1) 테스터의 R×100 레인지에서 TR의 베이스(B)와 같이 게이트 (G)를 찾는다.

(2) 게이트 (G) – 소스(S)간 순방향 저항값이 게이트(G) – 드레인(D)간의 저항값 보다 약간 적다.(같은 값일 때는 소스와 드레인의 극성을 바꾸어 사용해도 된다.)

(3) 소스(S) – 드레인(D)간은 R×10,000 레인지에서 측정시 드레인(D)에 순방향이 가해질 때 저항값이 적다.

안전 및 유의사항

(1) 드레인 전압을 최대 정격 전압 이상되지 않도록 한다.

(2) 기기의 극성이 바뀌지 않도록 한다.

실습 순서

(1) 실습할 FET의 규격표를 찾아 정격을 표 19-2의 해당란에 기록한다.

(2) 주위 온도를 측정하여 기록표에 기록한다.

(3) 그림 19-7과 같이 회로를 접속한다.

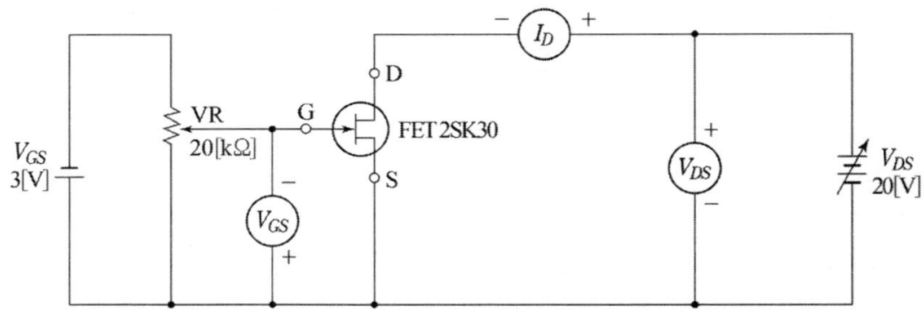

V_{GS} : 직류 전압계(3[V])
I_D : 직류 전류계(30[mA])
V_{DS} : 직류 전압계(20[V])

그림 19-7 FET의 특성 측정 회로

(4) $V_{GS} = 0$[V]가 되도록 VR를 조정한다.

(5) V_{DS}를 표 19-2와 같이 변화시키면서 I_D를 측정해 기록표의 해당란에 기록한다.

(6) V_{GS}를 표 19-2와 같이 −0.5[V], −1.0[V], −1.5[V], −2.0[V], −2.5[V]로 각각 조정했을 때 실습 순서 (5)를 되풀이한다.

(7) 표 19-2에서 얻은 결과로 $V_D - I_D$ 특성 곡선을 그린다.

(8) FET에 있어서 드레인 전류를 제어해주는 것은 무엇인가?

(9) 필리 오프 전압 V_P에 대하여 설명하라.

표 19-2 기록표

FET의 이름 및 규격				주위 온도 : ℃		
V_{DS}	I_D [mA]					
	$V_{GS}=$ 0[V]	$V_{GS}=$ −0.5[V]	$V_{GS}=$ −1.0[V]	$V_{GS}=$ −1.5[V]	$V_{GS}=$ −2.0[V]	$V_{GS}=$ −2.5[V]
0						
0.5						
1.0						
1.5						
2.0						
3.0						
5.0						
8.0						
12						
16						
20						

실습 20 실리콘 제어 정류기(SCR)의 특성

실습 목표

(1) 실리콘 제어 정류 소자의 특성 측정 방법을 익힌다.
(2) 실리콘 제어 전류 소자의 특성과 용도를 안다.

재 료

(1) SCR : 2P2M(저전류용) 1개
(2) 가변저항 : 5[kΩ] (2[W]) 1개
(3) 전구 : 24[V] 1개
(4) 토글 스위치 1개
(5) 리드선

계기 및 기구

(1) 직류 전압계(DC 0~50[V]) 1대
(2) 직류 전류계(2[mA], 2[A], 500[mA]) 각 1대
(3) 직류 전원(DC 6[V]) 1개
(4) 직류전원공급장치(DC 0~30[V]) 1대
(5) 회로 시험기 1대
(6) 브래드 보드

관련 이론

1. SCR(Sillicon controlled Rectifier)의 구조

실리콘 제어 정류 소자(Silicon controlled rectifier, SCR)는 제어 목적을 위해 제 3의 단자를 가지는 실리콘 재료로 제조된 정류기이다. SCR가 일반 반도체 다이오드와 다른 점은, 정류기를 개방 회로에서 단락 회로로 전환을 결정하는 게이트(gate)라는 제3의 단자를 가지고 있는 점이다.

(1) PNPN Diode에 게이트(GATE) 전극을 붙인 것으로 애노드와 캐소드에 순방향 전압이 걸리고 게이트(GATE)에 신호를 가하면 A(+), K(−)간이 도통되며 전류가 흐

른다.

(2) 게이트에 가하는 신호를 trigger 신호라고 하며 이 신호의 위상을 조정하면 A-K간에 흐르는 전류가 조정되므로 부하를 연결하면 부하에 흐르는 전류를 조절할 수 있다.

(3) 조명 등 밝기조정, DC 모터 속도 조정, 자동제어 등에 사용된다.

그림 20-1은 SCR의 기호와 외형을 나타낸다. 그림 20-2와 같이 SCR는 PNPN 또는 NPNP의 4층 다이오드 구조를 가진다.

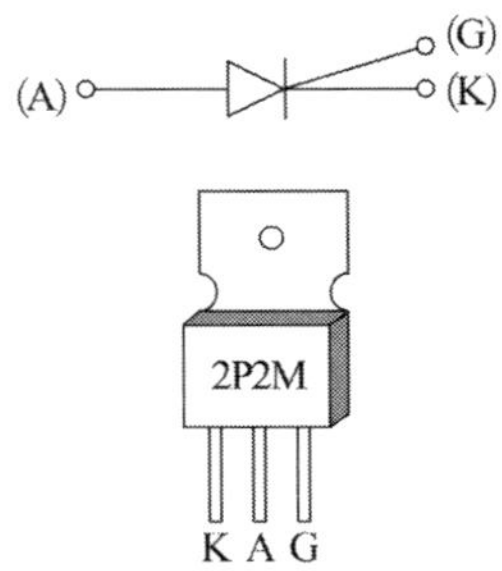

그림 20-1 SCR의 기호와 외형

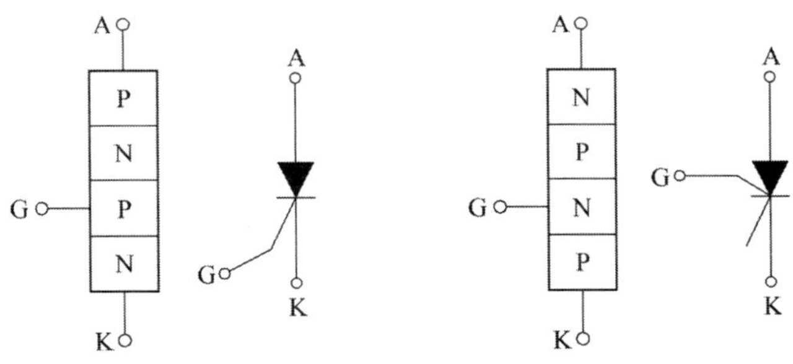

(a) P게이트형 SCR (b) N게이트형 SCR

그림 20-2 SCR의 구조와 기호

2. SCR의 동작 원리

(1) SCR의 내부구조는 PNP 트랜지스터와 NPN 트랜지스터가 상호 연결된 것과 같다.

(2) 그림 20-3과 같이 A에 (+), K에 (−)를 공급하면 TR_1, TR_2 베이스에는 전류가 흐르지 않는다. 그림 20-4와 같이 순간적으로 G-K간에 순방향전압 V_G를 공급하면 A-K간 전류가 흐른다.

(3) ㉠ TR_2의 베이스 전류가 ①의 방향으로 흐른다.
㉡ TR_2의 컬렉터 전류가 ②의 방향으로 흐른다.
㉢ TR_1의 베이스 전류가 ②의 방향으로 흐른다.
㉣ TR_1의 컬렉터 전류가 ③의 방향으로 흐른다.
㉤ TR_2의 베이스 전류가 ③의 방향으로 흐른다.
㉥ TR_2의 컬렉터 전류가 ②의 방향으로 흐른다.
㉦ A에서 K측으로 전류가 흐른다.

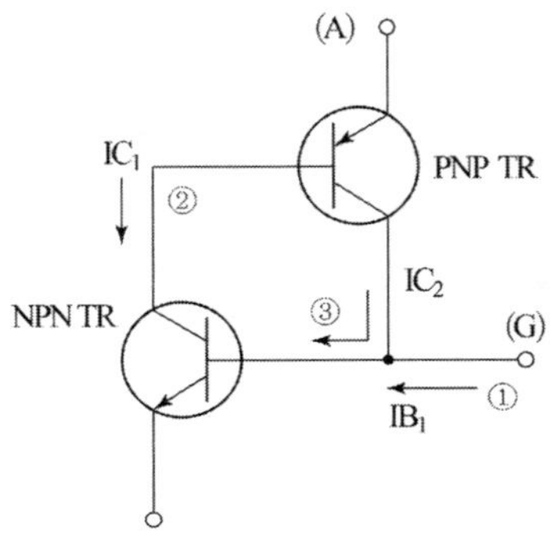

그림 20-3

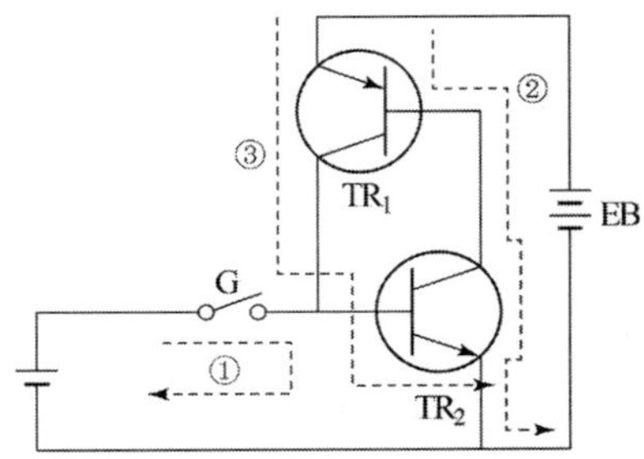

그림 20-4

▸ 결론

A-K간이 일단 도통 상태(ON상태)가 되면 외부에서 전원전압 V_{BE}를 0[V]로 하던가 또는 전원전압이 극성을 바꾸어 양극전류(A에서 K쪽으로 흐르는 전류 : I_a)가 0[A]로 되기 전까지 계속 양극전류가 흐른다.

3. 실리콘 제어 정류 소자의 특성

그림 20-5(a)와 게이트 전류를 흘려주지 않는 상태($I_G = 0$)에서 가변 저항기를 조정하여 애노드 전압을 변화시킴에 따라 전류도 변화하는데, 이것을 그림으로 나타낸 것이 그림 20-5(b)이다.

그림 20-5(b) 그림에서 애노드 전압을 차차 높여 갈 때 V_{B0}가 되기 전까지 전류가 거의 증가하지 않는 것은 그림 10-8(c)에서 N_1과 P_2의 접합부가 역방향 특성을 나타내고 있기 때문이다.

그러나 애노드 전압이 V_{B0}에 도달하면, 낮은 전압에서도 큰 전류가 흐르는 상태로 변화되는데, 이 때 V_{B0}를 브레이크 오버 전압(breaker over voltage)이라 한다.

애노드 전압이 V_{B0} 이상으로 공급되어 애노드-캐소드 간이 일단 통전 상태가 되면, V_1에서도 통전 상태가 유지되고, V_1 이상의 전압에서는 애노드 전압이 조금만 높아져도 애노드 전류가 크게 증가한다. 또한, 애노드-캐소드 간이 일단 통전상태로 된 후에는 애노드 전압이 V_1 이하로 낮아질 때 차단 상태가 된다.

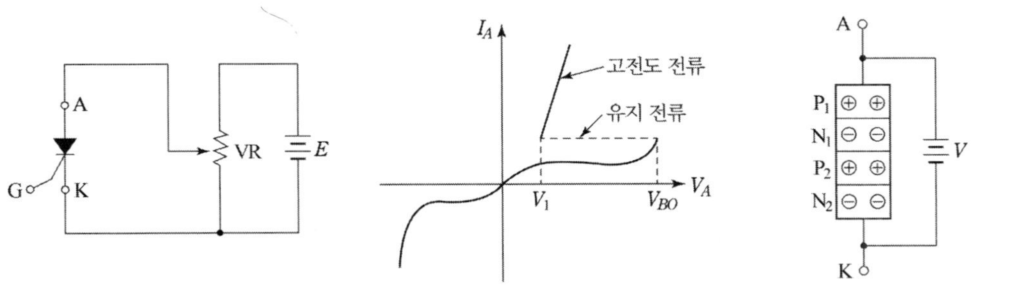

(a) 게이트 개방회로 (b) 게이트 개방식 SCR의 특성 (c) 전압 인가시 SCR의 내부상태

그림 20-5 SCR의 특성

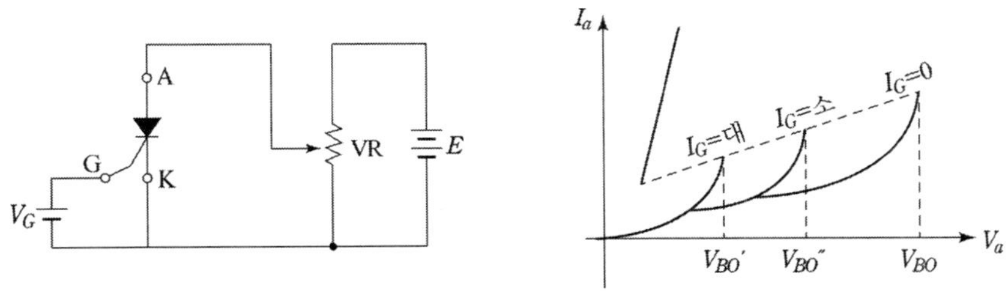

(a) 기본회로 (b) 특성곡선

그림 20-6 SCR의 기본 회로와 특성 곡선

그림 20-6은 게이트 전압을 가한 경우, I_G 변화에 따른 SCR의 특성 곡선이다. 그림 (b)에서 알 수 있듯이 SCR은 I_G가 클수록 통전 상태로 되기 시작하는 점의 전압, 즉 V_{B0}가 낮아진다. SCR은 이와 같은 특성이 있기 때문에 계전기 장치, 정전원 장치, 모터 제어, 초퍼 위상 제어 등에 사용된다.

4. SCR의 용어 및 특성

(1) 순브레이크 오버 전압 : SCR이 도통상태로 스위칭 하는 전압

(2) 순시 순전류 : 도통 상태에서 SCR에 흐르는 애노드 전류의 순시값

(3) 게이트 트리거 전압 : 애노드 전류가 흐르기 시작하기 직전의 게이트 전압

⑷ 유지전류 : SCR이 도통 상태에서 게이트 개방시 도통상태를 유지하기 위한 최소의 애노드 전류

⑸ 서지전류 : SCR이 정상동작 상태에서 갑자기 크기가 변화하는 최대허용 비반복 피크전류로 SCR의 파괴원인이 된다.

⑹ 턴 온 시간 : SCR의 차단 상태에서 도통 상태로 스위칭 하는데 필요한 시간

⑺ 턴 오프 시간 : SCR이 동작상태에서 차단상태로 되기까지 걸리는 시간

5. SCR 형명 표기법

▸ 예제 : (100[V], 5[A]의 스탠드형 다이리스터의 형명)

예 .... S F (①) 5 (②) B (③) 1 3 (④) A (⑤)

① 종류
SF : 일반용 다이리스터
SG : GTO 다이리스터
SH : 고속용 다이리스터
SHR : 역도통 다이리스터
SM : 트라이액

② 전류정격[A]
SF는 평균 ON 전류
SG는 턴오프전류
SM은 실효전류

③ 역내압구분
B는 100[V]

④ 외위기(外圍器)
번호 메이커내의
추가번호(13은
스탠드형) 절연형은
숫자앞에 Z가
붙는다.

⑤ 변경을 나타내는
첨자 SH, SHR, SG의
경우는 턴오프시간

W : 2μs 이하
X : 4μs 이하
Y : 6μs 이하
Z : 10μs 이하
A : 10μs 이하
B : 30μs 이하
C : 50μs 이하
D : 80μs 이하

* : 역내압 [V]
A=500, B=100, D=200, F=300, G=400, J=600
L=800, N=1000, Q=1200, R=1300, U=1600, Y=2000,
EX=2500, FX=3000, GX=4000, HX=5000

▸ 예제 : (1200[V], 150[A]의 스탠드형, 위상제어용 소자의 형명)

예 ······ 1 5 0 P 1 2 S

(1 5 0 → ①, P → ②, 1 2 → ③, S → ④)

① 정류정격[A]

② 종류

P : 위상제어용소자

S : 고속스위칭소자

SS : 초고속스위칭소자

③ 정격전압 100[V]

④ 외형

F : 플래트 베이스형

FM : 플래트 베이스의 몰드형

H : 평형(원반형)

M : 몰드형

S : 스탠드형

T : 트랜지스터형

6. SCR의 양부판정법

(1) 회로 실험기를 R×1의 레인지로 하고 각 단자간의 순방향 저항을 측정해 보면 한쪽 방향으로 도통되는 전극이 있으며 그 상태에서 흑색 리드봉이 접속된 전극이 게이트, 적색 리드봉이 접속된 전극이 캐소드이며 나머지 전극이 애노드이다.

(2) 그림 20-7은 SCR의 측정도이며 캐소드에 적색 리드봉, 애노드에 흑색 리드봉을 접속하면 저항은 무한대를 지시하며 이때 애노드와 게이트를 순간적으로 단락하면 애노드와 캐소드가 도통되며 게이트 전압을 떼어도 도통 상태를 유지하여야 된다. 만약 게이트에 전압을 가하여 애노드와 캐소드가 도통되지 않거나 일시적으로 도통되었다가 차단되는 것은 불량품이다.

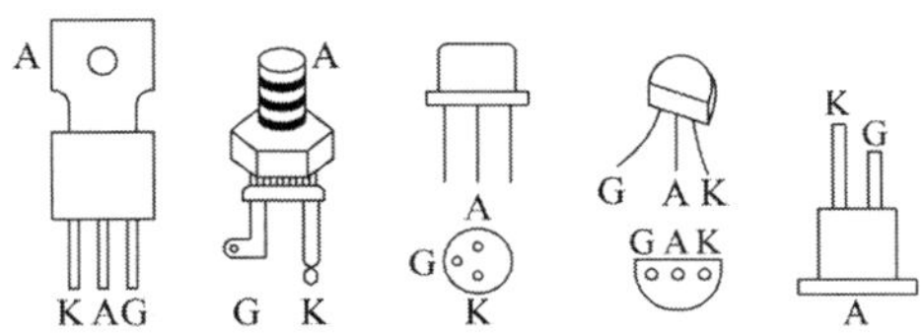

그림 20-6 SCR의 외형도

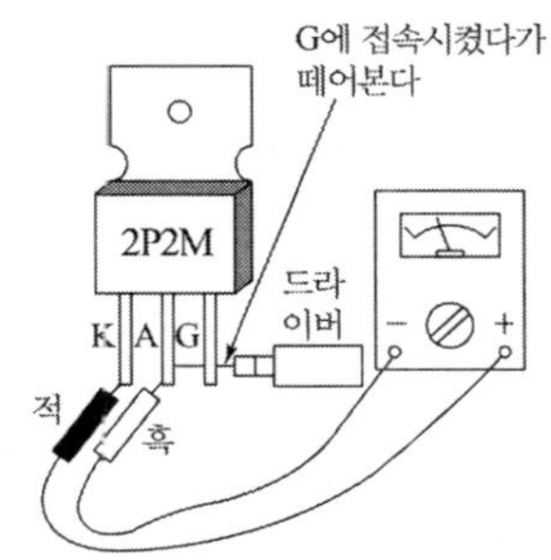

그림 20-7 SCR의 양부시험

테스터로 SCR를 체크방법

㉠ G − K = 15[Ω]~20[Ω]
㉡ A − K = ∞
㉢ G − A = ∞
㉣ A − K = ∞ → A − G = ON(off) = 유지

안전 및 유의사항

(1) SCR에 최대 정격 전류 및 전압 이상을 가하지 않도록 한다.

(2) 측정할 전압이나 전류가 계기의 용량을 넘지 않도록 한다.

실습 순서

(1) 실습에 사용할 SCR의 정격을 규격표에서 표시하여 표 20-1의 해당란에 기록한다.

(2) 그림 20-8과 같이 회로를 결선한다.

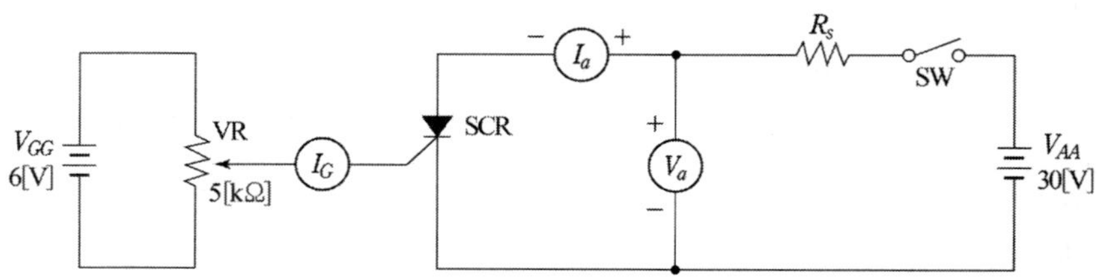

I_G : 2[mA] 직류 전류계, I_a : 500[mA] 직류 전류계
V_a : 100[V] 직류 전압계, R_S : 24V 전구

그림 20-8 SCR의 특성 측정 회로

(3) 가변 저항기 VR를 가변시켜 $I_G=0.5$[mA] 가 되게 한다.

(4) 스위치 SW를 닫고 V_{AA}를 가변시켜 V_a를 0[V]에서부터 차차 증가시킬 때, I_a를 표 20-1의 해당란에 기록한다.

(5) V_a를 계속 증가시켜 $V_a = V_{B0}$가 되는 전류를 측정하여 기록표에 기록한다.

(6) 전류계를 2[A]짜리로 교환한다.

표 20-1 기록표

SCR의 이름 및 규격			주위 온도 : ℃	
V_a [V]	I_a [mA]			
	$I_G = 0.5$[mA]	$I_G = 1.0$[mA]	$I_G = 1.5$	$I_G = 2.0$I
	$V_{B0} =$ $V_h =$ $I_h =$	$V_{B0} =$ $V_h =$ $I_h =$	$V_{B0} =$ $V_h =$ $I_h =$	$V_{B0} =$ $V_h =$ $I_h =$

(7) 통전시킨 다음 유지 전압 V_h와 유지 전류 I_h의 값을 측정하여 기록표에 기록한다.

(8) 스위치를 열고 SCR를 차단 상태로 한다.

(9) I_G를 1.0[mA], 1.5[mA], 2.0[mA]로 각각 조정하였을 때, 실습 순서 (4)에서부터 (8)까지를 되풀이한다.

(10) 표 20-1에서 얻은 자료로 각 I_G에 대한 SCR의 특성 곡선을 그린다.

실습 21 트라이액 및 다이액의 특성

실습 목표

(1) 트라이액의 구조와 특성을 이해한다.
(2) 다이액의 구조와 특성을 이해한다.
(3) 트라이액과 다이액의 특성 실험 방법을 익힌다.

재 료

(1) 다이액 : DB 4 또는 MPT28 1개
(2) 트라이액 : Q4004F4 1개
(3) 가변저항 : 10[kΩ] 1개
(4) 전구 : 24[V] 1개
(5) 리드선

계기 및 기구

(1) 직류 전압계(0~30[V]) 1대
(2) 직류 전류계(20[mA], 2[A], 500[mA]) 각1대
(3) 직류 전원(6[V]) 1대
(4) 직류전원공급장치(0~30[V], 2[A]) 1대
(5) 회로 시험기 1대
(6) 브래드 보드 1개

관련 이론

1. TRIAC (Triode Thyristor)

(1) 트라이액의 구조 및 특성

트라이액(TRIAC)은 SCR를 역병렬로 접속하고, 게이트를 1개로 한 것과 같은 기능을 가지며, 5층의 PN 접합에 의하여 구성된 쌍방향성의 전력용 소자이다.
그림 21-1은 트라이액의 심벌, 구조 및 형태이다. 이 소자는 주전극이나 게이트 전극에 가해지는 극성에 관계없이 게이트 신호를 가하면 턴 온(turn-on)되고, 신호를 제

거하면 턴 오프(turn-off) 되도록 되어 있다. 트라이액이 SCR과 다른 점은 양방향성(제어 정류기)이라는 점인데, 이 점 때문에 교류의 전압을 상대로 제어할 수 있다. 트라이액의 절연 파괴 전압은 SCR과 같이 게이트 전류에 따라 결정된다.

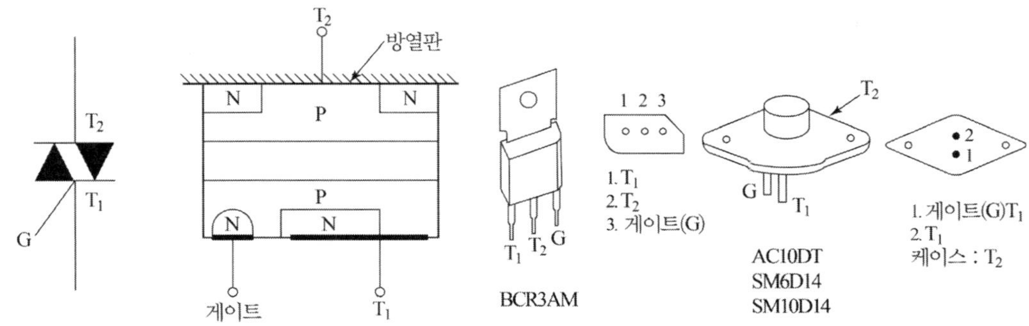

TRIAC 심벌 TRIAC의 구조 TRIAC의 형태

그림 21-1 TRIAC의 심벌, 구조, 형태

트라이액(TRIAC)의 특징은 다음과 같다.

① TRIAC은 3단자 반도체 스위치이며, 쌍방향 소자이다. 교류전파 제어가 가능하며 게이트(GATE) 신호에 (+)나 (−) 어느 신호를 가해도 동작되는 소자이다.(T_1, T_2에 가하는 전압의 방향에 의해)

② TRIAC은 소신호(Gate 신호)로 대신호 TRIAC $T_1 - T_2$간의 AC신호를 제어하는 소자이다.(교류의 스위치나 조광기 등에 사용)

③ TRIAC은 GATE신호로 $T_1 - T_2$간의 AC 전류를 제어하는 쌍방향 스위치이다.

④ TRIAC은 SCR을 2개 역병렬로 접속한 것과 같은 구조를 가지고 있다.

⑤ SCR과 특성 동작원리 등이 거의 같으나 SCR은 단방향으로 동작되나 TRIAC은 쌍방향 소자이다.

⑥ SCR은 직류(DC)부하를 사용할 수 있으나 TRIAC은 교류(AC)를 사용한다.

⑦ TRIAC이 트리거 할 수 있는 가능성은 4가지 형태로 구분할 수 있다.

㉮ 공급전원의 전압이 "+"이며 게이트 전류가 "+"일 때

㉯ 공급전원의 전압이 "+"이며 게이트 전류가 "−"일 때

㉰ 공급전원의 전압이 "−"이며 게이트 전류가 "−"일 때

㉱ 공급전원의 전압이 "−"이며 게이트 전류가 "+"일 때

그림 21-2 (a)는 트라이액의 전압-전류 특성 곡선을 나타낸다. 트라이액의 경우에도 SCR와 같이 게이트 전류를 흘려주지 않은 상태에서는 V_{B0}가 대단히 높고, 게이트 전류를 크게 할수록 V_{B0}가 낮다는 것을 알 수 있다.

그림 21-2 (b)는 트라이액에 바이어스를 걸어준 형태를 나타내 주고 있으며, 이 그림에서 보듯이 T_1의 극성은 게이트 전압의 극성과는 항상 반대 방향이어야만 전류가 흐른다. 만일, 교류 신호가 트라이액의 주단자에 인가된다면, 주단자들의 극성이 교류의 주파수에 따라 계속 바뀌므로, 게이트의 극성도 적절히 변해야 한다. 이때, 게이트에 들어가는 제어 신호는 인가된 교류에서 같이 뽑아 쓰는 것이 편하며, 게이트 전압이나 전류는 저항을 이용하면 가감할 수 있다.

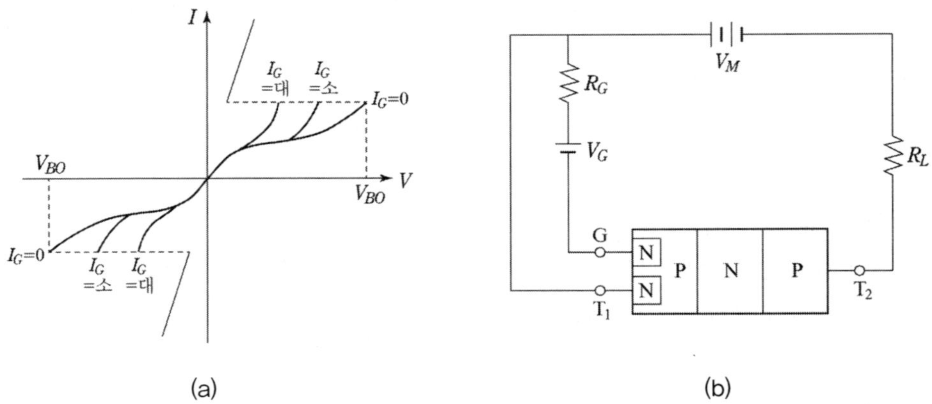

그림 21-2 트라이액의 전압-전류 특성 및 바이어스

(2) TRIAC의 동작원리 및 극성 찾는 법

① 회로 시험기의 레인지를 R×1에 놓고 3단자를 측정하여 도통하는 두 단자가 T_1과 G 이다.

② T_1-T_2, T_2-G간은 도통하지 않는다. T_1과 T_2가 도통한다.

③ T_2와 G에 접속하고 T_1-T_2를 단락시키면 T_2와 G도 도통한다.

④ TRIAC은 SCR과 마찬가지로 직류에 대해서는 유지 전류 특성이 있다. 일단 도통상태가 되면 게이트 전압을 제거하여도 도통상태가 지속되고 교류에서는 전파제어가 가능하므로 교류전력의 위상제어에 사용된다.

(3) TRIAC의 형명표기법

▸ 예제 : (400V, 16A의 유도부하용 몰드형 트라이액의 예)

예 ………… B C R 1 6 H M – 8 L

(B C R = ①, 1 6 = ②, H = ③, M = ④, 8 = ⑤, L = ⑥)

① 종류
- CR : 다이리스터
- SA : 복합다이리스터
- TT : 감열다이리스터
- BCR : 트라이액
- NT : PUT
- BS : SBS
- DT : 쇼크레이다이오드

② 전류정격 [A]

③ 외형, 제조법의 차이표시기호
A, B, C…

④ 외형, 특성
- M : 몰드형
- Y : 턴오프시간 15 μs 이하
- Z : 턴오프시간 6 μs 이하

⑤ 전역내압[×50V]

⑥ 보조기호
- L : 유도부하용
- R : 저항부하용 (트라이액만)

(4) TRIAC의 양부판정 방법

① 회로시험기의 레인지 R×1에 놓고 게이트와 T_1간에 리드봉을 접속시키면 극성에 관계없이 15~20[Ω] 정도의 저항을 지시하고 일반적으로 게이트는 실물에 표시되어 있으며 방열판과 연결되어 있는 단자가 T_2이다.

② T_1과 T_2간에는 저항값이 무한대를 지시하며 그 상태에서 게이트에 (+)전압을 인가하면 T_1과 T_2 사이에 통전상태가 일어나며 게이트의 전압을 떼어도 통전상태는 그대로 유지된다.

③ 회로시험기의 리드봉을 위의 ②에서와 반대로 접속하고 게이트에 (+)의 전압을 가하여도 TRIAC은 같은 상태로 동작된다.

④ 측정순서 ②, ③에서 게이트 전압을 (−)로 바꿔 측정하여 T_1, T_2사이의 도통 상태를 검사한다.

⑤ 상기 측정에서 T_1, T_2가 도통되고 게이트 전압을 떼었을 때 도통상태가 유지되면 양품이고 그 외는 불량품이다.

⑥ TRIAC은 양단자의 저항값이 무한대를 지시하여야 하며 어느 방향으로도 도통상태를 지시하여서는 안 된다.

⑦ TRIAC은 SCR과 마찬가지로 직류에 대해서는 유지전류 특성이 있다.

일단 도통상태가 되면 게이트 전압을 제거하여도 도통상태가 지속되고 교류에서는 전파제어가 가능하므로 교류전력제어에 적합하다.

테스터기로 TRIAC를 체크하는 방법

㉠ $T_1 - G = 15\Omega \sim 20\Omega$
㉡ $T_2 - T_2 = \infty$
㉢ $T_2 - G = \infty$
㉣ $T_1 - T_2 = \infty \rightarrow T_2 - G \rightarrow$ 접속 후 OFF(ON상태 유지)

2. DIAC

(1) 다이액의 구조 및 특성

SCR는 순방향으로는 전도 상태와 차단 상태가 있으나, 역방향으로는 차단 상태뿐이다. 그러므로 교류 전류를 제어하려면, 2개의 SCR를 역병렬로 접속하여 사용해야 하는데, 다이액(DIAC)은 이와 같은 점을 보완한 것으로 구조는 그림 21-3(a)와 같다.

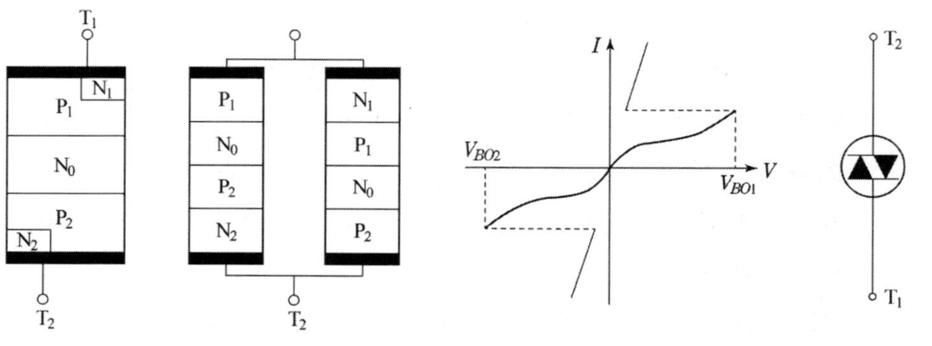

(a) 구조 (b) 분해도 (c) 전압-전류 특성 (d) 기호

그림 21-3 다이액의 구조 및 특성

동작을 살펴보면, T_1에 양전압을 걸어 주면, 소자의 왼쪽 절반은 순방향, 오른쪽 절반은 역방향으로 바이어스가 된 것과 같은 상태로 되며, 그림 21-3(b)와 같이 2개의 PNPN 다이오드를 역병렬로 접속한 것과 등가가 된다. T_1에 양전압을 걸어 전압을 높여 주면, 순방향으로 바이어스된 $P_1 N_0 P_2 N_2$가 턴오프하며, T_2에 양전압을 걸어 전압을 높여 주면, 오른쪽 절반인 $P_2 N_0 P_1 N_1$은 턴온 한다. 다이액은 주로 과전압 보호용이나 트리거(trigger) 소자로 이용된다.

또한 다이액의 트리거 다이오드라고도 하는데 트리거 다이오드는 PN 접합 다이오드와 다르게 PNP 또는 NPN 접합이며, 트랜지스터와는 달리 단자가 2개이다. 2개의 접합부에 있는 반도체는 트랜지스터의 베이스보다 그 폭이 넓은 것이 특징이다. 두 단자에 전압을 가하면 일정 전압까지는 미소한 전류가 흐르게 되는데, 이것은 한 접합부가 역바이어스가 되기 때문이다. 계속 전압을 증가시키다가 방전 개시 전압(breakover voltage, V_{B0})에 이르면, 제너 항복 또는 애벌런시 현상이 일어나 전류가 갑자기 많이 흐르게 되어, 부(−)성 저항 특성이 나타나게 된다.

(2) 다이액(DIAC)의 측정법

그림 21-4는 DIAC의 측정 방법을 나타낸다. 어느 쪽을 측정해도 저항은 ∞를 가리킨다. 그러므로 DIAC은 무극성이다.

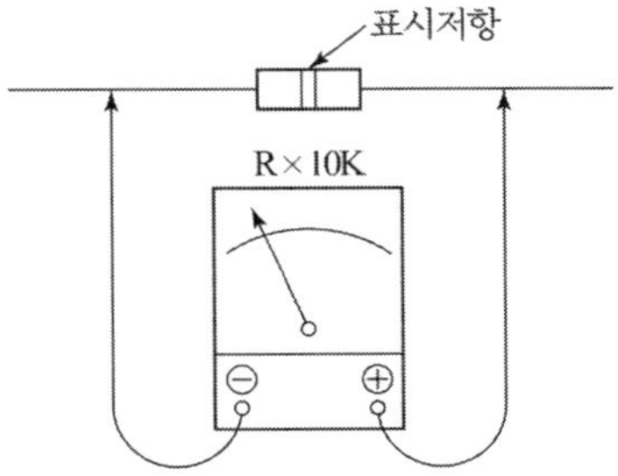

그림 21-4 DIAC의 측정법

안전 및 유의사항

(1) 계기의 용량을 잘 선정한다.
(2) 과전압에 주의한다.
(3) 전류계 및 전압계의 극성에 유의한다.

실습 순서

(1) 트라이액의 특성 곡선 실험

① 실습에 사용할 트라이액의 정격을 규격표에서 조사하여 표 21-1의 해당란에 기록한다.
② 그림 21-5와 같이 회로를 결선한다.

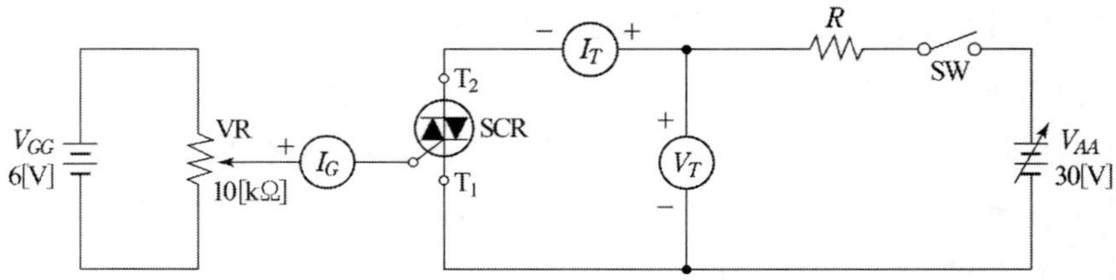

I_C = 직류 전류계(10[mA]), I_T : 직류 전류계(500[mA])
V_T = 직류 전압계(30[V]), R : 24V 전구

그림 21-5 트라이액의 특성 측정 회로

표 21-1 기록표

트라이액의 이름 및 규격		주위 온도 : ℃		
	I_T [mA]			
	$I_G = 5$ [mA]	$I_G = 10$ [mA]	$I_G = 15$ [mA]	$I_G = 20$ [mA]
V_{B0} V_h I_h V_T				

③ VR를 가변시켜 I_G=5[mA]가 되게 한다.

④ 스위치 SW를 닫고 V_{TT}를 가변시켜 0[V]에서부터 점차 증가시킬 때, I_T를 측정하여 표 14-1의 해당란에 기록한다.

⑤ V_{TT}를 계속 증가시켜 $V_T = V_{B0}$가 되는 전압 및 전류를 측정하여 표 21-1의 해당란에 기록한다.

⑥ 전류계를 2[A]짜리로 교환한다.

⑦ 통전시킨 뒤 유지 전압 V_h와 유지 전류 I_h값을 측정하여 표에 기록한다.

⑧ 스위치 SW를 열고 트라이액을 차단 상태로 한다.

⑨ I_G를 10[mA], 15[mA], 20[mA]로 각각 조정하였을 때 실습 순서 ④에서부터 ⑧까지를 되풀이한다.

(2) 다이액의 특성 곡선 실험

① 그림 21-6 (a)와 같이 회로를 결선한다.

② 가변 저항기 VR를 조정하여 전압을 천천히 올려주면서 그때의 전압계 및 전류계의 지시값을 읽어 표 21-2에 기록한다.

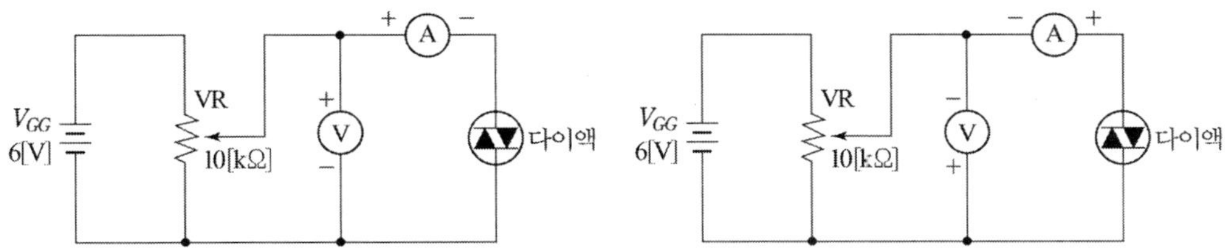

V : 직류 전압계(60[V]), A : 직류 전류계(500[mA])

(a) 순방향 (b) 역방향

그림 21-6 다이액의 특성 측정 회로

표 21-2 기록표

회로 결선	V[V]	I[A]	다이액의 종류 및 규격
순방향			V_{B0} : V_h : I_h :
역방향			V_{B0} : V_h : I_h :

③ V_{B0}가 되는 점의 전압과 전류를 측정하여 기록한다.

④ 전류계를 2[A]짜리로 교환한다.

⑤ 통전시킨 뒤 유지 전압 및 전류를 측정하여 기록한다.

⑥ 그림 21-6(b)와 같이 회로도를 결선한다.

⑦ 실습 순서 (나)에서부터 (바)까지를 되풀이한다.

⑧ 표 21-2의 기록표 결과를 토대로 하여 다이액의 $V-I$ 특성 곡선을 그린다.

실습 22 트라이액의 응용 회로

실습 목표

앞장에서 학습한 TRIAC의 기본적인 특성을 이용하여 여러 가지 응용 실험을 할 수 있도록 한다.

재 료

(1) 스위치 : 소형 300[V], 10[A] 1개
(2) 스위치 : 콘트롤 스위치 1개
(3) 네온 램프 : BNE-9 2개
(4) 콘센트 : 1구 5[A] 1개
(5) 트라이액 : AC 02BGM 동등품 이상 1개
(6) 다이액 : 1S2093 1개
(7) 퓨우즈(홀더에 부착된 것) 1개
(8) 배선줄 약간
(9) 반고정 저항 : 50[kΩ](VR) 1개
(10) 저항 : 100[kΩ] (1/4[W]) 2개
(11) 저항 : 5.1[kΩ] (1/4[W]) 1개
(12) 콘덴서 : 0.1[μF] (600[V]) 1개
(13) 콘덴서 : 0.0022[μF] (600[V]) 2개
(14) 만능기판 : 20홀×20홀 1장
(15) 비스너트 :콘센트 부착용 약간
(16) 땜납(실납) 1[m]
(17) AC 코드(프러그 있는 것) 1[m]

계기 및 기구

(1) 회로 시험기 1대

실습 순서

(1) 납땜 인두 온도 조절기

▸ 동작 설명

① 납땜 인두의 과열을 방지하고 깨끗한 납땜을 신속히 하는데 사용하기 위한 것이며, 트라이액을 사용하여 간단히 소형으로 되는 납땜 인두 조절기이다.

② 납땜 인두는 최소 IC용은 30[W]정도 그 밖에 최대 60[W]의 것이 최대 용량이므로 트라이악은 최대 전류 2[A]이면 된다.

③ 트라이액의 내압은 정부 반사이클마다 AC 220[V]가 동작하므로 220[V]$\times\sqrt{2}$ =311[V]의 피크가 걸리므로 400[V]이면 충분하다.

④ 트라이액 제어는 다이액을 사용해서 위상 제어를 한다.

⑤ VR과 C에 전압이 가해지면 위상 지연된 신호가 가해져 다이액이 도통되어 트라이액이 동작된다. 즉, VR과 C의 값을 변화하면 자유롭게 제어할 수 있다(여기서는 VR을 사용한다)

⑥ 납땜 인두가 차가울 때와 열용량이 클 때 온도를 급격히 상승시키기 위해 컨트롤 회로를 단락시켜 AC 220[V]가 직접 인두에 가해지는 회로를 추가했다.

⑦ 전원 스위치와 full power 스위치 동작을 나타내는 네온 램프 회로가 있으며, $C_1 \sim C_2$는 잡음방지 회로이다.

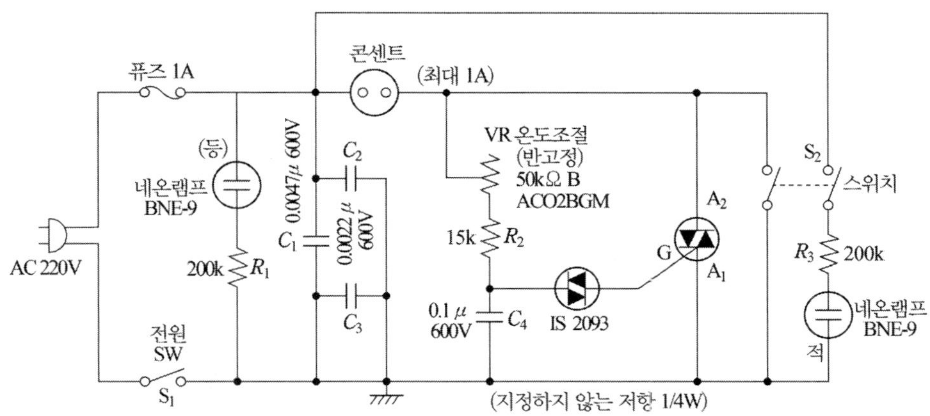

그림 22-1 납땜 인두 온도 조절기의 회로

(2) 조광기

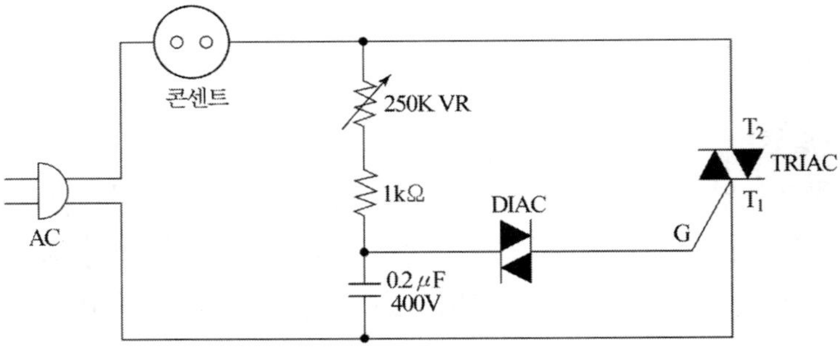

그림 22-2 조광기 회로

▸ 용도

① 모터 속도 제어

② 백열등 밝기 조절

③ 전기인두 열 조절

(3) TRIAC 위상제어 회로

▸ 동작설명

적분제어 방식이라 하며 부하에 공급되는 전력을 가변 저항으로 조정할 수 있다. DIAC은 ON되기 전에는 정저항 특성을 갖지만 공급되는 전압이 점점 높아져 약 20~30[V]에 달하면 ON이 되고 부성저항 특성이 되어 0.2[μF] 콘덴서의 충전 전하로 트라이액의 게이트를 트리거 한다. 이때 TRIAC의 T_1과 T_2가 ON이 되어 부하콘센트의 부하가 동작하게 된다.

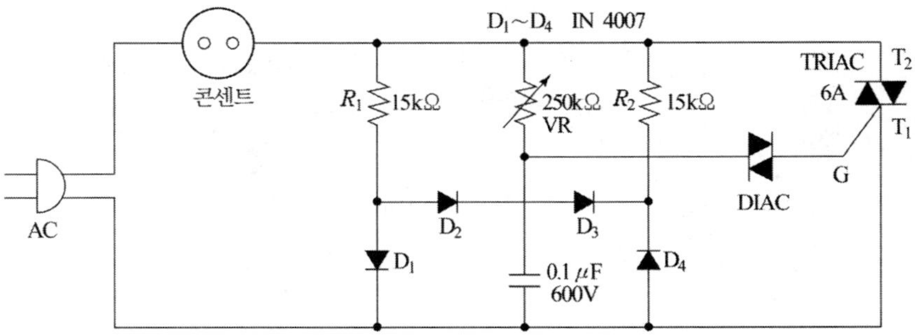

그림 22-3 TRIAC 위상제어 회로

실습 23 UJT(Uni-Junction Transistor)의 특성

실습 목표

Uni-junction Transistor의 특성을 실험을 통하여 이해하고 그것을 응용할 수 있는 능력을 함양한다.

재 료

(1) UJT : 2SH12 또는 2N2160, 2N4871 1개
(2) 저항 : 50[Ω], 220[Ω], 500[Ω], 10[kΩ], 100[kΩ] (1/4[W]) 각 1개
(3) 가변저항 : 권선형 VR 10[kΩ] 1개
(4) 리드선

계기 및 기구

(1) 직류전원공급장치(DC 0~30[V]) 1대
(2) 전류계(DC 0~100[mA]) 1대
(3) 전류계(DC 0~100[μA]) 1대
(4) 전압계(DC 50[V]) 3대
(5) 회로 시험기 1대
(6) 오실로스코프 1대
(7) 브래드 보드 1개

관련 이론

(1) UJT의 구조 및 특성

① UJT는 다음 그림과 같이 N형의 실리콘 단결정에 B_1, B_2의 두 단자를 만들고 중간 부분에 P층을 형성하여 이미터(E)로 한 것이다.
② 더블 베이스 다이오드라고 하며 부성저항 특성을 가진 발진 전용 소자이다.
③ SCR의 트리거나 타이머 회로, *RC* 지연 특성 등에 이용된다.
④ 더블 베이스 다이오드라고도 한다.

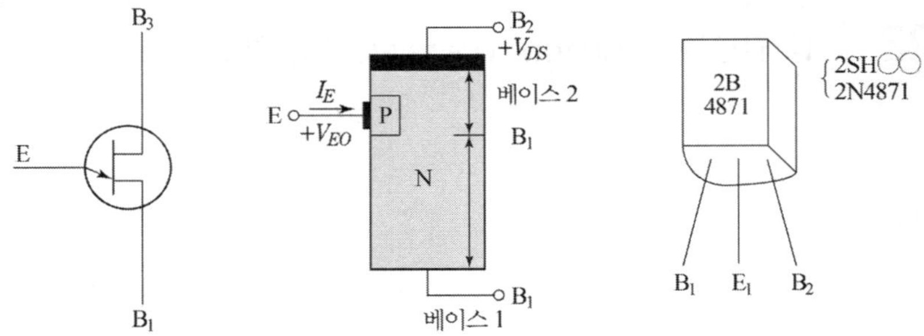

[기호] [구조] [외형]

그림 23-1 UJT의 기호, 구조, 외형

기본 구조는 N형 반도체 중앙부군에 P형 반도체와의 접합을 만들어 2개의 베이스와 1개의 이미터로 구성되어 있다(그림 23-1). 이런 점에서 더블 베이스 다이오드라고도 불리며 크리거 소자로서 이용되고 있다.

그림 23-2(a)를 보면 $V_{BB}=0$일 때 저항 특성을, $V_{BB}>0$이 되면 다이오드의 특성과 같이 부저항 특성을 나타낸다. 그것은 B_1-B_2 사이에 전압을 가했을 때 N형 반도체는 일종의 저항이 되어 B_1-B_2간이 지점의 전위분포는 그림 23-2(b)와 같이 된다.

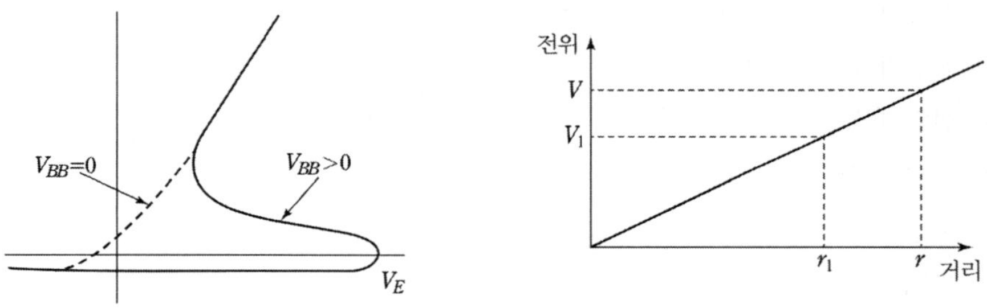

(a) UJT의 특성 (b) N쪽 영역의 전위는 R_1로 결정된다.

그림 23-2 UJT의 특성

(2) UJT의 동작원리 및 극성 찾는 법

UJT는 그림 23-3(a)에서 보는 것과 같이 3개의 단자 즉 베이스1, 베이스2, 그리고 이미터가 있다.

그림 23-3(b) 회로를 통하여 UJT 동작을 고찰하여 보자.

① 이미터와 베이스1 사이의 전압(V_{EB1})이 피크(peak) 전압(V_P)보다 작으면 UJT는 OFF되어 이미터(E)에서 베이스1(B_1)으로 흐르는 전류(I_B)는 0이 된다.

② V_{EB1} 전압이 V_P에 도달하면 UJT는 ON되고 E와 B_1 사이는 단락되어 전류가 흐른다. 이로 인해 B_2와 B_1 사이에 전류가 흐른다.

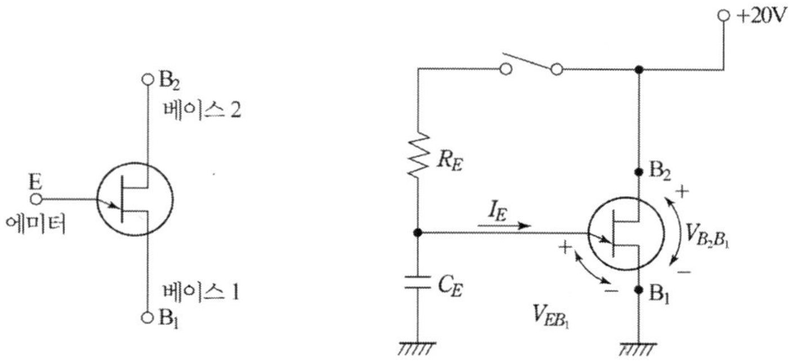

(a) (b)

그림 23-3 UJT의 기호와 간단한 회로

극성 찾는 법

① R × 100 레인지에서 TR의 베이스(B)를 찾는 것처럼 이미터(E)를 찾는다.
② E와 B_1의 순방향 저항은 E와 B_2의 저항보다 약간 작다.

$E \rightarrow B_2$ = 700∼800[Ω]

$E \rightarrow B_1$ = 600∼700[Ω]

$B_1 \leftrightarrow B_2$ = 5∼10[kΩ] 정도

(3) UJT의 전압전류 특성 곡선

UJT의 등가회로는 그림 23-4(a)와 같으며 여기서 다이오드는 P형의 이미터를 의미하며 UJT의 본체는 n형이다. 그러므로 이미터와 UJT의 본체사이는 PN 접합이 된다. 공급전압 V_{B1B2}는 내부저항 R_{B1}, R_{B2}에 의해서 분배되며 R_{B1}에 걸리는 전압은 전압분배법칙에 의해서

$$V_{RB1} = \frac{R_{B1}}{R_{B1} + R_{B2}} V_{B2B1} \tag{1}$$

이 된다.

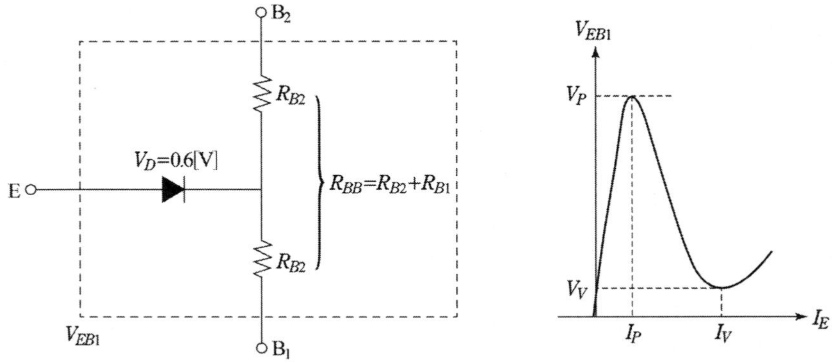

(a) 등가회로 (b) 전압전류특성곡선

그림 23-4 UJT의 등가회로와 전압-전류 특성 곡선

UJT가 동작하기 위해서는 그림 23-4(a)회로에서 E와 B_1 사이의 전압은 다이오드 순방향 전압보다 훨씬 커야하고 이미터로 흐르는 전류의 총량은 적어도 된다.
그러므로 UJT가 동작하기 위해서는 다이오드는 순방향 전압에다 R_{B1}에 걸리는 전압을 합한 값과 같아야 한다.

$$V_{EB1} = V_D + \frac{R_{B1}}{R_{B1} + R_{B2}} V_{B2} V_{B1} \qquad (2)$$

안전 및 유의사항

(1) B_2, B_1 사이에 전압을 20[V] 이상 걸지 않도록 한다.
(2) E, B_1 사이에 전압을 3.5[V] 이상 걸지 않도록 한다.
(3) UJT의 B_1, B_2구별을 잘 해야 한다.(그림 23-5)
(4) E, B_1 전류가 20[μA] 이상이 되지 않도록 한다.

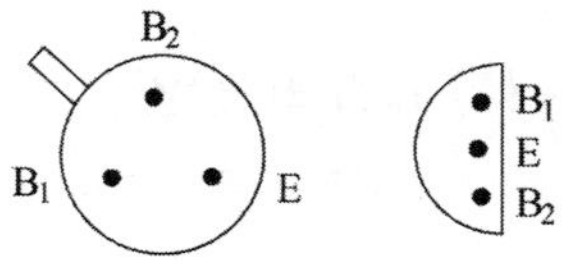

그림 23-5

실습 순서

(1) UJT의 정특성 측정

① 그림 23-6과 같이 접속하고, UJT의 단자 접속이 틀리지 않도록 한다.
② V_1, V_2 전압계의 범위를 25[V] 정도로 놓고, A_1의 범위는 10[mA]로 한다. A_2는 50[μA] 정도의 크기를 가진 전류계이다.
③ 10[kΩ] 가변 저항기를 B_1에 대하여 최소값으로 한다. 전원 스위치를 닫고 직류

12[V]로 조정한다.

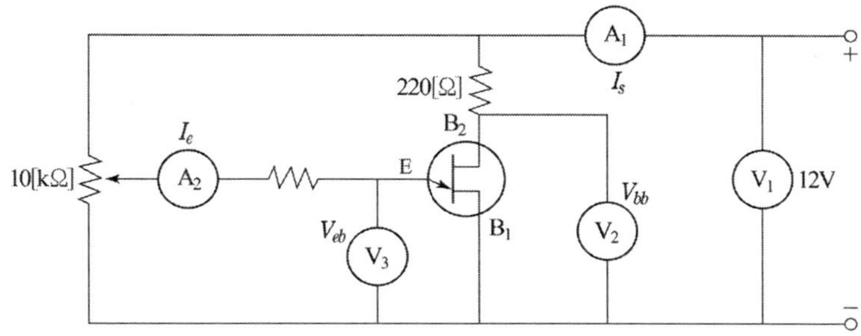

그림 23-6 UJT의 특성 측정 회로

표 23-1 고유 스탠드오프 비

피이크 점전압 에서의 V_{eb}[V]	피이크 점전압 에서의 V_{bb}[V]	$\eta = \frac{V_{eb} - 0.5}{V_{bb}}$

표 23-1 고유 스탠드오프 비

베이스 전류 [A]	베이스 사이의 저항 $R_{bb} = \frac{V_{bb}}{I_b}[\Omega]$

④ V_{eb}전압을 천천히 증가시켜(10[kΩ] 가변 저항기로) 이미터 전류 I_e가 흐르게 한다. I_e가 흐르기 시작할 때의 V_{eb}를 조심스럽게 측정한다. 의심이 가면 천천히 다시 측정하는 것도 좋다.

⑤ I_e가 흐르기 시작할 때의 I_e, V_{bb}, I_s 값을 측정하여 표 23-1과 표 23-2에 기입한다.

(2) UJT의 η, R_{bb} 계산

① 다음 식을 써서 η를 측정값으로부터 구한다.

$$\eta = \frac{V_{eb} - 0.5}{V_{bb}}$$

여기서, η : 고유 스탠드오프 비

V_{eb} : 이미터 전류가 흐르기 시작할 때의 E, B_1 사이의 전압

V_{bb} : B_2, B_1 사이의 전압

② 다음 식으로부터 R_{bb} 값을 측정값으로부터 계산한다.

$$R_{bb} = \frac{\eta V_{bb}}{I_s - I_e}$$

여기서, R_{bb} : B_1, B_2 사이의 저항

I_s : 공급 전류

I_e : 이미터 전류

(3) 발진 상태의 실험

① 그림 23-7과 같이 회로를 완성하여라.

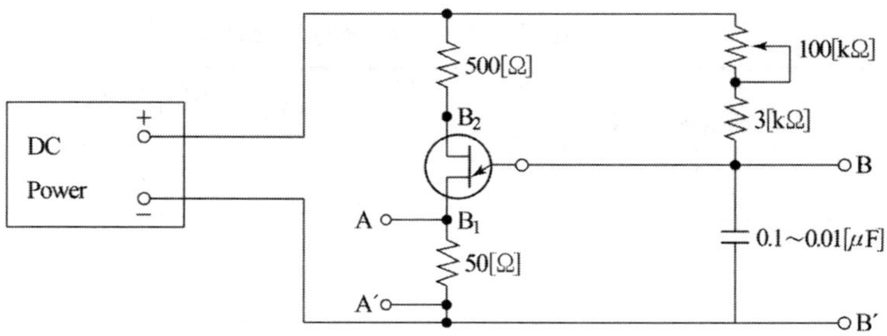

그림 23-7

② power supply의 전압을 27[V]로 하여라.

③ Oscilloscope의 단자를 BB'에 접속하고 가변저항을 변화시키면서 파형을 관찰하고 기록하여라.

(저항값이 클 경우)

(저항값이 작을 경우)

④ Oscilloscope의 단자를 AA'에 접속하고 가변저항을 변화시키면서 파형을 관찰하고 기록하여라.

(저항값이 클 경우)

(저항값이 작을 경우)

⑤ 이상의 실험 결과로 가변저항의 변화에 따라 콘덴서 양단의 전압과 저항 양단의 전압이 어떻게 변하는지 그 특성을 설명하여라.

(4) η는 무엇을 의미하며, 공급 전압이 변하면 η가 변하는 이유는 무엇 때문인가?

(5) 피이크 점전압(V_P) 전까지의 이미터 전류가 중요하지 않은 이유는 무엇인가?

UJT를 이용한 SCR 트리거 회로

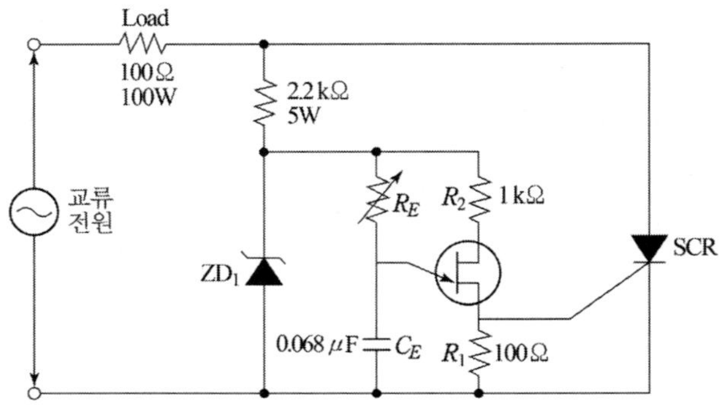

그림 23-8 UJT 사용 SCR 트리거 회로

실습 24 PUT(Programmable Unijunction Transistor)의 특성

실습 목표

(1) PUT의 구조와 작용을 이해한다.
(2) PUT의 특성과 측정 방법을 익힌다.

재 료

(1) PUT : N13T1 1개
(2) 저항 : 5.6[kΩ], 15[kΩ], 470[Ω] (1/4[W]) 각 1개
(3) 가변저항 : 1[MΩ] 1개
(4) FET : 2SK30 1개
(5) 콘덴서 : 500[pF] 이상 1개
(6) TR : 2SC945 1개
(7) 리드선

계기 및 기구

(1) 직류전원공급장치(DC 0~30[V]) 1대
(2) 오실로스코프 1대
(3) 브래드 보드 1개

관계 지식

PUT는 플레이너형 N게이트 컴플리멘터리와 같은 SCR로서 UJT와 같이 트리거 소자용으로 매우 작은 게이트 전류로 트리거 할 수 있으며 애노드(A)와 캐소드(K)간의 전압이 게이트(G) 전압보다 높으면 애노드(A)와 캐소드(K)가 도통되어 포화 전류가 흐른다.
일반적으로 애노드(A)와 캐소드(K)가 도통되면 애노드(A)와 캐소드(K)간의 전압은 0.6[V]~0.7[V] 정도로 유지되며 게이트(G) 전압과는 관계없이 된다. 용도로는 펄스 발생기, 오실레이터, 타이머 회로 등에 쓰인다.

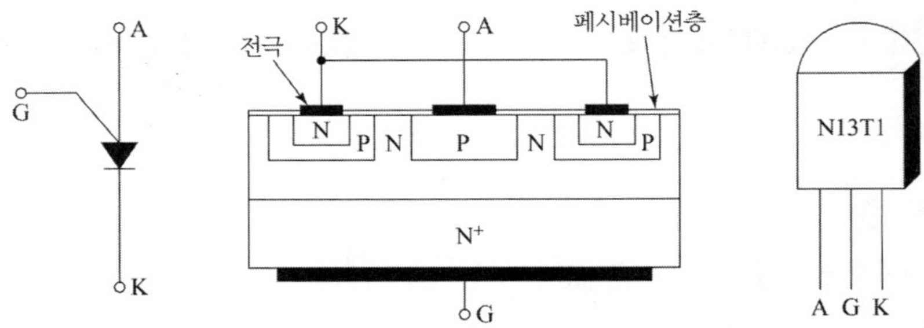

[기호] [구조] [외형]

그림 24-1 PUT의 기호와 구조

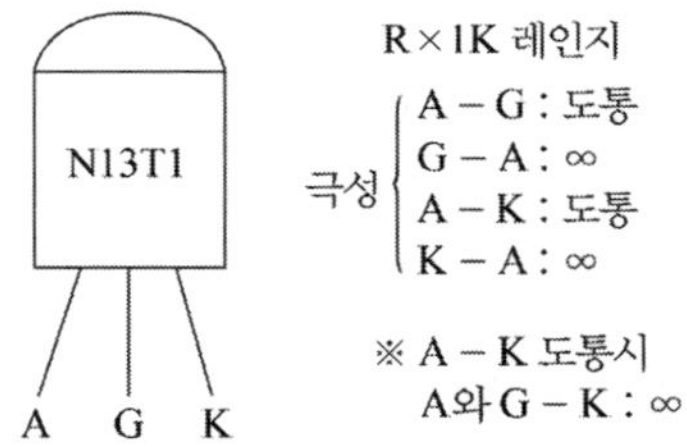

그림 24-2

표 24-1 PUT 규격

Type	I_P [μA]	V_T [V]	I_V [μA] Min	P_T [mW]	package
N13T1	2	0.2~0.6	70	300	21 To-92
N13T2	0.15	0.2~0.6	25	300	
N13H1	2	0.2~0.6	70	300	36 to-18
N13H2	0.15	0.2~0.6	25	300	

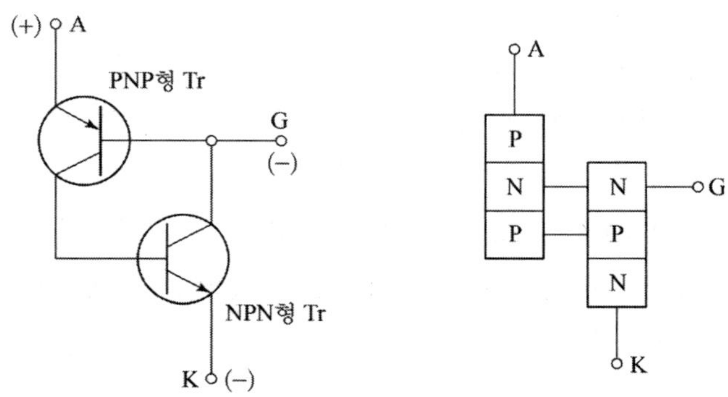

(a) (b)

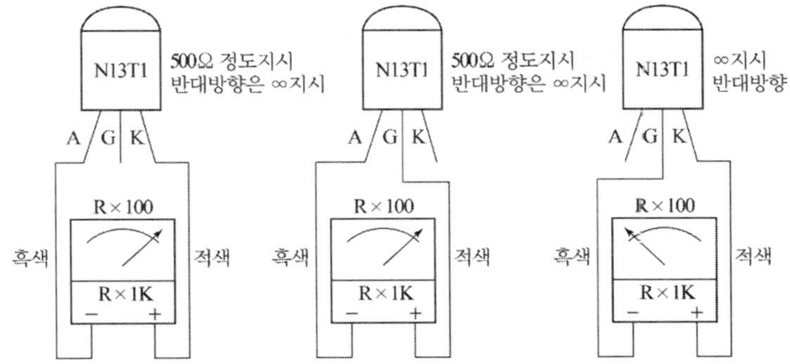

그림 24-3 PUT 전극 찾는 법

안전 및 유의사항

(1) PUT의 전극 극성에 주의한다.

(2) FET의 극성에 주의한다.

(3) TR의 극성에 주의한다.

실습 순서

(1) PUT(N13T1)의 규격을 표 24-2에 기록한다.

표 24-2 PUT N13T1 규격

Type	I_P [μA]	V_T [V]	I_V [μA] Min	P_T [mW]	package
N13T1					

(2) 그림 24-4와 같이 회로를 접속한다.

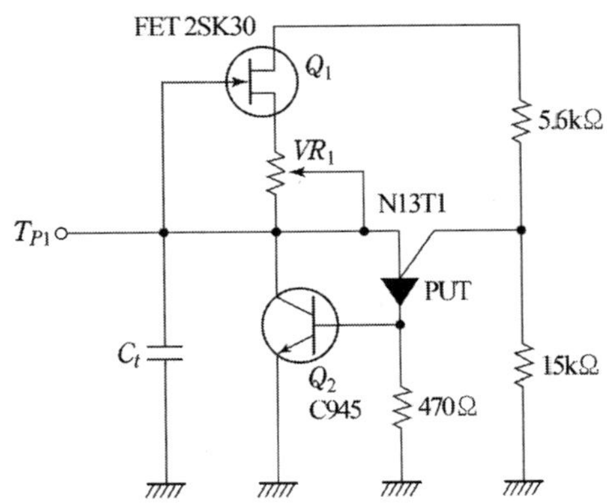

그림 24-4 PUT와 FET에 의한 톱니파 발진기

(3) T_{P1}의 삼각파 출력을 측정하여 파형을 도시하라.

실습 25 서미스터(Thermistor)의 특성

실습 목표

서미스터의 특성을 이해한다.

재 료

(1) 서미스터 : KTD 5~230 1개
(2) 가변저항 : 4.7[kΩ] 1개
(3) 저항 : 1[kΩ] 1개
(4) 토글 스위치(2P) 1개
(5) 리드선

계기 및 기구

(1) 디지털 전압계(20[V]) 1대
(2) 디지털 직류 전류계(10[mA]) 1대
(3) 직류전원공급장치(DC 0~30[V]) 1대

관계 이론

일반적으로 저항은 온도가 상승하면 저항값이 높아지지만 반도체 소자는 낮아지는 것이 많다. 이와 같은 현상을 부저항 특성이라 한다. 온도가 상승하면 저항값이 변화하는 반도체 소자를 서미스터(thermistor, Th)라 한다. 그림 25-1(a)에서 서미스터 외관의 예를 나타내었다.

서미스터는 니켈(Ni), 망간(Mn), 코발트(Co), 구리(Cu), 철(Fe) 등의 산화물 중에서 2~4가지 성분을 골라 잘 섞어 공기 중에서 1200~1400[℃]의 온도로 소결한 다음 천천히 냉각시켜서 만드는데, 이것은 온도가 1[℃] 상승하는데 따라 저항값이 4~5[%] 정도 감소되는 특성이 있다.

금속체는 온도가 상승하면 저항값이 높아지지만, 반도체는 온도가 상승하면 열에너지에 의해 자유 전자가 증가하기 때문에 저항값이 감소한다. 서미스터는 산화물 반도체로서, 위와 같은 원리로 온도 상승에 따라 저항값이 감소하므로 각종 전자 회로의 온도 보상에 이용된다.

그림 25-1(b)는 서미스터의 그림기호를 나타냈는데 직렬형과 방열형의 2 종류가 있다. 직렬형 서미스터는 자체에 흐르는 전류에 의하여 가열되어 저항값이 변화하는 것을 이용한 것이고, 방렬형 서미스터는 히터에 전류를 흘려서 가열된 감온부의 저항 변화를 이용한 것이다.

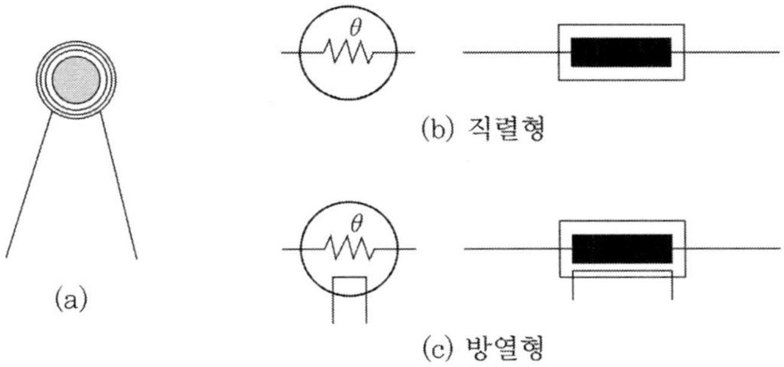

그림 25-1 서미스터의 외관 및 기호

그림 25-2은 서미스터의 온도 특성의 대표적인 예이다. 이와 같은 특성을 가진 서미스터를 NTC(Negative Temperature Coefficient) 서미스터로서 부특성이라는 의미다. 또 온도가 상승하면 저항값이 높아지는 특성을 갖는 서미스터를 PTC(Positive Temperature Coefficient) 서미스터로 정특성을 갖는 서미스터라 한다.

현재 많이 쓰고 있는 서미스터는 NTC 서미스터이며 몰리부덴과 니켈의 산화물로 되어 있고, 각종 온도 보상 회로에 이용된다.

서미스터의 저항 온도 특성은 근사적으로 다음 식과 같이 주어진다.

$$R = R_0 e^{B(\frac{1}{T} - \frac{1}{T_s})} \tag{1}$$

여기서, R은 온도 T[K]에 있어서의 저항값이며, R_0은 온도 T_s[K]에 있어서의 저항값, B는 서미스터의 재료 및 열처리 등에 의하여 정해지는 상수이다. 서미스터는 온도의 검출 및 조정, 트랜지스터 회로의 온도 보상, 자동 진폭조정, 자동 이득 조정 회로에 주로 이용된다.

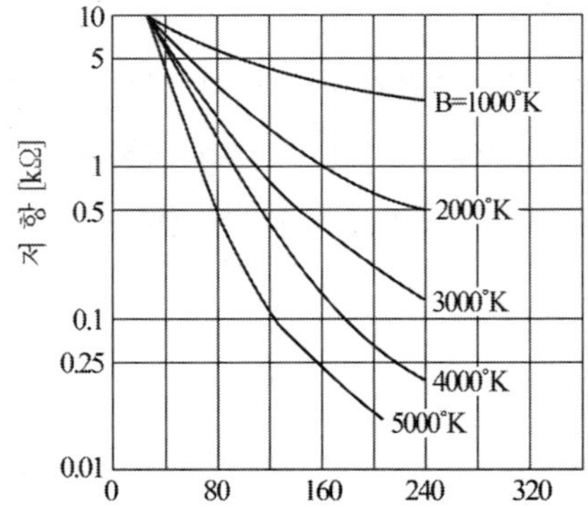

그림 25-2 서미스터의 온도-저항

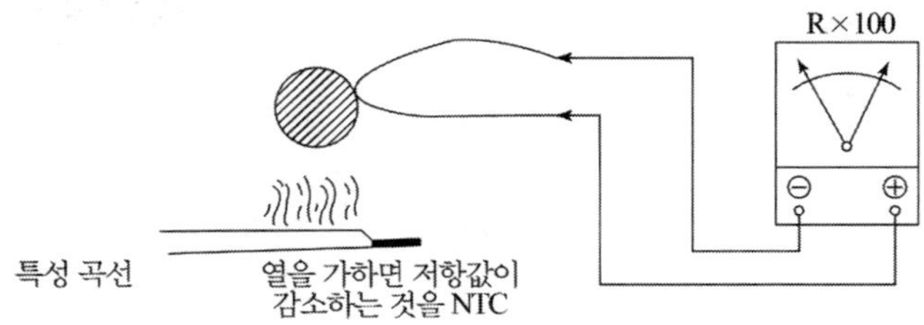

그림 24-3 서미스터 체크

안전 및 유의사항

서미스터에 최대 정격 전류 이상이 흐르지 않도록 한다.

실습 순서

(1) 그림 25-4와 같이 회로를 결선한다.

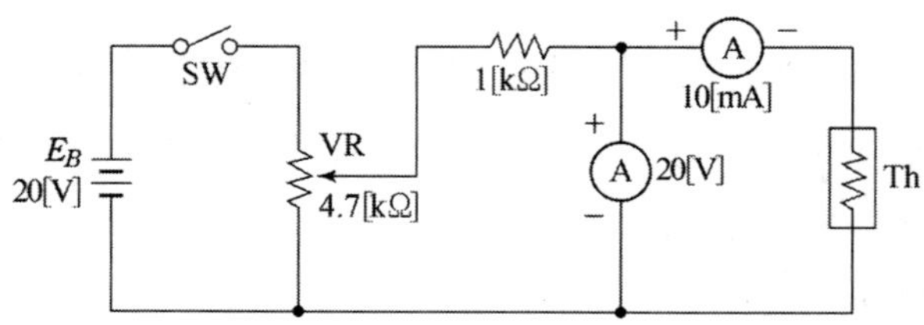

그림 25-4 서미스터의 특성 측정 회로

(2) 가변 저항기 VR를 조정하여 전압계가 3[V], 6[V], 9[V], 12[V], 15[V]로 될 때마다 전류를 측정하여 표 25-1에 기록한다.

표 25-1 측정결과표

<table>
<tr><td colspan="2">서미스터의 명칭 및 규격</td><td colspan="2"></td><td>주위 온도 : [℃]</td></tr>
<tr><td>E[V]</td><td>I[mA]</td><td colspan="2">R[Ω]</td><td>P[W]</td></tr>
<tr><td>0
3
6
9
12
15</td><td></td><td colspan="2"></td><td></td></tr>
<tr><td>시간</td><td>I[mA]</td><td>E[V]</td><td>R[Ω]</td><td>P[W]</td></tr>
<tr><td>0
15
VR 최대 30
45</td><td></td><td></td><td></td><td></td></tr>
</table>

(3) 가변 저항기 VR를 최대로 돌려 전압계가 최대값이 지시되도록 한다.

(4) 위의 (3)의 상태에서 15초마다 전압과 전류를 측정하여 기록한다(약 3분간 계속한다.).

(5) 표 25-1을 근거로 저항값 $\left(R = \frac{V}{I}\right)$을 계산하여 해당란에 기록하고, 서미스터의 소모 전력 $(P = VI)$을 계산하여 기록한다.

실습 26 배리스터(Varistor)의 특성

실습 목표

(1) 배리스터의 성능과 용도를 이해한다.
(2) 배리스터의 특성 측정 방법을 익힌다.

재 료

(1) 배리스터 : ENB 201 또는 ERZ-C07DK181 1개
(2) 가변저항 : 1[kΩ] (1/4[W]) 1개
(3) 전환 스위치 1개

계기 및 기구

(1) 직류 전압계(30[V]) 1대
(2) 직류 전류계(10[mA]) 1대
(3) 직류전원공급장치(DC 0~30[V]) 1대

관계 지식

전압에 의하여 저항이 크게 변화되는 가변 저항 소자를 배리스터(Varistor)라고 하는데, 배리스터는 배리어블(Variable)과 레지스터(Resistor)를 합한 의미를 가진다. 배리스터에는 전압-전류 특성이 대칭적이냐 비대칭적이냐에 따라 대칭 배리스터와 비대칭 배리스터로 구분된다. 비대칭 배리스터를 직렬 또는 병렬로 접속하면 대칭 배리스터로 사용할 수 있다.

그림 26-1에 배리스터의 특성 곡선이 나타나 있으며, 전류와 전압과의 관계식은 다음과 같다.

$$I = KE^n \qquad (1)$$

여기서, K는 상수이며, n은 대개 5~7 사이이다.

대칭형 배리스터는 탄화규소와 점토를 중량비 3 : 2로 섞어 높은 온도로 열처리하여 만든 것으로, 전압의 변화에 따라 전류가 비직선적으로 변화하기 때문에 릴레이 접점의 불꽃 소거 또는 이상 전압 보호회로 등에 이용되고 있다.

비대칭형 배리스터는 실리콘이나 게르마늄의 PN 접합으로 되어 있는 다이오드인데, 트랜지스터의 온도 보상 회로에 널리 이용되고 있다.

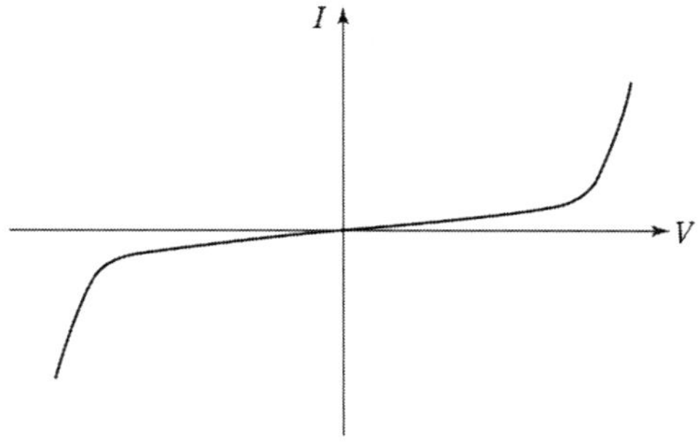

그림 26-1 배리스터의 전압-전류 특성 곡선

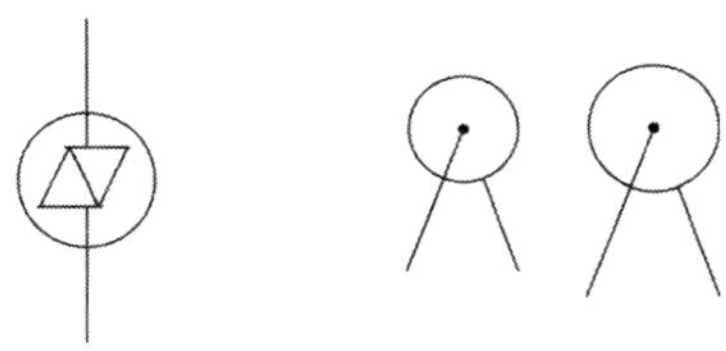

(a) 기호 (b) 외형

그림 26-2 바리스터의 기호와 외형

안전 및 유의사항

배리스터에 최대 정격 전압 이상을 가하지 않도록 한다.

실습 순서

(1) 그림 26-3과 같이 회로를 결선한다.

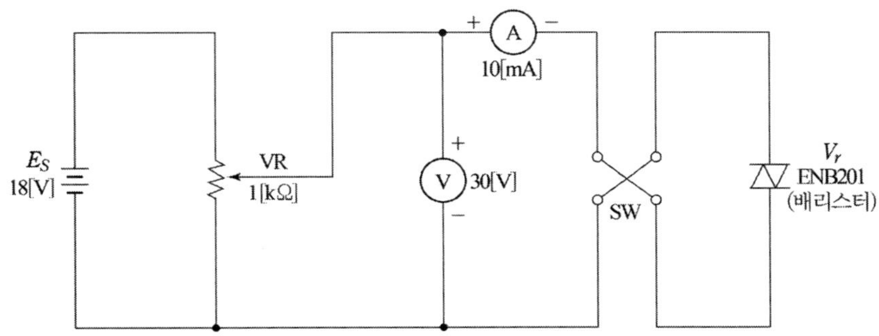

그림 26-3 배리스터의 특성 측정 회로

(2) 전환 스위치 위치를 바르게 한 다음, VR를 조정하여 전압(V)를 규정 전압까지 차차 올리면서 전류(I)를 측정하여 표 26-1에 기록한다.

(3) 저항값 $\left(R=\frac{V}{I}\right)$을 계산하여 표 26-1에 기록한다.

표 26-1 실험 결과표

순 방 향			역 방 향		
V[V]	I[mA]	R[Ω]	V[V]	I[mA]	R[Ω]

(4) 스위치를 반대로 전환한다.

(5) 실습 순서 (2), (3)을 되풀이한다.

(6) 기록표의 자료로써 배리스터의 전압-전류 특성 곡선을 그린다.

(7) 배리스터의 종작 특성을 설명하라.

(8) 배리스터의 용도와 보호회로에서의 역할은 무엇인가?

실습 27 광전자 소자(1)

실습 목표

(1) 발광 다이오드의 동작 원리를 이해한다.
(2) 광다이오드 및 광트랜지스터의 특성을 이해한다.

재 료

(1) 발광 다이오드 : 적색, 녹색 각 1개
(2) 저항 : 220[Ω], 4.7[kΩ] (1/4[W]) 각 1개
(3) 광트랜지스터 : FPT 100 1개
(4) 압축 튜브 : 흑색 5ϕ 1[cm]
(5) 리드선

계기 및 기구

(1) 직류 전압계(6[V], 10[V]) 각 1대
(2) 직류 전류계(30[mA], 100[mA]) 각 1대
(3) 직류전원공급장치(DC 0~30[V]) 1대

관련 이론

(1) 발광 다이오드(LED : Light Emitting Diode)

발광 다이오드는 다이오드의 일종이다. 동작 원리를 살펴보면, LED가 순방향으로 바이어스 되었을 때, 자유 전자와 정공이 접합면에서 재결합 될 때에 에너지는 열이나 빛의 형태로 발산되면서 낮은 에너지 상태로 된다.

이 때, 보통의 정류 다이오드는 불투명하기 때문에 빛이 외부로 나오지 않으나, LED의 경우에는 반투명하기 때문에 약간의 빛이 밖으로 나오게 된다. LED는 이런 원리로 갈륨(Gallium), 비소(Arsenic), 인(Phosphorus)과 같은 재료를 사용하여 적색, 황색, 녹색의 빛을 내도록 제조할 수 있다.

그림 27-1은 발광 다이오드의 구조와 기호를 나타낸 것이다. 보통의 LED의 경우, 순방향 전류는 5~10[mA] 정도로 실용 광도가 얻어지고, 순방향 전압 강하는 2[V]

정도이다.

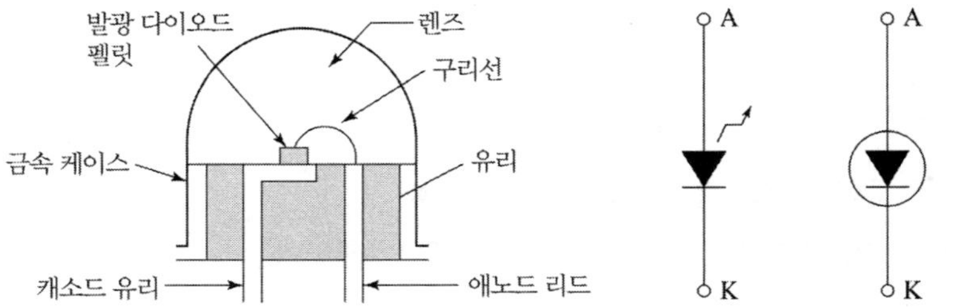

(a) 구조 (b) 기호

그림 27-1 발광 다이오드 및 구조와 기호

발광다이오드는 표 27-1의 불순물의 재료에 따라 발광색이 다르다.

표 27-1 LED 기판 재료의 종류

LED	기 판	발광특성 피크파색장 [nm]	발광효율 [1m/W]
GaAs$_{o}$, $_{6}$P$_{Q4}$ GaAs$_{o}$, $_{35}$P$_{0.65}$: N GaAs$_{o}$, $_{15}$P$_{0.85}$: N	GaA GaP GaP	적 650 적(등) 632 황 589	0.14 0.38 0.66
GaP : Zn, O GaP : N GaP : N	GaP GaP GaP	적 695 녹 565 녹 565	0.4~0.8 2.4 0.3
GaAlAs	GaA	적 660	0.42~0.84
SiC	SiC	청 490	1.36×10^{-6}
GaN	ZnSe	청 428	1.32×10^{-8}
ZnSe	사파이어	청 465	0.49×10^{-3}
ZnS	ZnS	청 465	2.45×10^{-3}

표 27-2 화학 기호

화학기호	스펠링	원소
Ga	Gallium	갈륨
As	Arsenic	비소
P	Phosphorus	인
N	Nitrogen	질소

화학기호	스펠링	원소
Zn	Zinc	아연
Si	Silicon	실리콘
C	Carbon	탄소
Se	Selenium	셀레늄
S	Sulphur	황
A	Argon	아르곤
AL	Aluminium	알루미늄

발광다이오드는 백열전구에 비해 수명이 길고 소비전력이 적으며 응답속도가 빠르며 다음과 같은 이점이 있다.

① 긴수명(반 영구적)
② 낮은 전압(2~3[V]로 발광)
③ 소비전력이 적다(0.05[W] 정도)
④ 점멸의 응답성이 빠르다(100만분의 1초 단위)
⑤ 작동 온도의 범위가 넓다.

(2) 광다이오드(Photo-diode)

광다이오드는 입사된 빛을 전기적인 양으로 바꾸어 주는 광검파기의 일종으로 동작 원리를 살펴보면, 역바이어스된 다이오드에는 소수 반송자로 인한 적은 전류가 흐른다. 이 소수 반송자의 양은 온도와 접합면에 비치는 빛의 양에 따라 달라지는데, 다이오드를 투명한 용기에 넣으면 입사되는 빛의 양에 따라 역방향 전류가 변화한다.

결국, 광전 다이오드는 입사된 빛의 양을 역방향 전류로 바꾸는 장치로 이런 경우 역방향 전류는 대단히 적어서 [μA] 단위 전류계로 측정할 수 있으며, 그림 27-2는 역바이어스된 광전 다이오드의 회로를 나타내 주고 있다.

빛을 받으면 PN 접합 부분에 발생한 전자와 정공(홀)의 짝(한쌍)이 이동하여 기전력이 발생하는 "광전지 강하"와 내부 저항이 변화하는 "광도전 강하"의 2 종류가 있다.

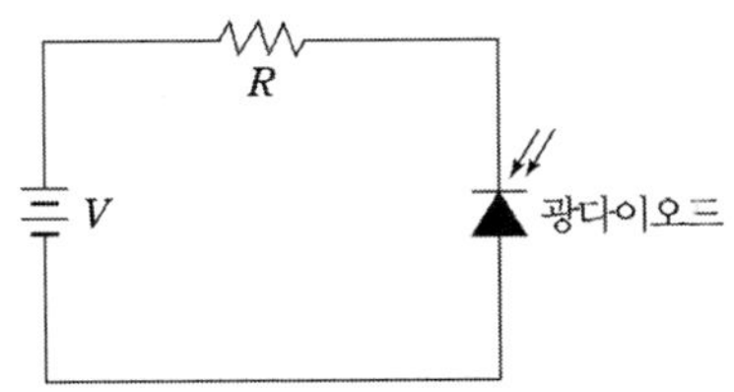

그림 27-2 역바이어스된 광다이오드

(3) 광트랜지스터(Phototransistor)

광트랜지스터는 빛에 의하여 트랜지스터의 컬렉터 전류가 제어되는 트랜지스터를 말한다. 그림 27-3은 NPN형에 광트랜지스터의 구조와 기호를 나타낸 것이며, PNP형 광트랜지스터도 있다. 보통의 트랜지스터와 같으나 베이스측에 광선이 역방향 전압으로 걸리는 컬렉터측의 PN 접합부에 비추어지도록 되어 있다.

광트랜지스터의 컬렉터에 역방향 전압을 공급하고, 역방향 전압이 걸려 있는 컬렉터와 베이스의 접합부에 광선을 비춰 주면 역방향 전류가 흐르는데, 이때 흐르는 역방향 전류는 베이스와 이미터의 접합부에는 순방향 전류로서 흐르게 되므로 마치 트랜지스터의 베이스 전류가 흐르는 것과 같고, 베이스 전류가 흐르면 증폭된 컬렉터 전류가 흐르게 된다.

이와 같이 광트랜지스터는 증폭 작용을 가지고 있기 때문에, 광다이오드보다 빛에 대한 감도가 훨씬 높다.

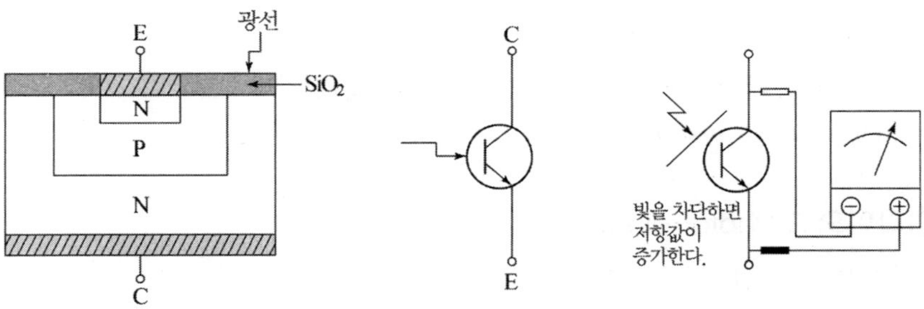

(a) 구조 (b) 기호 (c) 실험

그림 27-3 광트랜지스터의 구조 및 기호

광트랜지스터는 감도가 높고, 낮은 전압으로 동작하며, 감광 파장의 폭도 넓기 때문에 광전식 자동 제어 장치에 많이 이용되고 있으나, 온도 특성이 나쁘다는 결점이 있다.

안전 및 유의사항

(1) LED에 허용 역바이어스 이상의 전압이 걸리지 않도록 한다.

(2) 계기의 극성에 유의한다.

실습 순서

(1) LED의 특성 측정

① 적색 LED를 이용하여 그림 27-4와 같이 회로를 결선한다.

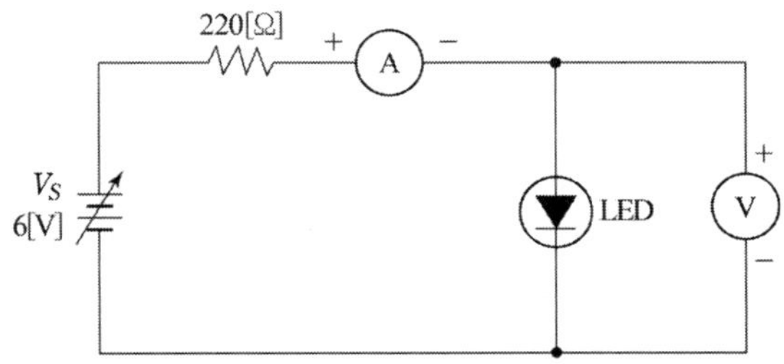

A : 직류 전류계(30[mA]) V : 직류 전류계(6[V])

그림 27-4 LED의 특성 측정회로

② LED에 10[mA]의 전류가 흐르도록 전원 전압 V_S를 조정한다. 이 때의 전압을 측정하여 표 27-3에 기록한다.

표 27-3 기록표

I [mA]	전압[V](적색 LED)	R [Ω]	전압[V](녹색 LED)	R [Ω]
0				
2				
4				
6				
8				
10				
12				
14				

③ 표 27-3에 나와 있는 전류가 흐르도록 V_S를 각각 조정한 다음, 그 때의 전압을 측정하여 기록한다.

④ 적색 LED를 녹색 LED로 바꾸고, 실습 순서 ②에서부터 ③까지를 되풀이 한다.

⑤ 기록표에 준하여 저항값 $\left(R = \frac{V}{I}\right)$를 계산하여 기록한다.

⑥ 발광다이오드의 원리를 설명하라.

(2) 광트랜지스터의 특성 측정

① 그림 27-5(a)와 같이 회로를 결선한다. 이 때, 발광 다이오드와 광트랜지스터와의 간격은 5[mm] 정도로 유지하고, 그림 27-5(b)와 같이 차광 용기를 사용하여 빛이 새지 않도록 한다.

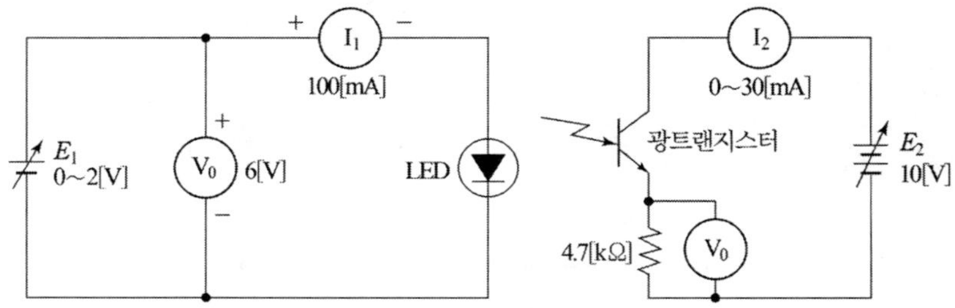

(a) 회로도

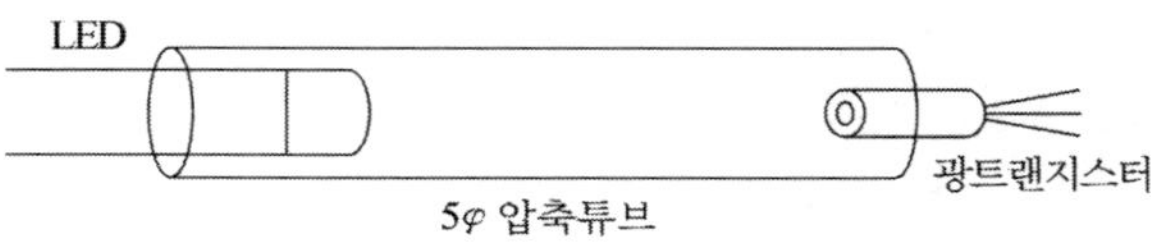

(b) 차광 용기

그림 27-5 광트랜지스터의 특성 측정 회로

② E_2는 DC 5[V]로 고정시키고, E_1을 0~1.8[V]로 변화시켜 가면서 전류 I_1 및 I_2 그리고 V_0을 측정하여 기록표에 기록한다.

③ E_2를 DC 10[V]로 고정시키고, 실습 순서 ②를 되풀이한다.

표 27-4 기록표

E_2 = 5[V]				E_2 = 10[V]			
E_1 [V]	I_1[mA]	I_2[mA]	V_0[V]	E_1 [V]	I_1[mA]	I_2[mA]	V_0[V]
0				0			
0.2				0.2			
0.4				0.4			
0.6				0.6			
0.8				0.8			
1.0				1.0			
1.2				1.2			
1.4				1.4			
1.6				1.6			
1.8				1.8			

④ 광다이오드와 광전 트랜지스터를 비교하여 설명하라.

⑤ 광전트랜지스터의 증폭작용을 설명하라.

실습 28 광전자 소자(2)

실습 목표

(1) 7-세그먼트 지시기로 숫자를 나타낸다.

(2) 광결합기를 통해 신호기를 전송한다.

재 료

(1) 7-세그멘트 : TIL312 1개

(2) 광결합기 : 4N26 1개

(3) 저항 : 270[Ω] (1/[2W]) 3개

(4) 다이오드 : 1N914 1개

(5) 리드선

계기 및 기구

(1) 직류전원공급장치(DC 0~30[V]) 1대

(2) 디지털 멀티미터 1개

(3) VOM 1대

(4) 브래드 보드 1개

관련 이론

(1) LED 배열(Array)

LED배열은 숫자, 문자 혹은 다른 기호를 나타내는 LED의 집합이다. 가장 일반적인 LED 배열은 그림 28-1 (a)에 나타낸 7-세그먼트 표시기이다. 이 표시기는 7개의 구형 LED로 되어 있다(A에서 G까지). 각각의 LED는 표시되어지는 문자의 한 부분을 형성하기 때문에 마디(세그먼트)라고 불리어 진다.

그림 28-1 (b)는 개략도이다. (+) 전압이 모든 애노드에 인가된다. 하나 혹은 그 이상의 캐소드는 전류 저항에 의해 접지됨으로써 0에서 9까지의 디지트와 대부분의 알파벳 문자나 어떤 기능적 기호를 만들 수 있다. 예를 들면, 캐소드 A, B와 C를 접지하면 그림 28-1 (a)에서 7이 표시된다. 혹은 캐소드 A, B, C, D와 G를 접지하면 3

을 얻는다. 7-세그먼트 배열은 또한 개개의 세그먼트를 도통하기 위해 애노드 전압을 사용하는 캐소드-공통형을 사용할 수도 있다.

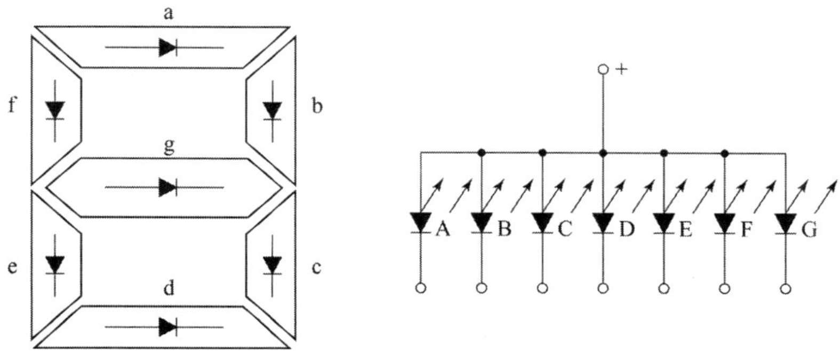

(a) 7-세그먼트 표시기 (b) 개략도

그림 28-1 7-세그먼트

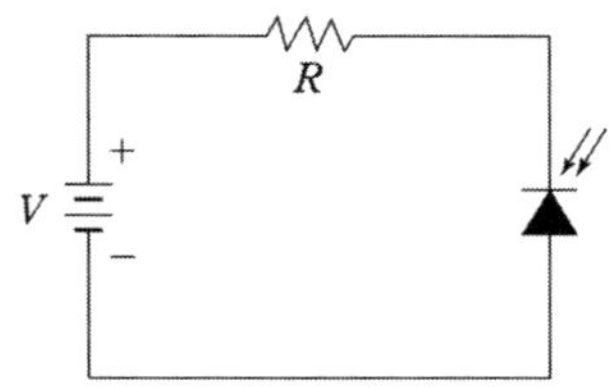

그림 28-2 광다이오드의 역방향 바이어스

(2) 7-세그먼트 LED 디스플레이

LED를 옆 그림과 같이 배열하여 숫자를 표시하게 되는데, 각 세그먼트(a, b, c, d, e, f, g)에 순방향 바이어스를 공급하게 되면 원하는 숫자를 0~9까지 표시할 수 있다. LED는 1.7~3.0[V]의 전압 레벨에서 동작하며, 응답시간이 나노 초(nano second, ns)정도로 빠르다.

각 세그먼트에는 10~20[mA] 정도의 전류가 흐르도록 전류 제한 저항을 연결하여 사용한다.

① 공통 케소드형 LED 디스플레이

다이오드의 캐소드 측을 공통 단자로 사용하는 7-세그먼트 LED 디스플레이로 대표적으로 사용하는 것은 FND500이며, SN7448 디코더/드라이버 출력에 의하여 애노드 단자에 "H"가 인가될 때 해당 LED 세그먼트가 점등된다.

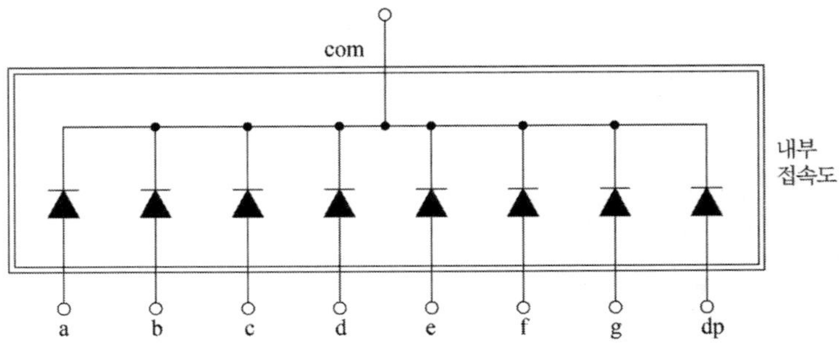

그림 28-3 공통 캐소드형 LED 디스플레이의 내부 접속도

② 공통 애노드형 LED 디스플레이

다이오드의 애노드 측을 공통 단자로 사용하는 7-세그먼트 LED 디스플레이로 대표적으로 사용하는 것은 FND507이며, SN7447 디코더/드라이버 출력에 의하여 캐소드 단자에 "L"가 인가될 때 해당 LED 세그먼트가 점등된다.

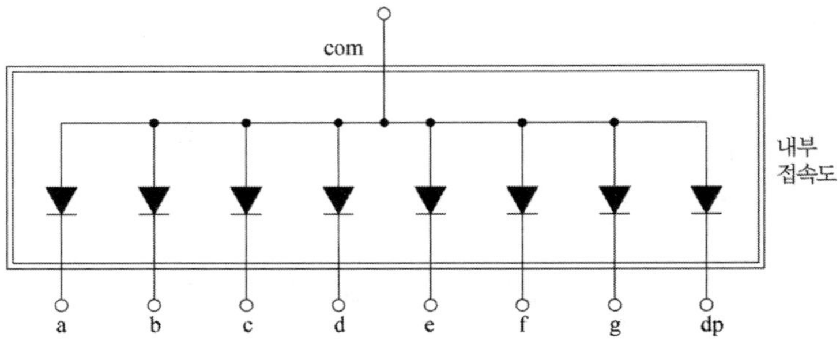

그림 28-4 공통 애노드형 LED 디스플레이의 내부 접속도

③ FND500, FND507의 외형

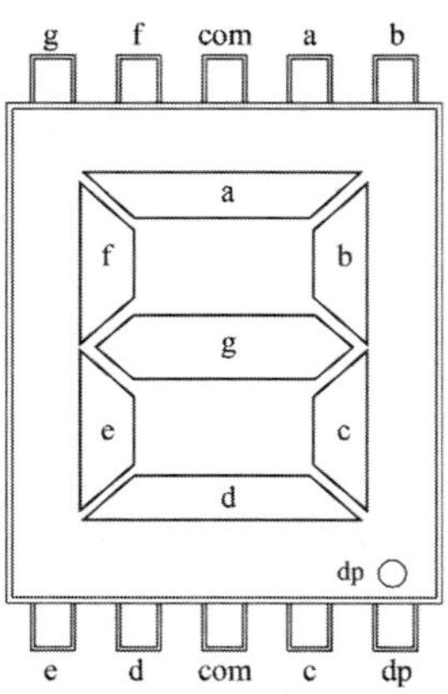

* "FND 500"를 사용할 때는 com 단자를 GND에 접속시킨다.
** "FND 507"를 사용할 때는 com 단자를 VCC에 접속한다.

그림 28-5 FND500, FND507의 외형

(3) 광결합기

발광다이오드(LED)와 같은 전기 → 광 변환소자를 발광부로 하고 포토트랜지스터와 같은 광 → 전기 변환소자를 수광부로 한 회로를 하나의 패키지 내에 수용하여 전기 신호를 발광부에서 빛으로 변환하고 이를 수광부에서 다시 전기신호로 환원시키는 광 복합소자를 광결합기, 포토커플러(photo-coupler) 또는 옵토커플러(opto-coupler)라 한다.

이 광결합소자는 입력측과 출력측이 전기적으로 절연되어 있어 전압이 서로 다른 회로간의 상호교환을 목적으로 자주 사용된다.

그림 28-6은 LED-광다이오드 결합기이다. 왼쪽이 LED이고 오른쪽이 광다이오드이다. LED 전원은 LED에 전류를 흐르게 하고 LED로부터 나온 빛은 광다이오드를 비추고 저항 R_2를 통하여 역방향 전류가 흐르게 한다. 광다이오드 양단의 전압은 아래와 같이 주어진다.

$$V_{out} = V_{SS} - IR_2 \tag{1}$$

이 출력전압은 역방향 전류가 얼마나 커지는가에 달려 있다. 만약 LED 전원을 변화하면 빛의 양이 변화하여 광다이오드 전류를 변화시킨다. 결과적으로 V_{out}이 변화한다. 광 결합기의 주요 장점은 LED 회로와 광다이오드 회로사이의 전기적 분리이다. 일반적으로 입출력회로 사이의 저항은 $10^{10}[\Omega]$ 이상이다. 이 때문에 광 결합기는 광 분리기로 알려지기도 한다. 입출력회로 사이의 접촉은 빛의 흐름 밖에 없다.

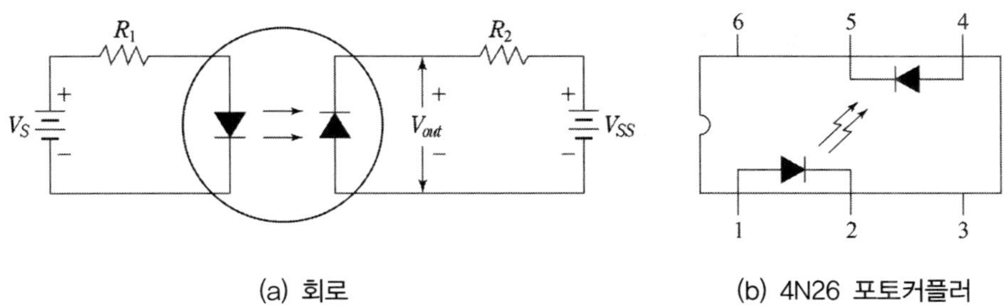

(a) 회로 (b) 4N26 포토커플러

그림 28-6 광 결합기 회로

안전 및 유의사항

(1) 7-세그먼트의 공통단자를 찾는다.(캐소드 공통, 애노드 공통)

(2) 광결합기인 포토커플러의 핀 번호에 주의한다.

실습 순서

(1) 그림 28-7 (a)는 이 실험에서 사용되는 7-세그먼트 표시기에 대한 그림이다. 여기에는 좌측 십진 점(Left Decimal Point, LDP)과 우측 십진점(Right Decimal Point, RDP)이 있다. 그림 28-7 (b)의 회로를 구성하라.

(2) 그림 28-7 (c)는 TIL312에 대한 개략도이다(만약 여러분이 다른 소자를 사용한다면 정확한 핀 번호가 표시된 개략도를 제공할 것이다). 핀 1, 10 및 13은 접지이다.

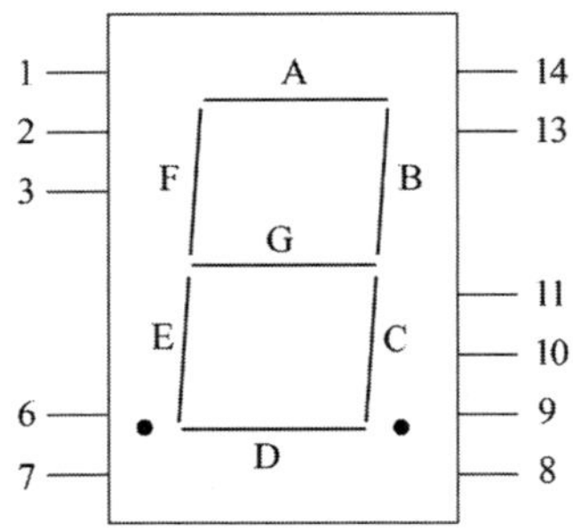

(a) TIL312의 핀 번호

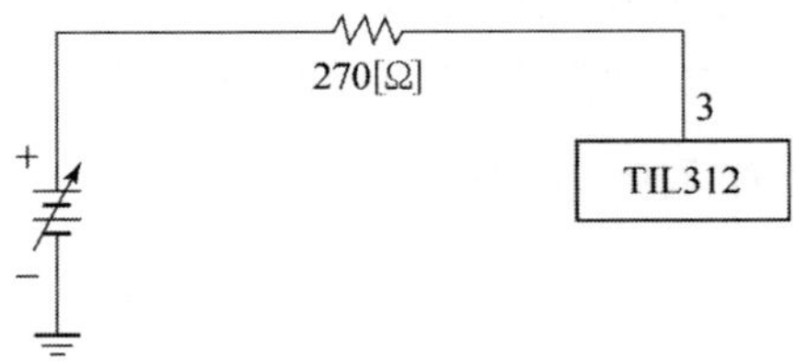

(b) TIL312의 회로

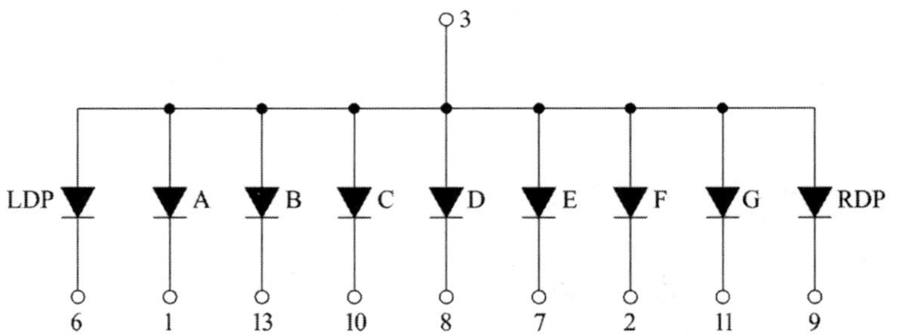

(c) 개략도

그림 28-7 TIL312의 구조

(3) 핀 1, 10 및 13을 접지에서 제거하라.

(4) 그림 28-7 (a)와 그림 28-7 (c)을 참고하라. 숫자 0이 나타나도록 하기 위해서는 어떤 핀이 접지가 되어야 하는가? 그 핀을 접지하고 회로가 적절하게 동작하면 핀 번호를 표 28-1에 기록하라.

표 28-1 7-세그먼트 표시기

Display	Pins Grounded
0	
1	
2	
3	
4	
5	
6	
7	
8	
9	
LDP	
RDP	

(5) 1에서 9까지 중 남은 숫자와 십진점에 대해서도 실습순서 (4)를 되풀이하라.

(6) 그림 28-8(a)의 회로를 연결하고 전원전압을 2[V]에 맞추어라. 출력 전압을 측정하여 표 28-2에 기록하라.

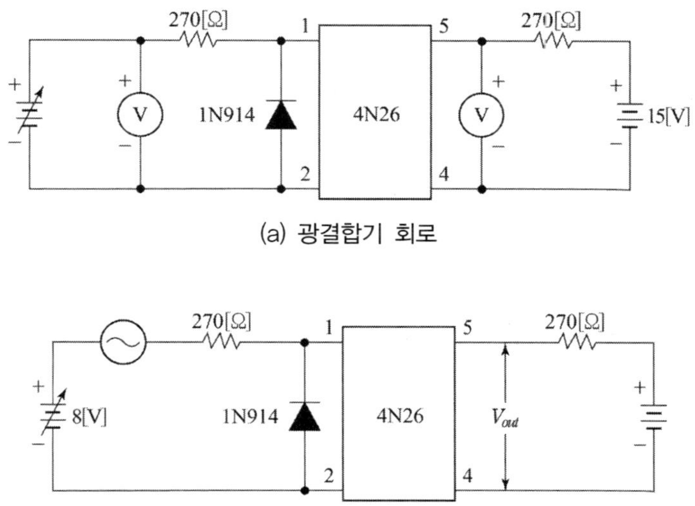

(a) 광결합기 회로

(b) 정현파 공급기를 가진 회로

그림 28-8 Photo Coupler 회로

(7) 표 28-2에 제시된 각 전원전압에 대하여 단계 1, 2를 되풀이 하라.

표 28-2

V_S, V	V_{out}, V
2	
4	
6	
8	
10	
12	
14	

(8) 표 28-2의 데이터로부터 그래프에 광결합기의 전달 그래프를 그려라.

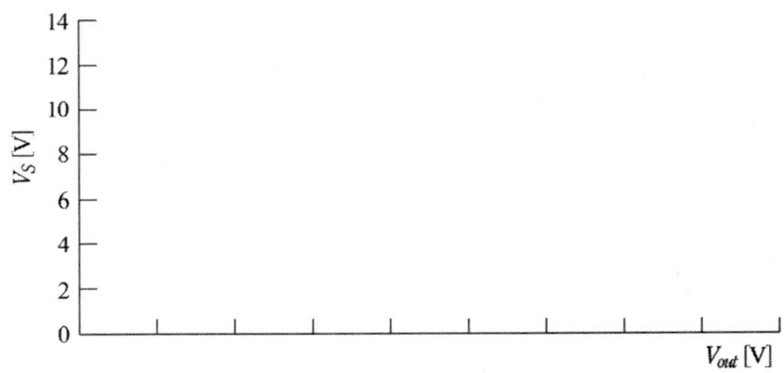

(9) 그림 28-8 (a)에서는 왜 1N914를 사용했는가?

(10) 전원이 4[V]부터 6[V]까지 변화할 때 그림 28-8(a)에서 출력 전압의 변화는 얼마인가?

(11) 그림 28-8 (b)에서 정현파가 4[V] 첨두 대 첨두치를 가질 때 출력전압 V_{out}을 설명하라.

실습 29 555 타이머

실습 목표

(1) 555 타이머의 동작 원리를 이해한다.
(2) 555 타이머를 이용한 비안정 및 단안정 멀티바이브레이터의 원리를 이해하고, 실험을 통하여 확인한다.
(3) 555 타이머를 이용한 타이머 및 톱날파 발생기로 응용하는 방법을 익힌다.

재 료

(1) IC : NE 555 1개
(2) 저항 : 820[Ω], 1.8[kΩ], 3.3[kΩ], 5[kΩ], 6.8[kΩ], 100[kΩ], 2[MΩ] 1개
1[kΩ]) 3개
10[kΩ] 2개
(3) 마일러 콘덴서 : 0.01[μF], 0.1[μF] 각 4개
4.7[μF] 1개
(4) 다이오드 : 1N100 1개
(5) 발광다이오드 1개
(6) 제너다이오드 : 1N5234 1개

계기 및 기구

(1) 오실로스코프 1대
(2) 펄스 발생기 1대
(3) 직류전원공급장치(0～30[V]) 1대

관련 이론

555 타이머는 디지털 회로에서 펄스 발생기나 제어 기기의 타이머로 사용하는데 이 방법은 콘덴서를 일정한 법칙에 따라 충방전시키는데 있고, 그 출력을 이용하는 것으로 타이머나 발진기 외에 톱니파, 삼각파 등의 함수 발생기로 사용된다. TTL이나 리니어(linear) IC와도 직접 결합하여 사용할 수 있는 특징이 있다.

(1) 555 타이머의 규격과 단자의 기능

① 외형 : TO99 또는 DIP형

② 핀 번호 : 실물 위쪽에서 본 것이다.(그림 29-1)

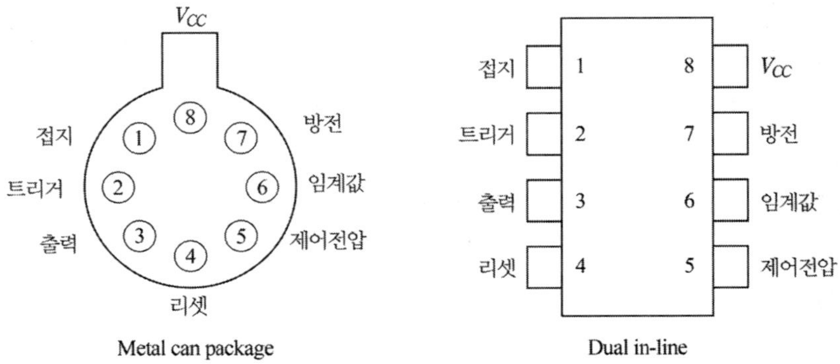

그림 29-1 555 타이머의 외형

③ 전원(V_{CC}, 핀 8) : 사용 전압 범위는 +5[V]~+18[V] 이다.

④ 출력(Output, 핀 3) : 출력 단자로서 이 단자와 전압 사이에 부하 저항을 접속하거나 별개의 부동 전원과 이 단자 사이에 부하 저항을 접속하여 사용할 수 있다. 앞의 경우에는 부하에 소스(source) 전류가 흐르고, 뒤의 경우에는 부동 전원에서 부하에 싱크(sink) 전류가 흐른다.

⑤ 리셋(Reset, 핀 4) : 트리거 신호의 유무에 관계없이 555 타이머의 동작을 정지시키는 기능을 가진다. 이 단자를 사용하지 않을 때에는 $+V_{CC}$에 접속해 둔다. 가령, 이 단자를 접지시키든지 또는 0.4[V] 이하의 전압이 가해지면, 출력 및 방전 단자는 접지 상태의 전위로 유지된다. 바꾸어 말하면, 출력이 L레벨로 된다.

⑥ 방전(Discharge, 핀 7) : 출력 단자가 L레벨 상태일 때 IC 외부 회로에 접속한 콘덴서를 방전시키는 기능을 가진다. 출력 단자가 H레벨에 있을 때에는 이 단자는 개방 상태로 되며, 콘덴서 C는 외부 R, C 회로에 의하여 정해지는 시정수에 따라 충전된다.

⑦ 제어 전압(Control voltage, 핀 5) : 이 단자와 접지 사이에는 언제나 필터 콘덴서(0.01[μF])를 접속하여 전원에서 유도되는 리플이나 잡음이 임계 전압에 끼치는 영향을 감소시키도록 한다. 그리고 이 단자는 임계 전압 레벨을 조정하는 기능을 가진다. 가령, 저항 5[kΩ]을 이 단자와 V_{CC} 단자 사이에 접속하면 임계 전압은 $0.8V_{CC}$, 트리거 전압은 $0.2V_{CC}$로 된다. 또한, 별개의 외부 전원을 이 단자에 걸

어 임계 전압과 트리거 전압을 조절하면 출력을 조절할 수도 있다.

⑧ 트리거(Trigger, 핀 2)와 임계(Threshold, 핀 6) : 임계란 능동 소자에서 차단 영역과 활성 영역의 경계점을 뜻한다. 555 타이머는 2개의 동작 상태와 2개의 기억 상태를 가질 수 있다. 이들 상태는 트리거 입력과 임계 입력에 의하여 결정된다.

(2) 555 타이머의 동작 상태

그림 29-2에서 트리거 입력은 비교기 2의 기준 전압 $\frac{1}{3}V_{CC}$(레벨이 낮은 임계 전압 V_{LT})와 비교되고, 임계 입력은 비교기 1의 기준 전압 $\frac{2}{3}V_{CC}$(레벨이 높은 임계 전압 V_{UT})와 비교된다.

그리고 트리거 입력 전압과 임계 입력 전압이 기준 전압보다 높을 경우와 낮을 경우로 구분할 수 있으며, 이를 종합하면 결국 세 종류의 동작 상태를 실현할 수 있다.

표 29-1은 555 타이머의 앞에서와 같은 세 종류의 동작 상태를 나타낸 것이다. 동작 상태 Ⓐ에서는 트리거 입력 전압과 임계 입력 전압이 다같이 그들의 기준 전압보다 낮을 때이며, 이때 출력 단자는 H레벨이 된다.

또한, 동작 상태 Ⓒ에서는 두 입력이 모두 그들의 기준 전압보다 높을 때이며, 이 때 출력 단자는 L레벨이 된다. Ⓐ와 Ⓒ의 동작 상태를 종합할 때 555 타이머는 낮은 레벨의 입력은 높은 레벨의 출력을, 높은 레벨의 입력은 낮은 레벨의 출력을 발생하며, 마치 인버터와 같은 기능을 가진다. 그리고 또 한가지의 상태는 Ⓑ와 같은 기억 상태도 가진다.

표 29-1 $V_{UT} = 2V_{CC}/3$, $V_{LT} = V_{CC}/3$, $H \fallingdotseq V_{CC}$, L 또는 접지$\simeq$0[V]

동작 상태	트리거 (핀 2)	임계 (핀 6)	단자 상태
			출력(핀 3), 방전(핀 7)
Ⓐ	무관 상태	V_{UT} 이하	높은 레벨 상태(H) 개방 상태
Ⓑ	V_{LT} 이상	V_{UT} 이하	동작 전의 상태 기억
Ⓒ	V_{LT} 이상	V_{UT} 이상	낮은 레벨 상태(L) 접지 상태

그림 29-2는 앞에서 설명한 상태 변화를 이해시키기 위하여 나타낸 것이다. 트리거 단자와 임계 단자에 삼각파 입력 전압 V_i를 걸었을 경우의 동작 상태는 다음과 같다.

① V_i가 V_{LT}보다 낮은 구간 A-B와 E-F에서는 동작 상태 Ⓐ가 되어, 출력 V_0는 H레벨이 된다.

② V_i가 V_{LT}보다 높고 V_{UT}보다 낮은 구간 B−C에는 동작 상태 Ⓑ가 되어, 이 동작의 직전 상태 Ⓐ를 그대로 유지, 기억한다.

③ V_i가 V_{UT}보다 커지면 동작 상태 Ⓒ가 되어, 출력은 L레벨이 된다.

④ V_i가 V_{UT}에서 V_{LT}로 떨어지는 구간 D−E에서는 이 동작의 직전 상태인 Ⓒ상태를 유지, 기억하며, 출력은 L레벨로 된다.

⑤ 끝으로, V_i가 V_{LT}보다 낮아진 구간 E−F에서는 동작 상태 Ⓐ가 되며, 출력은 H레벨로 높아진다. 이상과 같은 동작을 종합하여 입력 전압 V_i에 대한 출력 전압 V_0의 관계 곡선으로 그려 보면, 기억 능력을 가지는 히스테리시스 특성을 가진다.

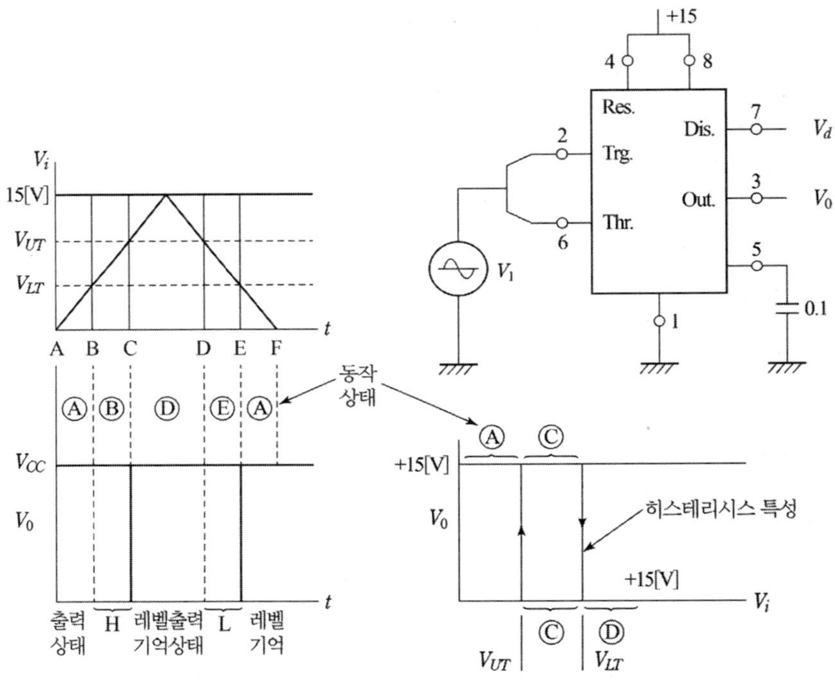

그림 29-2 555 타이머의 동작 상태

(3) 555 타이머의 시간 지연 동작

그림 29−3 (a)와 같은 회로를 구성하여 전원 스위치 SW를 닫으면, 출력 전압 V_0는 시간 T가 경과한 후 L 레벨에서 H 레벨로 올라간다.

이 때, $T = 1.1R_AC$로서 외부 회로에 접속한 R_A와 C에 의해 정해지는 시정수에 관계가 있다. 즉, SW를 닫는 시각 $t = 0$에서는 콘덴서에 걸린 초기 전압은 0[V]이고,

저항, R_A에 걸린 V_{26}은 전원 전압 +15[V]와 같다.
그러므로 핀 2와 핀 6은 다같이 그들의 임계 전압이 기준 전압보다 높기 때문에, 동작 상태는 ⓒ로서 출력은 그대로 L 레벨 상태를 유지한다. 그리고 C가 충전되는 과정에서 임계 전압은 V_{UT}이하로 내려가나, 트리거 전압은 아직 V_{LT}보다 크므로, 출력은 기억 상태 Ⓑ로서 그대로 L 레벨 상태를 유지한다.
결국, 트리거 전압이나 임계 전압이 V_{LT}로 내려가는 순간 T에서 동작 상태는 Ⓐ로 되어 출력이 H 레벨로 높아진다.
이상과 같은 시간 지연 기능은 한 시스템에서 전원을 닫은 후에 어느 쪽 회로만 시간을 지연시키고자 할 때 타이머로 이용할 수 있다.

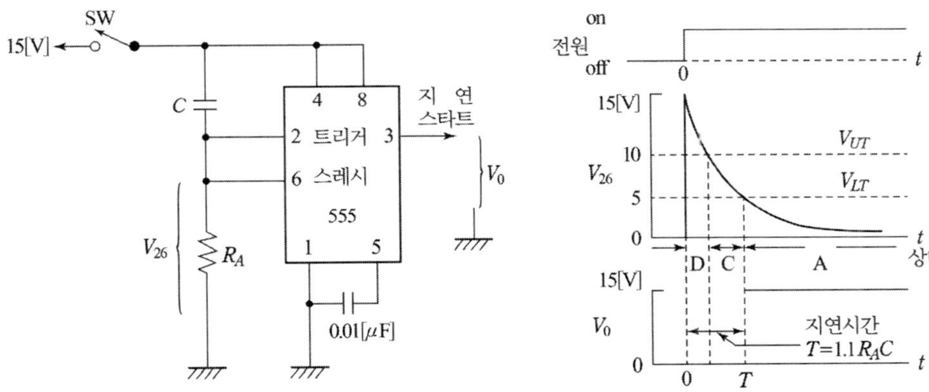

(a)

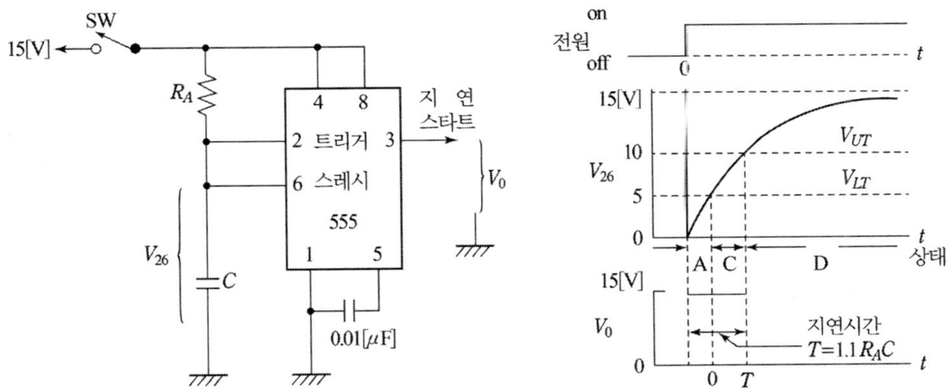

(b)

그림 29-3 시간 지연 동작

그림 29-3 (b)는 그림 (a)의 R_A와 C를 서로 바꾸어 놓은 것이다. 이 회로에서 전원 스위치 SW를 닫으면 H 레벨의 출력이 $T = 1.1R_AC$ 만큼 시간이 경과한 후에 L레벨로 떨어진다. 즉, 펄스폭이 T인 단안정 멀티바이브레이터와 같은 동작을 한다. 이와 같은 시동(start-up) 펄스의 기능은 카운터나 컴퓨터의 초기화(initialize) 리셋을 거는 데에 이용된다. 또한, 경보기 회로에서 경보를 어느 시간 폭만큼 유지시켜 주는 데에 응용할 수도 있다.

(4) 555 타이머의 구성

단안정 멀티바이브레이터로 비교적 시간이 긴 타이머를 만들 수 있다. 그림 29-2는 초 단위의 타이머로서, 트리거 입력 핀 2의 전압이 푸시 버튼 스위치를 닫을 때 음 펄스로 되어 트리거 신호가 된다.

이 순간에 출력 핀 3에 H레벨 전압이 걸리며, 이 레벨이 유지되는 시간은 $T = 1.1R_AC$이다. $R_A = 1[\mathrm{M\Omega}]$, $C_1 = 4.7[\mu\mathrm{F}]$를 접속했을 때 타이머 시간 T를 계산하고 출력 LED의 발광 시간을 스톱워치로 알아본다. 이 회로의 R_2는 LED에 흐르는 전류 제한용 저항이다.

(5) 톱날파 발생기의 구성

오실로스코프를 스위프 시키는 데에는 편향편에 직선성이 좋은 톱날파 전압을 걸어야 된다. 보통 콘덴서의 충·방전 특성에 의한 톱날파 발생에서는 회로 내의 RC 시정수에 의하여 콘덴서에 걸리는 충전 전압은 지수함수에 따르기 때문에 비직선성 $[V_C = V(1-e^{-t/RC})]$이 된다.

톱날파 발생 전자 회로에서는 흔히 직선성을 개선하기 위하여 부트 스트랩(boot-strap)회로나 밀러(Miller) 적분 회로를 사용한다. 요즘은 정전류 다이오드가 생산되어 이것을 이용할 수도 있다.

정전류 다이오드는 그림 29-4(a)와 같은 기호로 나타나며, 전압 전원에 부하와 이 다이오드를 직렬로 접속하면, 부하 변동에 관계없이 일정한 정전류가 부하에 흐르는 성질을 가진다.

그림 29-4(b)는 정전류 다이오드의 내부 구성 FET 정전류 회로로 대체하여 보인 것이다. FET의 게이트와 소스 간의 전압을 고정해 놓으면, 드레인 전류는 거의 일정하게 흐른다.

R_S는 자기 바이어스용 저항이며, 정전류 I_R이 증가하려 하여도 R_S의 양단 전압이 커짐으로써 게이트에 역바이어스가 걸리고, 따라서 일정한 전류가 흐르게 된다. 현재까지 정전류 다이오드는 5[mA] 이하의 것만 생산된다고 한다.

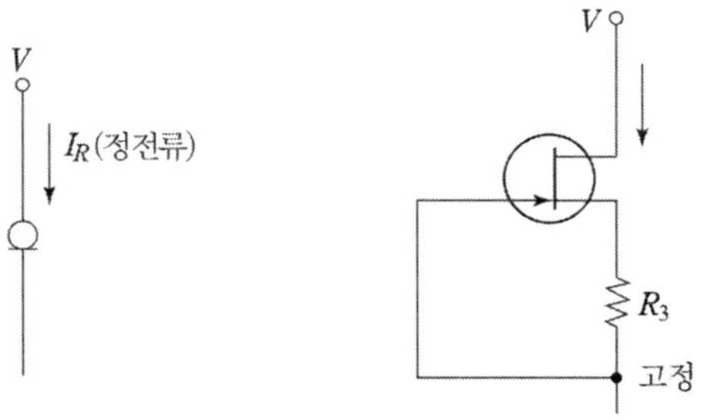

(a) 기호 (b) 내부회로

그림 29-4 정전류 다이오드

(6) 555 타이머를 사용한 비안정 멀티바이브레이터

555 타이머를 사용하여 만든 비안정 멀티바이브레이터는 그림 29-5에 나타내었다. 그림 29-5(a)는 555 타이머의 내부회로도이며, 그림 29-5(b)는 비안정 멀티바이브레이터의 회로이다. 그림 29-5(c)는 비안정 멀티바이브레이터의 동작을 나타낸 것으로, 출력 전압은 H 레벨(V_{CC} 보다 약간 낮은 전압)에서 L 레벨(0.1[V] 정도)로 떨어지고, 다시 H 레벨로 되돌아가는 반복 동작을 하여 직사각형파 출력을 발생시킨다.

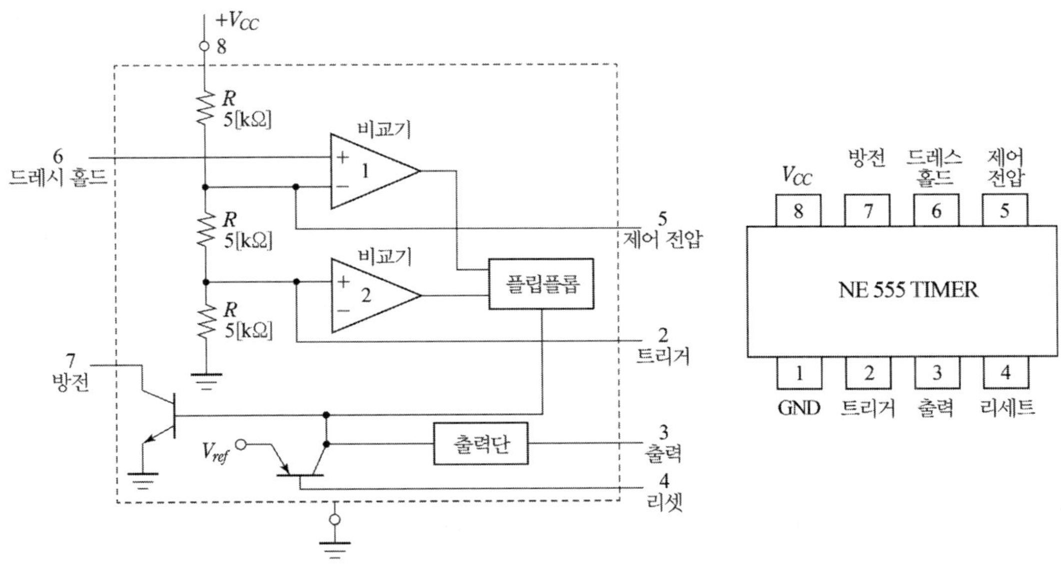

(a) 내부 회로와 핀 배치

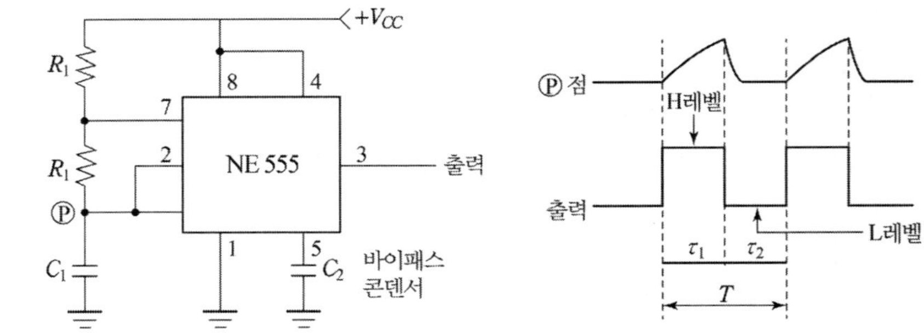

(b) 기본 회로 (c) 동작 파형

그림 29-5 555 타이머를 사용한 비안정 멀티바이브레이터

발진 주기 및 펄스폭을 구하는 식은 다음과 같다.

$$\tau_1 = 0.693(R_1 + R_2) \cdot C_1 \quad (1)$$

$$\tau_2 = 0.693 \cdot R_2 \cdot C_1 \quad (2)$$

$$T = \tau_1 + \tau_2 = 0.693(R_1 + 2R_2) \cdot C_1 \quad (3)$$

(7) 555 타이머를 사용한 단안정 멀티바이브레이터

그림 29-6은 555 타이머를 사용하여 만든 단안정 멀티바이브레이터의 회로와 입·출력 파형을 나타낸 것이다.

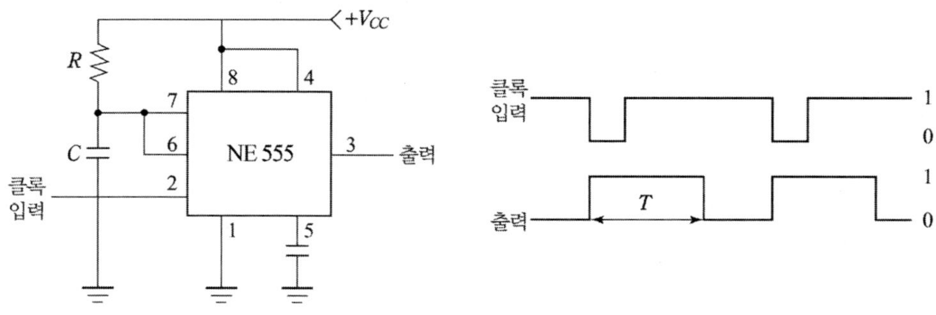

(a) 기본 회로 (b) 입 · 출력 파형

그림 29-6 IC 555를 사용한 단안정 멀티바이브레이터

555 타이머는 평상시 출력이 L 레벨을 유지하고 있으며, 내부 방전 트랜지스터는 통전 상태에 있으므로, C_1은 완전히 방전되어 있는 상태이다. 이 때, 음의 펄스가 가해지면 출력은 H 레벨로 올라가고, 통전 트랜지스터가 차단 상태가 되어 C_1 은 R을 통

하여 충전이 진행된다. 이 충전된 전압이 임계(threshold) 전압($\frac{2}{3}V_{cc}$)과 같아지며, 출력이 L 레벨로 되며, 방전 트랜지스터는 통전되어 C_1에 충전된 전압이 급격히 방전되며. 출력 파형의 펄스 폭은 다음과 같다.

$$T \fallingdotseq 1.1\, C_1 R \tag{4}$$

안전 및 유의사항

(1) 전원 및 계기 극성에 주의 한다.
(2) 정격에 주의 한다.
(3) 시정수 회로에 사용하는 R, C는 오차가 작은 것을 선택한다.

실습 순서

(1) 555 타이머를 사용한 비안정 멀티바이브레이터

① 그림 29-7과 같이 회로를 구성하고 확인한다.

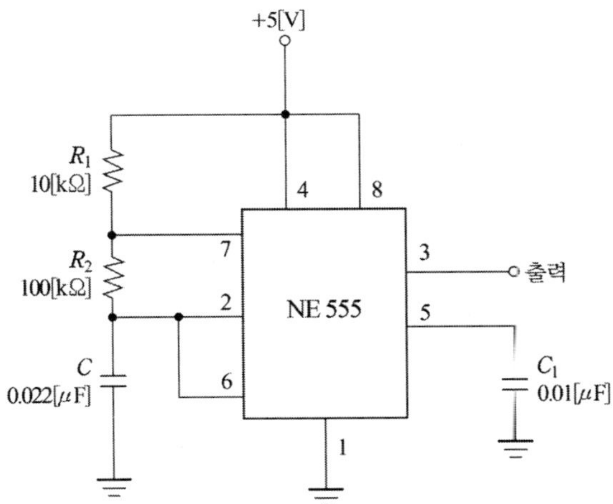

그림 29-7 555 타이머를 사용한 비안정 멀티바이브레이터 회로

② 오실로스코프를 이용하여 펄스폭을 측정하여 이론값과 비교한다.

이론값 f = ____________ [Hz]

측정값 f = ____________ [Hz]

③ 오실로스코프를 사용하여 Ⓟ점의 파형과 출력 파형을 측정하여 그림 29-8에 그린다.

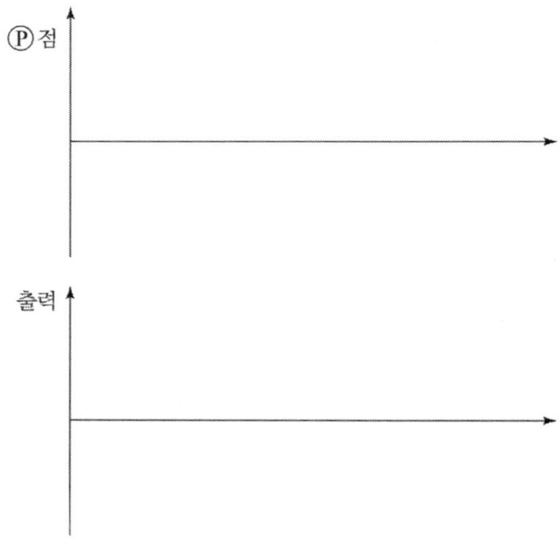

그림 29-8 555 타이머를 사용한 비안정 멀티바이브레이터의 파형 측정 결과값

④ R_1=1[kΩ], R_2=27[kΩ]으로 하여 ③를 되풀이하여 위의 실험한다.

(2) 555 타이머를 사용한 단안정 멀티바이브레이터

① 그림 29-9와 같이 회로를 결선하고 확인한다.

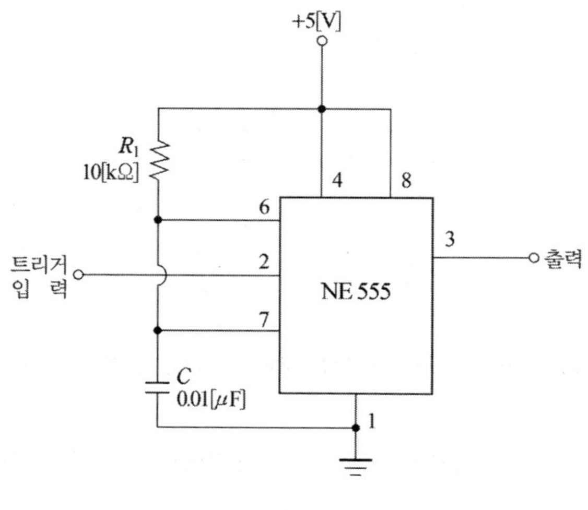

그림 29-9 555 타이머를 사용한 단안정 멀티바이브레이터 회로

② 오실로스코프를 이용하여 펄스폭을 측정하여 이론값과 비교한다.

이론값 f = ______________ [Hz]

측정값 f = ______________ [Hz]

③ 오실로스코프를 사용하여 트리거 입력 파형과 출력 파형을 측정하여 그림 29-10에 그린다.

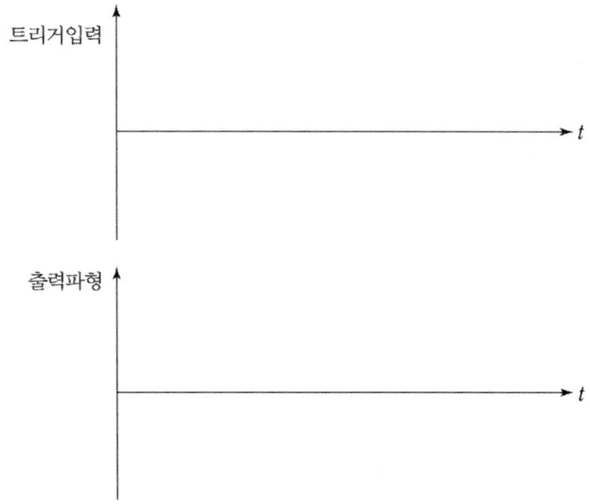

그림 29-10 555 타이머를 사용한 단안정 멀티바이브레이터 파형 측정 결과값

MEMO

부록

1 트랜지스터 규격표에 쓰이는 약어

1. 용　도	
AF	저주파증폭
Conv	주파수변환
IF	중간주파 증폭
LN	저잡음 증폭
MIX	주파수 혼합
OSC	발진
PA	전력 증폭
SW	스위칭
2. 구　조	
E	이미터(Emitter)
B	베이스(Base)
C	컬렉터(Collector)
S	실드(Shield)
Ge	게르마늄
SI	실리콘
A	합금접합(Alloy)
AD	합금확산(Alloy diffusion)
D	드리프트
DB	베이스 확산
DJ	확산 접합
E	에피텍셜
EMe	에피텍셜 메져
EP	에피텍셜 플레이너
G	성장 접합(Grown)
GD	성장 확산(Grown Diffusion)
MA	마이크로 합금 접합(Micro Alloy)
MD	마이크로 드리프트
Me	메져
D	플레이너
TMe	3중 확산 메져
TP	3중 확산 플레이너

3. 최대 정격(Ta=25℃)	
V_{CBO}	컬렉터·베이스간 전압 (Collector-to-Base Voltage)
V_{EBO}	이미터 베이스간 전압 (Emitter-to-Base Voltage)
I_C	컬렉터 전류(Collector Current)
I_E	이미터 전류(Emitter Current)
Pc	컬렉터 손실(Collector Dissipation) 주위 온도 Ta, 케이스 온도 Tc의 두 가지 규정 방법이 있으며, 보통 Ta=25℃
Ta	주위온도 (Ambient Temperature)
Tj	접합부 온도 (Junction Temperature)
Tst	보존온도(Storage Temperature)
4. 특　성(Ta=25℃)	
$I_{CB'O}$	(Ico) 컬렉터 차단전류 (Collector Cutoff Current)
I_{CBO}	(Ico)이미터 차단전류 (Emitter Cutoff Current)
h_{FE}	직류 또는 펄스전류 증폭율(DC current Amplification Ratio : 이미터 접지)
hfe	전류 증폭율(Current Transfer Ratio GE : 이미터 접지)
hfb	전류 증폭율(Current Transfer Ratio G.B : 베이스 접지)
hie	입력 임피던스 (Imput Impedance : 이미터 접지)
hib	입력 임피던스 (Imput Impedance : 베이스 접지)
hre	전압 궤환률(Reverse Voltage Transfer Ratio)(이미터 접지)

4. 특 성(Ta=25℃)	
hrb	전압 궤환률(Reverse Voltage Transfer Ratio)(베이스 접지)
hoe	출력 어드미턴스(Output Admittance) (에미터 접지)
hob	출력 어드미턴스(Output Admittance) (베이스 접지)
fab	차단주파수(α=Alpha : Cutoff Frequency) (베이스 접지)
fae	차단주파수(Cutoff Frequency) (이미터 접지)
ft	이득 대역폭적 또는 트랜지연주파수 선
Cob	컬렉터 용량(Collector Capacitance)
rbb'	베이스 인입선 저항
re	이미터 저항(Emitter Resistance)
rc	컬렉터 저항(Collector Resistance)
rb	베이스 저항(Resistance between Base)
RL	부하 저항(Load Resistance)
hie(real)	고주파 입력 임피던스의 실수분
Cc·rbb'	Cc−rb' 적
NF	잡음지수(Noise Figure)
Z1	부하 임피던스(Load Impedance)
Zi	입력 임피던스(Input Impedance)
Zo	출력측 임피던스(Output Impedance)
Vosc	발진 전압(Oscillation Voltage)
Vcc	공급 전원 전압(Supply Voltage)
θ	온도 상승률(Thermal Resistance)
GE	이미터 어스(Ground Emitter)
GB	베이스 어스(Ground Base)
GC	컬렉터 어스(Ground Collector)
PG	증폭전력 이득(Power Gain)
CG	변환전력 이득 (Conversion Power Gain) } 동작 예
Po	출력전력 (Output Power) } 동작 예
td	지연시간 } 스위칭 시간(Switching Time)
tr	상승시간(Rise Time) } 스위칭 시간(Switching Time)
ts	축적시간(Storage Time) } 스위칭 시간(Switching Time)
tf	하강시간(Fall time) } 스위칭 시간(Switching Time)

5. 전계효과 트랜지스터(FET)	
V_{CDO}	게이트·드레인 사이 전압
BV_{GDO}	게이트·드레인 사이 항복전압
IG	게이트 전류
IGSS	게이트 차단전류
IPSS	드레인 전류
VP	핀치 오프 전압
gm	상호 콘덕턴스
IGSS	게이트 누설전류
CG	게이트 용량
Ciss	소스 접지 입력용량
Crss	소스 접지 귀환용량
6. 포토트랜지스터	
I_P 암전류	입사광이 없는 상태에서 컬렉터 접합에 역전압을 인가했을 때의 역전류
I_L 광전류	규정의 입사광 상태에서 컬렉터 접합에 역전압을 인가했을 때 흐르는 전류
7. 다이오드, 정류소자의 약어	
V_{RM}	첨두 역전압
Vsurge	허용 서지 전압
V_R	직류 역전압
v_R	순시 역전압
V_F	순전압(직류값)
v_F	순시 순전압
I_F	순전류(직류값)
If	실효 순전류
i_F	순시 순전류
I_{FM}	첨두 역전압
I_R	역전류

2 각종 반도체 소자의 일람표

명 칭	원 명	정신수	내 용 및 별 명
바이리테럴 SCR		4	SCR을 역병렬로 한 것과 같은 것. TRIAC
바이스위치	Biswitch	4	pnpn 다이오드를 역병렬로 한 같은 것, DIAC, SSS, 다이렉
C A R	Controlled Avalanche Rectifier	1	과전압을 가하여 다이오드 수위치, 애버랜세 제어정류기
크리태지스터	Critesistor	0	서미스터의 일종
디 서 어 져		1	다이오드의 역특성을 사용한 배리스터
D I A C		4	바이스위치, SSS
더불베이스다이오드		1	UJT, 단접합 트랜지스터
E L	Electro Luminescence	0	전장발광
에사끼·다이오드		1	터널·다이오드
FET	Field Effect Transistor	1	전계효과형 트랜지스터
개이트리스 SCR		3	pnpn 다이오드, 쇼클레·다이오드, 4층 다이오드
G C S	Gate Controlled Switch	3	전류 차단 가능한 SCR, GTO, 턴오픈 SCR
G T O	Gate Turn Off	3	위와 같음, GCS
빛 게이트 SCR		3	빛에 의해 제어 가능한 SCR, LAS
홀리스터	Hallistor	0	홀 소자
하이퍼캡다이오드		1	배랙터의 일종, 바리피코
키다다이오드		1	파라메트릭 증폭용 배랙터의 일종
LAS	Light Activate Switch	3	빛에 의해 제어 가능한 pnpn 다이오드 및 게이트 SCR
MOS	Metal-Oxide Semiconductor	1	절연형 전계효과 트랜지스터
MOST	Metal-Oxide Semicond.	1	위와 같음
메가오옴	transistor	0	서미스터의 일종
NTC		0	위와 같음
파라메트릭다이오드	Negative Temperature	1	배랙터
P C	Coefficient	0	광전도 소자
포토콘		0	위와 같음
포토드	Photo-Conductor	1	포토다이우드
포토 FET		1	빛에 의해 제어 가능한 FET
pnpn 다이오드		3	쇼클레·다이오드, 게이트리스 SCR, 4층 다이오드
포지스터	Photo FET	0	정특성 서미스터
S C R		3	실리콘 제어 정류기, 다이리스터
S C S		3	2개의 게이트 전극을 가진 SCR
셀 트 랩	Silicon Controlled Rectifier	1	다이오드의 역특성을 사용한 배리스터
세미스터	Silicon Controlled Switch	0	정특성 서미스터의 일종
센시스터	Seltrap	0	위와 같음
쇼클레·다이오드	Semistor	3	pnpn 다이오드, 게이트리스 SCR, 4층 다이오드
실리스트	Sensistor	0	배리스터의 일종
솔라오드		1	태양전지
S S S		4	바이스위치, DIAC, 다이액
단접합 트랜지스터		1	UJT, 더블베이스·다이오드
테그네트론	Silicon Symmetrical Switch	1	전계효과 트랜지스터의 일종
다이넥		4	바이스위치, DIAC
다이리스터		3	SCR의 일반명
다이렉터		0	배리스터

명 칭	원 명	정신수	내 용 및 별 명
트랜스위치	Transwitch	3	SCR의 일종
T R I A C		4	바이와네럴 SCR
트리니스터		3	SCR, 사이리스터
터널·다이오드		1	에사끼·다이오드
턴오프 SCR		3	GTO, GCS
U J T	Unijunction Transistor	1	더블베이스·다이오드, 단접합 트랜지스터
유니 FET	Uni FET	1	FET의 일종
유니라테럴·다이오드·스위치		3	게이드리스 SCR, pnpn 다이오드, 쇼클레·다이오드
유니포올러·트랜지스터	Varactor	1	FET
바랙터	Varicap	1	가변용량 다이오드, 바리캡, 파리메트릭·다이오드
바리캡		1	위와 같음, 배랙터
바리피코	Voltage Dependent Resistor	1	가변용량 다이오드의 일종, 하이퍼캡·다이오드
V D R		0	배리스터
4층 다이오드	Zener Diode	3	pnpn 다이오드, 게이트리스 쇼클레·다이오드
지이너·다이오드	Zener Diode	1	정전압 다이오드
제너·다이오드	Zener Diode	1	위와 같음
쯔에너·다이오드		1	위와 같음

3 각종 반도체 소자의 원인과 결과동작 일람표

소 자 명	수	원인		결과		비 고
		주요한 요소	2차적 요소	1차적 요소	그 결과 2차적으로	
배리스터	0	전압		전류	전압 제한	$I \propto V_n (n > 1)$
서미스터	0	온도		저항	전류, 전압	$R \propto \exp\left(\frac{1}{T}\right)$
광전도 소자	0	빛		저항	전류, 전압	$R \propto \frac{1}{L}$
방사선 검출 소자	0, 1	방사선		전류		
피에조 반도체	0	응력		저항	전압	
스트레인·게이지	0	치수 변화		저항	전압	
EL	0	전류	주파수	빛		
마그네트 저항	0	자속	방향	저항	전류, 전압	$B \propto BR$
호올 소자	0	자속	전류	전압	변조, 곱셈	$V \propto I \cdot B$
일반 다이오드	1	전압의 방향		전류의 흐르기 쉬움	정류, 검파	
포도 다이오드	1	빛	전압	전류		
정전압 다이오드	1	전압		전류	정전압 제한	
애버런세·다이오드	1	전압		전류(개폐)	스위치	
에사끼·다이오드	1	전압		저항	증폭, 기억	부성저항
배랙터	1	전압		용량	주파수, 변조, 증폭	
UJT	1	전압(에미터)	전압(베이스)	전류, 저항	스위치, 기억	부성저항
FET	1	전압(게이트)	전압(베이스)	전류, 저항	증폭	
MOS	1	전압(게이트)	전압(드레인)	전류, 저항	증폭	입력저항 ∞
태양 전지	1	빛	온도	전류	에너지	$I \propto L$
열전 소자	1	전류		열량	온도	가역$Q \propto I$
레져	1	전류	전압(드레인)	에너지 상태	빛, 전파	
트랜지스터	2	전류(베이스)	전류(베이스)	전류 (콜렉터)	증폭	$I_C \propto I_R$
포토트랜지스터	2	빛		전류		$I_c \propto L$
pnpn	3	전압		전류 (개폐)	스위치, 기억	부성저항
LAS	3	빛	전압	전류 (개폐)	스위치	
SCR	3	전류(게이트)	전압(애노드)	전류 (개폐)	스위치, 정류, 위상각	
SSS	4	전압		전류 (개폐)	스위치, 기억	무극성
SCS	4	전류(게이트)	전압		스위치, 정류, 위상각	무극성

4 인덕턴스 · 리액턴스 · 커패시턴스 · 주파수 계산도표

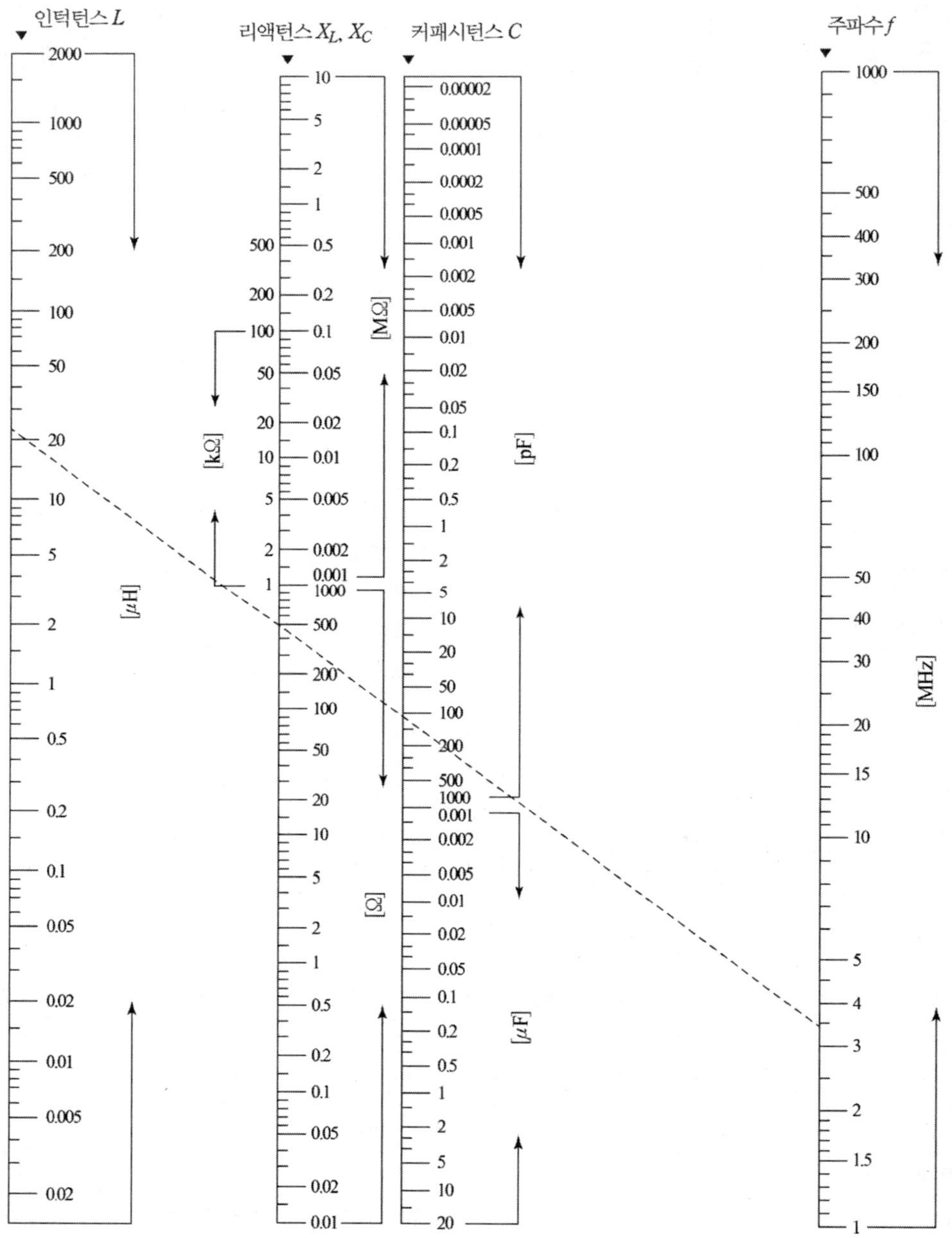

LCFX 도표의 사용 예

도표를 사용하는 관계로 정확한 답을 구하기는 힘들지만 수의 공식적 인습에서 도표에 의한 시간적 수의 관계를 살필 수 있도록 수록하였다.

LCFX 도표의 경우 공진 주파수 F는 $F = 1/2\pi\sqrt{LC}$ 가 되므로 $L = 23\mu H C = 100$PF로 할 때 약 3.3MHz가 됨을 알 수 있다.
또 이때의 X_L은 $X_L = 2\pi FL$가 되므로 약 480[Ω]이 되고 $X_C = 1/2\pi FC$가 되므로 역시 약 480[Ω]이 되는 것을 도표에서 구할 수 있다.

5 전류 · 전압 · 저항 · 전력 계산도표

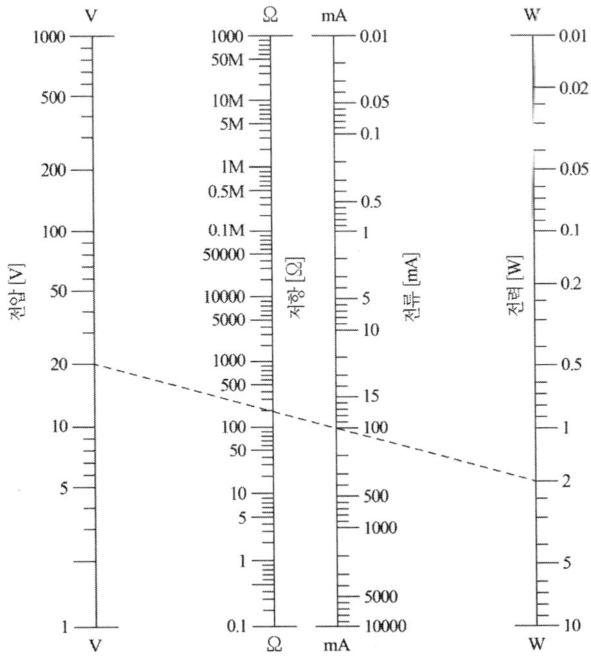

RIEP 도표의 사용 예

아래 수식은 전압, 저항, 전류, 전력 상호간의 관계를 나타낸 것이며 매우 유효하게 쓰이고 있으므로 암기하든지 어려우면 수첩에 기록하여 두고 필요할 때 사용하기를 바란다.

그림에서 점선을 살펴보자. 먼저 200[Ω] 저항에 100[mA]의 전류가 흘렀다면 저항 양단에는 20[V]의 전압강하가 생기고 2[W]의 전력이 소모됨을 알 수 있다.

저항	$\frac{E}{I}$	$\frac{E^2}{P}$	$\frac{P}{I^2}$
전류	$\frac{P}{E}$	$\frac{E}{R}$	$\sqrt{\frac{P}{R}}$
전압	IR	$\frac{P}{I}$	$\sqrt{RP}$
전력	EI	I^2R	$\frac{E^2}{R}$

TRANSISTORS								
구 조	메 이 커	기 능	물리적 구 조	VCBO [V]	VEBO [V]	IC A[mA]	PD W[mW]	
BFR 36	S.G.S. /ATES	RF CONV	Si NPN	40	3	200	5W	860[MHz]
BFR 37	S.G.S. /ATES	RF UHF	Si NPN	30	4	50	250	1 4[MHz]
								TO 39
BF 258	S.G.S. /ATES	HIGH VOLTAGE VIDEO AMP	Si NPN	250	5	100	5W	
		RF						
AD 263	S.G.S. /ATES	PA	Ge PNP	−60	10	−4	10W	SOT 9
BC 108	S.G.S. /ATES	L.N	Si	30	5	100	75	TO 18
BC 160	S.G.S. /ATES	PA	Si	60	5	1	80	TO 39
BC 300	S.G.S. /ATES	PA	Si	120	7	1	80	TO 39
BC 303	S.G.S. /ATES	PA	Si PNP	75	7	1	80	TO 39
BC 301	S.G.S. /ATES	PA	Si NPN	90	7	1	85W	
BD 163	S.G.S. /ATES	PA	Si NPN	60	7	4	23W	SOT 9
BD 377	S.G.S. /ATES	PA	Si NPN	75	5	3	36W	TO 126
BD 439	S.G.S. /ATES	PA	Si	60	5	4	25W	TO 126
BD 537	S.G.S. /ATES	PA	Si NPN	80	5	4	50W	TO 220
BD 538	S.G.S. /ATES	PA	Si PNP	−80	−5	4	50W	TO 220
BD 379	S.G.S. /ATES	PA	Si NPN	100	9	3	25W	TO 9
2SK 19	TOSHIBA	FET VHF	N	18		10	200	
2SK 40	HITACHI	FET L.N	N	50		10	100	
2SK 30	TOSHIBA	FET L.N	N	50	5	10	100	
2SK 35	TOSHIBA	FET L.N						
2SK 40	NEC	FET L.N	COSMOS					
2SK 41	NEC	FET L.N	MOS	200		25	250	
N13T1	NEC	PUT	N	40		150	300	
2SH25	NEC	PUT	N	30		75	300	
2N4871	MOTOROLA	PUT	N	30			300	
2N2222		PA	Si NPN	60	5	600	600	
2N2907		PA	Si PNP	60	5	600	600	
2N3055	R.C.A.	PA	Si NPN	100	5	15	100	
2N3055	FAIRCHILD	PA	Si NPN	100	5	15	100	
2N3442	S.G.S.	PA	Si NPN	160		10	100	
2N3442	R.C.A.	PA	Si NPN	160		10	100	

TRANSISTORS–POWER (TO–220) & DYNAWATT							
PNP 타입	LVCED V	IC(MAX) A	hFE MIN·MAX @IC[A]	Vce(sat)@ MAS[V]IC[A]	PD(W) @TC=25℃	ft(min) MC	사용처
TIP29A·B	60·80	1.0	15·75@1.00	0.7@1.00	30	3.0	AUDIO POWER AMP
TIP30A·B	60·80	1.0	15·75@1.00	0.7@1.00	30	3.0	AUDIO POWER AMP
SE9500	55	2.0	30@2.00	0.5@1.00	30		AUDIO POWER AMP
SE9600	55	2.0	30· @2.00	0.5@1.00	30		AUDIO POWER AMP
TIP31A·B	60·80	3.0	10·50@3.00	1.2@3.00	40	3.0	AUDIO POWER AMP
TIP32A·B	60·80	3.0	10·50@3.00	1.2@3.00	40	3.0	AUDIO POWER AMP
TIP41A·B	60·80	6.0	15·75@3.00	1.2@3.00	60	3.0	AUDIO POWER AMP
TIP42A·B	60·80	6.0	15·75@3.00	1.2@3.00	60	3.0	AUDIO POWER AMP
FT3055	60	10.0	20·70@3.00	1.2@4.00	70	3.0	AUDIO POWER AMP
FT2955	60	10.0	20·70@3.00	1.2@4.00	70	3.0	AUDIO POWER AMP
FT47	250	1.0	30·150@0.3	1.0@1.00	40	10.0	H V POWER AMP
FT520	300	0.5	40·100@0.03	0.75@0.0	10		TV VIDEO AMP H V LINEAR AMP

TRANSISTORS–POWER(TO–220) & DYNAWATT												
PNP 타입	LVCEO [V]	PC TA–25℃ [mW]	hFE					@IC/VCE			R/IC [Mc/mA]	사 용 처
			B	C	D	E	F	G	H	139·198 [mA/V]		
CS9011	18	200			29·44	40·59	54·80	72·108	97·146	1/5	300/10	General Purpose AM FM
CS9012	25	300			64·91	78·112	96·136	118·166	144·202	50/1	250/50	Audio Output
CS9013	25	300			64·91	78·112	96·136	118·166	144·202	50/1	250/50	Audio Output
CS9015	18	200	100·300	200·600	400·1000					1/5	60/0.5	Audio Preamp Driver
CS9015	18	200	100·300	200·600	400·1000					11/5	400/0.5	Audio Preamp Drived
CS9016	20	200			29·44	40·59	54·80	72·108	97·146	1/5	400/4	Low Noise Am Fm Rf
CS9018	12	200			29·44	40·59	54·80	72·108	97·146	136·198 1/5	600/4	FM Mixer & AMFM RF
CS9020	18	200			120·240	40·59	54·80	72·108	97·146	1/5	300/10	Amifm General Purse
CS1758	25	400		70·140	120·240							Audio Output
CS1759	25	400		70·140								Audio Output
CS8050	25	1.12[W]	85·160	120·200						100/1	100	Medium Power Amp
CS8550	25	1.12[W]	85·160	120·200						100/1	100	Medium Power Amp
BC737	35	1.23[W]	63·100	120·200						100/1	100	Medium Power Amp
BC 727	35	1.23[W]	63·100	100·250						100/1	100	Medium Power Amp

TRANSISTORS-POWER(TO-220) & DYNAWATT												
PNP 타입	LVCEO [V]	PC TA-25℃ [mW]	hFE					@IC/VCE			R/IC [Mc/mA]	사 용 처
			B	C	D	E	F	G	H	139·198 [mA/V]		
BC 521	45	625		100·50						10/5		Low Noise Audio PurAmp(3db/1KC)
MPSA18	45	625								10/5	100	Low Noise Audio Pur-Amp(1.5db/1KC)
CS1869	67	625								10/1	100	Power Driver
CS1861	87	625								10/1	100	Power Driver
MPSA06	80	625								100/1	100	Power Driver
MPSA56	80	625								100/1	100	Power Driver
MPSL01	120	814								10/5	100	High Voltage Amp
MPS5551N	160	814								10/5	100	High Voltage Amp
MPSA13	30	625								100/5		Darlington

LINEAR CIRCUIT							
구조	기 능	메이커	PACKAGE				No of Pins
			TC	HC	PC	T0220	
µA301	General Purpose Operational Amplifier	FAIRCHILD	(ATC)	(AHC)			
µA308	Super Beta Operational Amplifier	FAIRCHILD	·	·			
µA555	Single Timing Circuit	FAIRCHILD	·		·		
µA709	High Performance Operational Amplifier	FAIRCHILD	·	·	·	(TCHC)	
µA723	Precision Voltage Regulator	FAIRCHILD	(D)	(C)	·		
µA726	Temperature Controlled Differential Pair	FAIRCHILD					
µA727	Temperature Controlled Differential Preamplifier	FAIRCHILD					
µA739	Dual Low Noise Audio Preamplifier/Operational Amplifier	FAIRCHILD			·		
µA740		FAIRCHILD	·	(D)	(C)		
µA741	Frequency Compensated Operational Amplifier	FAIRCHILD		·	·		
µA747	Dual Frequency Compensated Operational Amplifier	FAIRCHILD					
µA749	Dual Audio Operational Amplifier/Preamplifier	FAIRCHILD					
µA758	Phase Lockec Loop FM Stereo Multiplex Decoder	FAIRCHILD			·		
µA767	FM Stereo Multiplex Decoder	FAIRCHILD					
µA1310		FAIRCHILD	·	(D)			
µA1458	Dual Internally Compensated Operational Amplifier	FAIRCHILD	(AWC)				
µA7805	3-Terminal Positive Voltage Regulator	FAIRCHILD	(AWC)				
µA7806	3-Terminal Positive Voltage Regulator	FAIRCHILD	(AWC)				
µA7812	3-Terminal Positive Voltage Regulator	FAIRCHILD					·
µA7815	3-Terminal Positive Voltage Regulator	FAIRCHILD					·
µA7818	3-Terminal Positive Voltage Regulator (18V1A)	FAIRCHILD		·			·
µA7824	3-Terminal Positive Voltage Regulator (12V1A)	FAIRCHILD		·			·
µA78L05	3-Terminal Positive Voltage Regulator (5V 300m)	FAIRCHILD		·		·	
µA78L12	3-Terminal Positive Voltage Regulator (12V 300m)	FAIRCHILD				·	
µA78L15	3-Terminal Positive Voltage Regulator (15V 300m)	FAIRCHILD				·	
µA7905	3-Terminal Positive Voltage Regulator (9V 1A)	FAIRCHILD				·	
µA7912	3-Terminal Positive Voltage Regulator (12V 1A)	FAIRCHILD				·	

LINEAR CIRCUIT							
구조	기 능	메이커	PACKAGE				No of Pins
			TC	HC	PC	T0220	
μA7915	3-Terminal Positive Voltage Regulator (15V 1A)	FAIRCHILD				·	
μA101	General Purpose Op-Amp	FAIRCHILD					
μA208	Super Beta Op-Amp	FAIRCHILD					
μA733	Video Amp	FAIRCHILD					
μA748	Op Amp	FAIRCHILD					
μPC566H	Preamplifier	NEC					
NE 550	Precision Voltage Regulator	SIGNETICS					
NE 560	Phase Locked Loop	SIGNETICS					
NE 561	Phase Locked Loop	SIGNETICS					
NE 562	Phase Locked Loop	SIGNETICS					
NE 565	Phase Locked Loop	SIGNETICS					
NE 566	Function Generator	SIGNETICS					
NE 567	Tone Decader	SIGNETICS					
		SIGNETICS					
TBA651	Tuner, 1F Amplifier, AM Radio	SGS/ATES	·				
TAA661		SGS/ATES	·				
TAA810	7W, Audio Power Amplifier, Thermer Shut Down)	SGS/ATES	·				
TAA820	2W Audio Amplifier	SGS/ATES	·				
		SGS/ATES					
		SGS/ATES					
TCA511	TV Honzontal, Vertical Processor	SGS/ATES	·				
		SGS/ATES					
		SGS/ATES					
TDA440	Complete TV, Vision 1F System	SGS/ATES	·				
TCA940	10W Audio Power	SGS/ATES	·				
TCA1200	FM Radio System ( )	SGS/ATES	·				
TCA2020	20W, Hi-F1 Audio Power Amplifier (Short-Circuit	SGS/ATES					
	Protection Thermer Shut-Down)						
TCA440	Complete Vision if System						
HA1308	5W, Hi-F1 Audio Power	HITACHI					
		HITACHI					
HA1322	5.5W OTL Audio Power Amplifier	HITACHI					
CA308	Precision Operational Amplifiers	R.C.A.	·		·	·	
CA1310	Phase-Locked-Loop Stereo Decoder	R.C.A.		·		·	
CA3018	General-Purpose Transistor Arrays	R.C.A.				·	
CA3020	Multi Purpose Wide-Band Power Amp	R.C.A.				·	
CA3049	Dual High-Frequency Differential Amp	R.C.A.	·				
CA3065	1F Amplifier-Limiter	R.C.A.	·	·			
CA3080	Operational Transconductance Amplifiers	R.C.A.				·	
CA3088	AM Receiver Subsystem	R.C.A.	·	·			
CA3089	FM 1F System	R.C.A.	·	·			
CA3094	Programmable Power Switch/Amplifier	R.C.A.	·			·	
CA3130	COS/MOS Operational Amplifiers MOS Input	R.C.A.				·	
CA3140	MOS/Input	R.C.A.				·	

MEMORY, LINEAR, CIRCUIT							
구조	기 능	메이커	PACKAGE				No of Pins
			PC	T0220	T05		
L 120	Triac/SCR Phase Control	SGS/ATES	·				
L 200	Adjustable Voltage, Current Regulator	SGS/ATES		·			
L 025	Balanced Modulator	SGS/ATES			·		
L 161	1.5μw Micro Power Quad Comparator	SILICONIX	·				
M 087	Tone Generator (Organ One Master)	SGS/ATES	·				
M 147	25 Pedal System (Organ Pedal)	SGS/ATES					
SL1610	RF/IF Amplifiers	PLESSEY	·				
SL1612	RF/IF Amplifiers	PLESSEY	·				
SL1621	AGC Generators	PLESSEY					
SL1626	AF Amplifiers Vogad, Side Tone Amplifiers	PLESSEY	·				
SL1623	AM Detector AGC Amplifiers, SSB Demodulator	PLESSEY	·				
SL1640	Double Balanced Modulators	PLESSEY	·				
LD110	High Performance 3 1/2 Digit A/D Converter Set	SILICONIX					
LD111	High Performance 3 1/2 Digit A/D Converter Set	SILICONIX	·				
DF215	Dual Set Point Timer/Counter	SILICONIX	·				
311	Voltage Comparators	FAIRCHILD					
2102	1024×1 STATIC RAM	FAIRCHILD	·				
2708	8K AND 4K UV E.PROM	FAIRCHILD	·				
F 8	Microprocessor Evaluation KIT	FAIRCHILD	·				
7107	3 1/2 Digit Single Chip A/D Converter	INTERSIL	·				
7208	7 Digit Single Chip Conplemetntar MOS Convertor	INTERSIL	·				
8038	Precision Wave Form Generator, Voltage Controlled Oscillator	INTERSIL	·				
82S123	246 Bit Bipolar Prom	Si G	·				
S82S126	1024 Bit Bipolar Prom	Si G	·				
95H90	ECL/MSI 250 MHz Prescaler	FAIRCHILD					

POWER DIODE										
구조	메이커	기능	STRUC STRE	VRSURGE [V]	VRM [V]	VR [V]	VI [V]	IFM [mA]	10 [A]	ISURGE [A]
IN1185	WESTING HOUSE		Si	150	150				35	500
IN1186	WESTING HOUSE		Si	200	200				35	500
IN1188	WESTING HOUSE		Si	480	400				35	500
IN1190	WESTING HOUSE		Si	600	600				35	500
IN1194	WESTING HOUSE		Si	200	200				25	125
IN1196	WESTING HOUSE		Si	400	400				25	125
IN1198	WESTING HOUSE		Si	600	600				25	125
IN1202	WESTING HOUSE		Si	200	200				12	100
IN1204	WESTING HOUSE		Si	400	400				12	100
IN1206	WESTING HOUSE		Si	600	100				12	100
IN3191	WESTING HOUSE		Si	600	600				1.0	30
IN3293	WESTING HOUSE		Si	600	600				100	1.6K
IN3296	WESTING HOUSE		Si	1.2K	1.2K				100	1.6K
IN3673	WESTING HOUSE		Si	1.0K	1.0K				12	200
IN3735	WESTING HOUSE		Si	100	100				250	4.5K
IN3736	WESTING HOUSE		Si	200	200				250	4.5K
IN3738	WESTING HOUSE		Si	400	400				250	4.5K
IN3740	WESTING HOUSE		Si	600	600				250	4.5K
IN3742	WESTING HOUSE		Si	1.0K	1.0K				250	4.5K
IN3744	WESTING HOUSE		Si	1.4K	1.4K				250	4.5K
IN4587	WESTING HOUSE		Si	100	100				150	3.0K
IN4588	WESTING HOUSE		Si	200	200				150	3.0K
IN4589	WESTING HOUSE		Si	300	300				150	3.0K
IN4590	WESTING HOUSE		Si	400	100				150	3.0K
IN4592	WESTING HOUSE		Si	600	600				150	3.0K
IN4595	WESTING HOUSE		Si	1.2K	1.2K				150	3.0K
IN5235	WESTING HOUSE		Si							
IN4001	GEN. INST.		Si	50					1	
IN4002	GEN. INST.		Si	100					1	
IN4003	GEN. INST.		Si	200					1	
IN4004	GEN. INST.		Si	400					1	
IN4005	GEN. INST.		Si	600					1	
IN4007	GEN. INST.		Si	1,000					1	
IN5400	GEN. INST.		Si	50					3	
IN5401	GEN. INST.		Si	100					3	
IN5402	GEN. INST.		Si	200					3	
IN5403	GEN. INST.		Si	300					3	
IN5404	GEN. INST.		Si	400					3	
IN5406	GEN. INST.		Si	600					3	
IN5407	GEN. INST.		Si	800					3	
IN5408	GEN. INST.		Si	1K					3	
PO 30	HITACHI		Si	300	200				30	
PO 32	HITACHI		Si	400	400				30	
PO 34	HITACHI		Si	800	600				30	
PO 3J	HITACHI		Si	1,000					30	
PO 3J	HITACHI		Si	1K	800				30	
O 09	HITACHI		Si	300	100				20	
O 10	HITACHI		Si	300	100				20	
QD IC	HITACHI		Si	300	200				20	
QD.I.C	HITACHI		Si	300	400				20	

POWER DIODE										
구조	메이커	기능	STRUC STRE	VRSURGE [V]	VRM [V]	VR [V]	VI [V]	IFM [mA]	10 [A]	ISURGE [A]
QD 1G	HITACHI			800	600				20	
QD 1J	HITACHI			1K	800				20	
QD 1L	HITACHI			1.3K	1K				20	
RS 11	HITACHI				50				5	
RS 12	HITACHI				50				5	
SO 1C	HITACHI			300	200				10	
SO 1E	HITACHI			500	400				10	
SO 1G	HITACHI			800	600				10	
SO 1J	HITACHI			1K	800				10	
SO 1L	HITACHI			1.3K	1K				10	
SO 20E	HITACHI			500	400				10	
1S2471	HITACHI									
1S2473	HITACHI									
1S2075	HITACHI				35			350		
S 11A	HITACHI				50				10	
S 11	HITACHI				100				15	
S 12A	HITACHI				50				10	
S 12	HITACHI				100				15	
UO 5B	HITACHI			200	100				2.5	
UO 5C	HITACHI			300	200				2.5	
UO 5E	HITACHI			500	400				2.5	
UO 5G	HITACHI			800	600				2.5	
VO 6C	HITACHI			300	200				1.1	
VO 6E	HITACHI			500	400				1.1	
VO 6G	HITACHI		800	600					1.1	
WO 6B	HITACHI		200	100					0.75	
RV 06	HITACHI		5	50					0.70	
R3400 106	WESTING HOUSE		100						6	
R3400 206	WESTING HOUSE		200						6	
R3400 406	WESTING HOUSE		400						6	
R3400 606	WESTING HOUSE		600						6	
R3400 806	WESTING HOUSE		800						6	
R9200116	WESTING HOUSE		100						1,600	
VO 9G	HITACHI			600					1.1	
GP 30AA	GEN. INST		50						3	
GP 30B	GEN. INST		100						3	
GP 30D	GEN. INST		200						3	
GP 30G	GEN. INST		400						3	
GP 30U	GEN. INST		600						3	
GP 30K	GEN. INST		800						3	
GP 30M	GEN. INST		1000						3	

ZENER DIODE						
DEVICE	MAKER	STRUCTURE	P [mW]	IZ [mA]	VZ [V]	PACKAGE
EQA 01-5	FUJI	Si	0.5	15	5	Plastic
EQA 6	FUJI	Si	0.5	15	6	Plastic
EQA 7	FUJI	Si	0.5	15	7	Plastic
EQA 8	FUJI	Si	0.5	15	8	Plastic
EQA 12	FUJI	Si	0.5	15	12	Plastic
EQA 15	FUJI	Si	0.5	15	15	Plastic
EQA 16	FUJI	Si	0.5	15	16	Plastic
EQA 18	FUJI	Si	0.5	15	18	Plastic
EQA 20	FUJI	Si	0.5	15	20	Plastic
EQA 01-05	FUJI	Si	1	5	5	Plastic
EQB 01-06	FUJI	Si	1	6	6	Plastic
EQA 01-07	FUJI	Si	1	7	7	Plastic
EQA 01-8	FUJI	Si	1	30	8	Plastic
EQB 01-9	FUJI	Si	1	30	9	Plastic
EQB 01-10	FUJI	Si	1	30	10	Plastic
EQB 01-11	FUJI	Si	1	30	11	Plastic
EQB 01-12	FUJI	Si	1	30	12	Plastic
EQB 01-13	FUJI	Si	1	20	13	Plastic
EQB 01-15	FUJI	Si	1	20	15	Plastic
EQB 01-16	FUJI	Si	1	20	16	Plastic
EQB 01-18	FUJI	Si	1	20	18	Plastic
EQB 01-20	FUJI	Si	1	20	20	Plastic
EQB 01-22	FUJI	Si	1	10	22	Plastic
EQB 01-24	FUJI	Si	1	10	24	Plastic
EQB 01-27	FUJI	Si			37	
EQB 01-30	FUJI	Si			30	
EQB 01-33	FUJI	Si			33	
EQB 01-35	FUJI	Si	1	10	35	
IN 47-28	FAIRCHILD	Si	1.0	76	3.3	
IN 47-30	FAIRCHILD	Si	1.0	64	309	
IN 47-33	FAIRCHILD	Si	1.0	49	5.1	
IN 47-35	FAIRCHILD	Si	1.0	41	6.2	
IN 47-36	FAIRCHILD	Si	1.0	37	6.8	
IN 47-37	FAIRCHILD	Si	1.0	34	7.5	
IN 47-38	FAIRCHILD	Si	1.0	31	8.2	

ZENER DIODE						
DEVICE	MAKER	STRUCTURE	P [mW]	IZ [mA]	VZ [V]	PACKAGE
IN 47·39	FAIRCHILD	Si	1.0	28	9.1	
IN 47·40	FAIRCHILD	Si	1.0	25	10	
IN 47·41	FAIRCHILD	Si	1.0	23	11	
IN 47·42	FAIRCHILD	Si	1.0	22	12	
IN 47·43	FAIRCHILD	Si	1.0	19	13	
IN 47·44	FAIRCHILD	Si	1.0	17	15	
IN 47·45	FAIRCHILD	Si	1.0	15.5	16	
IN 47·46	FAIRCHILD	Si	1.0	14.0	18	
IN 47·47	FAIRCHILD	Si	1.0	12.5	20	
IN 47·48	FAIRCHILD	Si	1.0	11.5	22	
IN 47·49	FAIRCHILD	Si	1.0	10.5	24	
IN 47·50	FAIRCHILD	Si	1.0	9.5	27	
IN 47·51	FAIRCHILD	Si	1.0	8.5	30	
IN 47·52	FAIRCHILD	Si	1.0	7.5	33	
			0.4	20	511	
IN 47·51	FAIRCHILD	Si				
IN 52·21	FAIRCHILD	Si	0.5	20	2.4	
IN 52·25	FAIRCHILD	Si	0.5	20	3.0	
IN 52·28	FAIRCHILD	Si	0.5	20	3.9	
IN 52·35	FAIRCHILD	Si	0.5	20	6.8	
IN 52·40	FAIRCHILD	Si	0.5	20	10	
IN 52·41	FAIRCHILD	Si	0.5	20	11	
IN 52·42	FAIRCHILD	Si	0.5	20	12	
IN 52·43	FAIRCHILD	Si	0.5	9.5	13	
IN 52·48	FAIRCHILD	Si	0.5	7.0	18	
IN 52·52	FAIRCHILD	Si	0.5	5.2	24	

TRANSISTORS								
DEVICE	MAKER	FUNCTION	MATERIAL & STRUCTURE	VCBO [V]	VEBO [V]	IC [A]([mA])	PD [W]([mW])	
2SA 12	HITACHI	IF	Ge. A	−16	−16	−0.5	80	
2SA 15	HITACHI	CONV	Ge. A	−16	−16	−0.5	80	
2SA 671	HITACHI	PA	Si. T	−50	−50	−4	25W	
2SA 673	HITACHI	RF	Si. EP	−35	−35	−4	400	
2SB 187	ASNYO	PA	Ge. A	−25	−25	−12	200	
2SB 77	HITACHI	PA	Ge. A	−25	−25	−12	150	
2SB 337	HITACHI	PA	Ge. A	−40	−40	−10	30W	
2SB 341	HITACHI	PA.SW	Ge. A	−120	−120	−50	50W	
2SB 468	HITACHI	SW	Ge. DB	−200	−200	−1.5	32W	
2SB 471	HITACHI	PA	Ge. A	−60	−60	−10	30W	
2SB 472	HITACHI	PA	Ge. A	−80	−80	−10	30W	
2SB 324	MATSUSHITA	PA	Ge. A	−32	−32	−10	200	
2SC 460		RF.MIX.OSC.CONV		−30	−30	5	200	
2SC 535				30	30	4	100	
2SC 641		SW		40	40	5	100	
2SC 681		SW		200	200	5	50W	
2SC 682		RF	Si	20	20	3	180	
2SC 683		RF		20	20	3	180	
2SC 684		RF		30	30	2	200	
2SC 458	HITACHI	RF	Si EPA	30	30	5	200	
2SC 684	HITACHI	RF	Si. EPA	30	30	2	200	
2SC 756	SONY	PA	Si. E	100	100	6	10	
2SC 828	MATSUSHITA	FR.AF	Si.EP	30	30	5	250W	
2SC 839								
2SC 900								
2SC 943								
2SC 960								
2SC 983	TOSHIBA	AF.SW	Si. E	30	10	10	300	
2SC1061	HITACHI	PA	Si. T	50	4	4	25W	
2SC1173	TOSHIBA	FR.PA	Si. E	30	5	5	10W	
2SC1678	TOSHIBA	PA	Si. E	65	4	4	10W	
2SC1756	SANYO	PA	Si. TP	300	7	7	15W	
2SC1213	HITACHI	RF	Si. EPA	50	4	4	8W	
2SC 680	HITACHI	PA	Si. T	300	6	6	125W	
2SD 187	SANYO	PA	Ge. A	25	12	12	200W	
2SD 313	SANYO	PA	Si. T	60	5	5	30W	
KSC1096	삼성반도체							
KSC 286	삼성반도체							
2SC 897	HITACHI	PA	Si. NPN	150	6	6	60W	
2SC 917	HITACHI	RF	Si. NPN	40	6	6	300	
2SC1030	HITACHI	PA	Si. NPN	150	3	3	50	
2SC1117	HITACHI	RF	Si. NPN	20	4	4	150	
2SC1213	HITACHI	RF	Si. NPN	35	5	5	400	
2SC1343	HITACHI	PA	Si. NPN	150	5	5	100W	
2SC1345	HITACHI	RF.LW	Si. NPN	55	5	5	200	COMP TO 39
BSS 15	S.G.S/ATES	PA	Si. NPN	100	6	6	1	COMP TO 39
BSS 17	S.G.S/ATES	PA	Si. PNP	100	6	6	1	COMP TO 39

형	사용처	MAXIMUM RATING					ELECTRICAL CHARACTERISTICS (T_a= 25℃)																				OVTSTANGING OERFORMANCE
							Icbo		Hfe				fT			rbb´/Cc.rbb´(PS)				Cob				Vce(sat)			
		Vceo (V)	Vcbo (V)	I_c (mA)	P_c T_a= 25℃ (mW)	T_j (℃)	max (μA)	Vcd (V)	min	max	Vce (V)	Ic (mA)	min (MHz)	Typ (MHz)	Vce/Ie (V)/(mA)	Yyp (Ω)	max (Ω)	Vce/Ie	f (MHz)	min (Pf)	Typ (Pf)	max (Pf)	Vce/Ie (V)	max (V)	Ic/Ib (mA)	
2SC372	MW.SW.OSC.CONVERTER	30	44	100	200	125	0.5	18	70	240	12	2	8	200	10/−1	50	·	10/−1	30	·	2.0	3.5	10	0.4	10/1	
2SC373	IF AMP & AUDIO AMP	30	44	100	200	125	0.5	18	200	400	12	2	80	200	10/−1	50	·	10/−1	30	·	2.0	3.5	10	0.4	10/1	
2SA495	GENERAL AMP	−30	−5	−100	200	125	0.5	15	700	240	−1	−10	100	200	10/−1	30	70	6/1	30	·	4	7	−10/0	−0.2	−10/1	COMPLEMENTARTY TO 2SC372
2SC378	LOW NOISE SW.MW.RF.AMP	30	4	30	200	125	0.5	18	40	240	12	2	80	150	10/−1	40 (PS)	70 (PS)	10/−1	30	·	2.0	3.5	10	0.4	10/1	NF=7.5dB (f=1MHz)
2SC380	FM. IF AMP	30	4	30	200	125	0.5	18	40	240	12	2	100	250	10/−1	20	·	·	30	14	2.0	3.2	10	1.3	10/1	Gpe=29dB (f=10.7MHz)
2SC380A	FM. IF AMP(LAST STAGE)	30	4	100	200	125	0.1	18	40	240	12	2	100	250	10/−1	45 (PS)	·	·	30	14	2.0	3.2	10	1.3	10/1	Gpe=29dB (f=10.7MHz)
2SC732	FM. RF AMP & OSC CONVERTER	30	5	100	300	125	0.1	18	25	240	12	2	100	200	6/−1	·	75 (PS)	·	30	·	2.0	3.5	10	·	·	gcb=9ml (f=100MHz)
2SC733	LOW NOISE AUDIO AMP	30	5	100	300	125	0.1	18	200	1200	6	2	·	80	6/−1	·	·	·	·	·	6	10	6	1.0	100/10	NF=2.7dB (6V 1mA, 1kHz, Rg 500Ω)
2SC734	AUDIO AMP & DRIVER	30	5	150	300	125	0.1	18	70	700	6	2	80	·	6/−10	·	·	·	·	·	7	·	6	0.35	100/10	NF=6dB (6V 1mA, 1kHz, Rg=500Ω)
2SC734	DRIVER	50	5	450	300	125	0.1	18	40	400	1	2	·	150	5/−50	·	·	·	·	·	5	·	−6	0.25	100/10	COMPLEMENTARTY TO 2SA561
2SC735	SMALL POWER AMP	30	5	−150	300	125	0.1	18	40	400	1	100	·	300	−6/1	·	·	·	·	·	7	·	−6	0.25	100/10	COMPLEMENTARTY TO 2SA562
2SA561	DRIVER STAGE AMP	−50	−5	−400	300	125	−0.1	−18	70	400	−1	−20	·	70	−6/1	·	·	·	·	·	13	·	−6	−0.3	−100/−10	COMPLEMENTARTY TO 2SC734
2SA562	SMALL POWER AMP	−30	−5	100	300	125	−0.1	−18	40	400	−1	−100	·	70	6/−1	·	·	·	·	·	13	·	−6	−0.25	−100/−10	COMPLEMENTARTY TO 2SC735
2SC1000	LOW NOISE AUDIO AMP	50	5	20	200	125	0.1	18	200	700	6	2	·	80	6/1	40 (PS)	·	6/−1	·	·	6	KO	−6	0.6	100/10	NF=2dB (Rg=10k, f=100Hz)
2SC784	LOW NOISE FM.RF AMP	30	4	20	100	125	0.5	18	25	140	6	1	250	500	6/−1	40 (PS)	·	6/−1	30	0.3	0.65	0.9	−6	·	·	NF=4dB (f=100MHz)
2SC785	RM.MIX OSC	30	4	500	100	125	0.5	18	25	140	6	1	250	400	6/−1	·	25 (PS)	·	30	0.3	0.65	0.9	−6	·	·	Gpe=2dB (f=100MHz)
2SC509	MEDIUM POWER AMP	30	5	−500	600	150	100 (nA)	20	70	240	2	5	·	100	10/−/0	·	·	·	·	·	11	30	10	0.5	500/20	COMPLEMENTARTY TO 2SA509
2SC1166	MEDIUM POWER AMP	−30	−5	200	600	150	−100 (nA)	−20	70	240	−2	−50	·	140	−10/10	·	·	·	·	·	12	30	−10	−0.8	−500/−20	COMPLEMENTARTY TO 2SC509
2SC661	DRIVER STAGE AMP	50	5	−200	600	150	100 (nA)	20	40	400	2	50	70	120	10/−/0	·	·	·	·	·	6	·	10	0.5	500/20	COMPLEMENTARTY TO 2SA661
2SA963	HIGH VOLTAGE AMP	−50	−5	−200	600	150	−100 (nA)	20	40	400	−2	−50	70	100	−10/10	·	·	·	·	·	9	·	−10	−0.5	−100/−10	COMPLEMENTARTY TO 2SC1166
2SA983	B/W TV VIDEO OUT	150	5	50	600	150	0.1	30	40	240	5	10	40	120	30/−10	25	60	6/−1	30	·	·	5.5	10	0.5	10/1	Vcec=150V

THYRISTOR											
DEVICE	MAKER	IT		VDRM	ITSM	IGT MAX	VCT MAX	IH MAX	VTMAX@IT		PACKAGE
		AAVR	ARMS	V	mA	mA	mA	mA	V	A	
C 35 B	GE. MOTO	35		200	225	40	2.5	10	2.0	50	TO 48
C 35 D	GE. MOTO	35		400	225	40	2.5		2.0	50	TO 48
C 35 M	GE. MOTO	25		600	225	40	2.5		2.0	50	TO 48
C 37 B	GE. MOTO	25		200	175	80	3.0		2.2	30	TO 48
C 37 M	GE. MOTO	25		600	175	80	3.0		2.2	30	TO 48
2P 2 M		2		200							TO220
5P 2 M		5		200							TO220
2N 5061	MOTO	0.2		60	6	350μ	1.2		1.7	1.2	TO 92
2N 5170	MOTO	16		400	240	75	2.5		1.7	41	
2N 5171	MOTO	16		600	240	75	2.5		1.7	41	
CV 12F	HITACHI	2.0	3.1	600							
CV 12E	HITACHI	2.0	3.1	400							
CV 12C	HITACHI	2.0	3.1	200	20	1	0.0	5			
CWOIC	HITACHI	0.5		200							TO 92
CU 12E	HITACHI	3									
T400011008	WESTING HOUSE	10	16	100	150A	40	3				TO 48
T400021008	WESTING HOUSE	10	16	200	150A	40	3				TO 48
T400022208	WESTING HOUSE	22	36	200	360A	80	3				TO 48
T400041008	WESTING HOUSE	10	16	400	150A	40	3				TO 48
T400041608	WESTING HOUSE	16	22	400	250A	80	3				TO 48
T400042208	WESTING HOUSE	22	35	400	360A	80	2				TO 48
T400061008	WESTING HOUSE	10	16	600	150A	40	2				TO 48
T400061608	WESTING HOUSE	16	22	600	250A	80	3				TO 48
T400062208	WESTING HOUSE	22	35	600	360A	80	3				TO 48
T500012405	WESTING HOUSE	40	63	1,200	1,200A	150	3				TO 94
T500084005	WESTING HOUSE	40	63	800	1,200A	100	3				TO 94
T500108005	WESTING HOUSE	80	125	1,000	1,800A	150	3				TO 94
T500164005	WESTING HOUSE	40	63	1,600	1,800A	150	3				TO 94
T510018005	WESTING HOUSE	80	125	100	1,600A	100	3				TO 94
T510024005	WESTING HOUSE	40	63	200	1,300A	150	3				TO 94
T510025007	WESTING HOUSE		50	200	1,200A	150	3				TO 94
T510044005	WESTING HOUSE	40	3	400	1,200A	150	3				TO 94
T510048005	WESTING HOUSE	80	125	400	1,600A	150	3				TO 94
T510064005	WESTING HOUSE	40	63	600	1,200A	150	3				TO 94
T510065007	WESTING HOUSE	50		600	1,200A	150	3				TO 94
T5100121804	WESTING HOUSE	80	125	600	1,600A	150	3				TO 94
T6000121804	WESTING HOUSE	175	75	1,200	5,500	150	3				TO 93
T600081804	WESTING HOUSE	175	275	800	5,500	150	3				TO 93
							3				
T610041504	WESTING HOUSE	150	235	400	4,000	150	3				TO 93
T700063504	WESTING HOUSE	350	550	600	10,000	150	3				TO 70
T700102504	WESTING HOUSE	250	400	1,000	7,000	150	3				TO 70

THYRISTOR						
DEVICE	MAKER	FUNCTION	STRUC	VRSURGE	10	PACKAGE
			STRE	V	A	
WO 2M	G 1		Si	200	15	Bridge
KBPC 10-06	G 1		Si	600	10	Bridge
KBPC 10-02	G 1		Si	200	10	Bridge
KBPC 25-02	G 1		Si	200	25	Bridge
KBPC 25-06	G 1		Si	600	25	Bridge
KBPC 005	G 1		Si	50	3	Bridge
KBPC 02	G 1		Si	200	3	Bridge

TRIAC											
DEVICE	MAKER	IT(RMS)	VDRM	ITSM	IGTMAX I II IIIt	IGTMAX IVt	VGTMAX I II IIIt	VGTMAX IVt	VTM (a | TM MAX	IH MAX	PACKAGE
		A	V	A	mA	mA	V	V	VA	mA	
BCR3AM· 4	MITSUBISHI	3	200								
BCR3AM·10	MITSUBISHI	3	500								
BCR10AM·4	MITSUBISHI	16	200								
BCR10AM·10	MITSUBISHI	10	500								
BCR16C· 4	MITSUBISHI	16	200	170	30		1.5		1.6	25	
BCR16C·10	MITSUBISHI	16	500	170	30		1.5		1.6	25	
BCR20C· 4	MITSUBISHI	20	200	220	30		1.5		1.5	30	
BCR20C·10	MITSUBISHI	20	500	220	30		1.5		1.5	30	
BCR70B· 4	MITSUBISHI	70	200	1.1K	200		3.0		2.1	110	
BCR70B·10	MITSUBISHI	70	500		30						

DEVICE	TYPE NO.	MAKER	PACKAGE
14P IC SOCKET	ST2441-03	SHOWA MUSEN	TIN PIN
16P IC SOCKET	SI 2442-03	SHOWA MUSEN	TIN PIN
24P IC SOCKET	SI 2443-03	SHOWA MUSEN	TIN PIN
28P IC SOCKET	SI 2444-03	SHOWA MUSEN	TIN PIN
40P IC SOCKET	SI 2445-03	SHOWA MUSEN	TIN PIN
14P PCB CONECTOR	PCC1-14SG-4E	大 德 産 業	GOLD PIN
22P PCB CONECTOR	PCC1-22G-4E	大 德 産 業	GOLD PIN
44P PCB CONECTOR	PCC21-44-DG-3.96W	大 德 産 業	WIRE WRAPING GOLD
60P PCB CONECTOR	PCC21-60-DG-3.96W	大 德 産 業	WIRE WRAPING GOLD
IC UNIVERSAL BOARD	IU-1	大 德 産 業	PHENOL(NATINAL) EPOXY
IC UNIVERSAL BOARD	IU-2	大 德 産 業	PHENOL(NATINAL) EPOXY
TR UNIVERSAL BOARD	U-1	大 德 産 業	PHENOL(NATINAL) EPOXY
TR UNIVERSAL BOARD	U-1	大 德 産 業	PHENOL(NATINAL) EPOXY
TR UNIVERSAL BOARD	U-2	大 德 産 業	PHENOL(NATINAL) EPOXY
TR UNIVERSAL BOARD	U-3	大 德 産 業	PHENOL(NATINAL) EPOXY
TR UNIVERSAL BOARD	U-5	大 德 産 業	PHENOL(NATINAL) EPOXY
TR/IC UNIVERSAL BOARD	U-55	大 德 産 業	PHENOL(NATINAL) EPOXY
TR/IC UNIVERSAL BOARD	U-90	大 德 産 業	PHENOL(NATINAL) EPOXY
TR/IC UNIVERSAL BOARD	U-99	大 德 産 業	PHENOL(NATINAL) EPOXY

VARISTOR										
TYPE	動作開始電壓		最大許容回路電壓			制限電壓 [V]	一耐量 [J]	電力損失 [W]	衝擊放電 耐 量[A]	備 考
	公称 [V]	範囲 [V]	DC [V]	AC [VRMS]	PEAK [V]					
ENB201D-10A	200	178～220	160	120	170	≤340	6	0.4	1000	
ENB461D-10A	460	417～509	375	280	396	≤800	13	0.4	1000	
ENB210D-14A	200	178～220	160	120	170	≤320	11	0.6	2500	
ENB461D-14A	460	417～509	375	280	396	≤750	26	0.6	2500	
ENB881D-14A	880	789～968	710	530	750	≤1450	48	0.6	2500	
ENB461D-20A	460	417～509	375	280	396	≤730	52	0.8	4000	
ENB881D-20A	880	789～968	710	530	750	≤1400	96	0.8	4000	

OP TO (VISIBLE DISPLAY)							
DEVICE	MAKER	TYPE OF CHARACTER(S)	CHARACTER HEIGHT (INCHES)	COLOR OF DISPLAY	PEAK CURRENT	VC IF-20mA	PACKAGE
					mA	V	
FND 357	FAIRCHILD	CC	3/8	RED	200	1.7	
FND 500	FAIRCHILD	CC	1/2	RED	200	1.7	
FND 507	FAIRCHILD	CA	1/2	RED	200	1.7	
FND 567	FAIRCHILD	CA	1/2	RED	200	1.7	
FND 800	FAIRCHILD	CC	0.8	RED	200	1.7	
FND 807	FAIRCHILD	CA	0.8	RED	200	1.7	
FLV 112				CLEAR	200	1.7	
FLV 117				RED	20	1.9	
FLV 310				GREEN	20	2.3	
FLV 360				GREEN	20	2.3	
FLV 5077				RED	20	2.3	
FLV 410				YELLOW			
FPT 100					1	20	
FLV 209A					25		
FCD 810					25	20	
FCD 820							

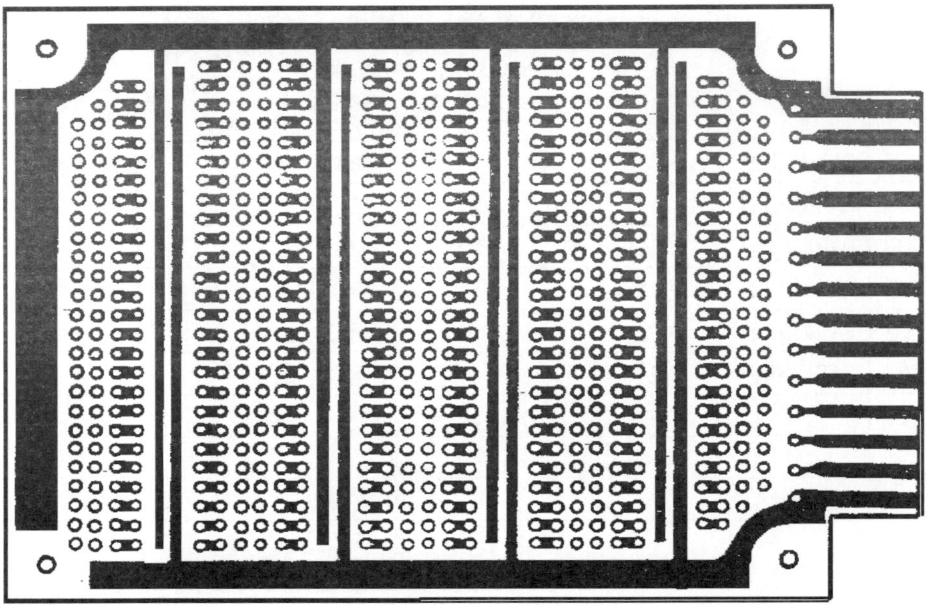

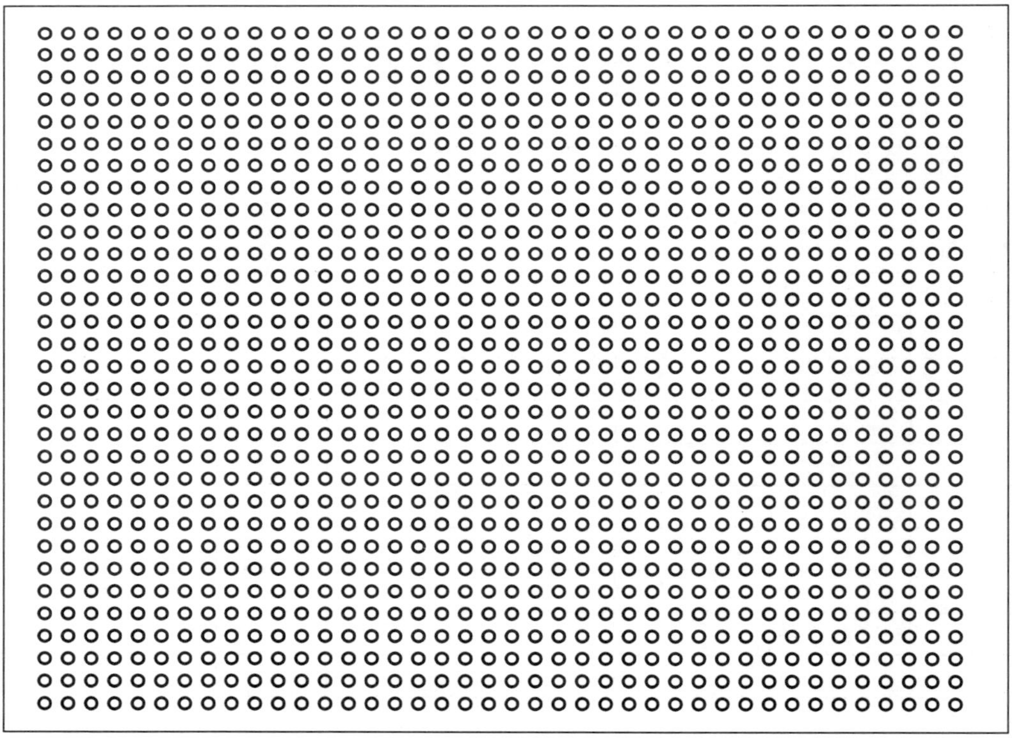

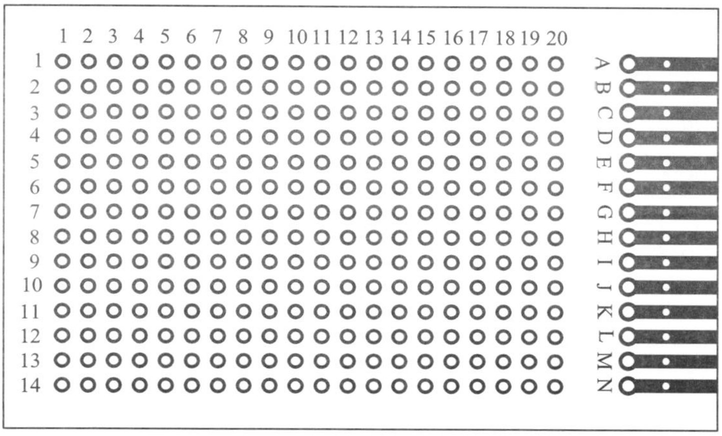
1 2 3 4 5 6 7 8 9 10 11 12 13 14 15 16 17 18 19 20
1 2 3 4 5 6 7 8 9 10 11 12 13 14
A B C D E F G H I J K L M N

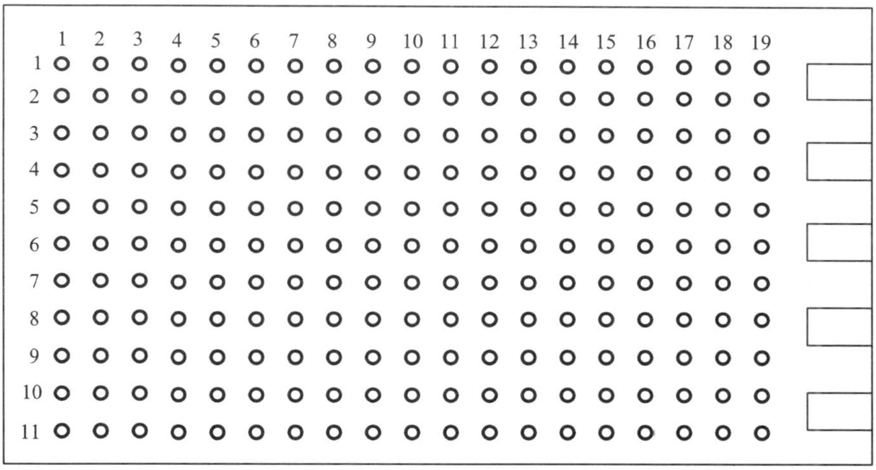
1 2 3 4 5 6 7 8 9 10 11 12 13 14 15 16 17 18 19
1 2 3 4 5 6 7 8 9 10 11

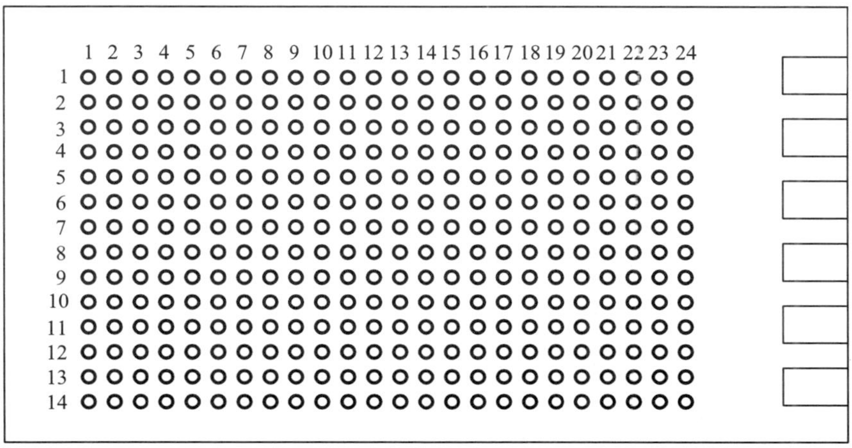
1 2 3 4 5 6 7 8 9 10 11 12 13 14 15 16 17 18 19 20 21 22 23 24
1 2 3 4 5 6 7 8 9 10 11 12 13 14

MEMO

전기 · 전자 · 통신공학도를 위한
기초 실험

발　　행 / 2025년 2월 20일
•
저　　자 / 김원배, 윤석암, 조명현
조경재, 차인수
펴 낸 이 / 정 창 희
펴 낸 곳 / 동일출판사
주　　소 / 서울시 강서구 곰달래로31길7 (2층)
전　　화 / (02) 2608-8250
팩　　스 / (02) 2608-8265
등록번호 / 109-90-92166

저자와의
협의에
따라
인지생략

ISBN 978-89-381-1415-0 93560
값 / 18,000원